高等职业教育农业部“十二五”规划教材

设施花卉栽培

孙曰波　主编

中国农业大学出版社
·北京·

内 容 简 介

设施花卉栽培涉及设施花卉种类、品种及其生物学特性，栽培设施类型、结构与性能，环境特性和调控技术，种苗繁育技术、切花设施栽培技术、盆花设施栽培技术、设施花卉采后保鲜、贮藏运输技术等方面的内容。全书共分5个项目20个工作任务，每个工作任务在论述基础知识的前提下，重点讲解工作过程，让学生掌握实际操作技能。本书密切结合设施花卉生长条件和设施栽培的生产实际，内容丰富，科学性、实用性、针对性都很强，语言简练、通俗易懂。

图书在版编目(CIP)数据

设施花卉栽培/孙曰波主编．—北京：中国农业大学出版社，2013.6
ISBN 978-7-5655-0690-1

Ⅰ.①设…　Ⅱ.①孙…　Ⅲ.①花卉-温室栽培　Ⅳ.①S629

中国版本图书馆 CIP 数据核字(2013)第 080635 号

书　名　设施花卉栽培
作　者　孙曰波　主编

策划编辑　姚慧敏　伍　斌　　**责任编辑**　冯雪梅
封面设计　郑　川　　**责任校对**　陈　莹　王晓凤
出版发行　中国农业大学出版社
社　址　北京市海淀区圆明园西路2号　　**邮政编码**　100193
电　话　发行部 010-62818525，8625　　读者服务部 010-62732336
编辑部 010-62732617，2618　　出　版　部 010-62733440
网　址　http://www.cau.edu.cn/caup　　**e-mail** cbsszs @ cau.edu.cn
经　销　新华书店
印　刷　北京国防印刷厂
版　次　2013年6月第1版　2013年6月第1次印刷
规　格　787×1 092　16开本　16.75印张　400千字
定　价　29.00元

编审人员

主　编　孙曰波（潍坊职业学院）

副主编　何家涛（襄樊职业技术学院）
常月梅（河北旅游职业学院）

参　编　李龙梅（内蒙古农业大学职业技术学院）
张文静（潍坊职业学院）
梁树乐（中国农业大学烟台研究院）
徐金玉（潍坊技师学院）

主　审　赵兰勇（山东农业大学）

前　言

花卉是人类生活美好和幸福的象征，以其斑斓的色彩、多变的风姿和馥郁的芬芳为人们创造了一个清新、自然、优雅、舒适的工作、生活和娱乐环境，给人以美的享受和艺术的熏陶。因此，随着人民生活水平的提高，花卉逐渐成为人们生活中不可缺少的园艺产品，也是社会文明进步的体现。花卉生产随着社会物质文明和精神文明的不断提高，得到迅猛发展，而设施花卉在花卉生产中占有极其重要的地位，已成为花卉生产和消费的主要方面。设施花卉生产是一种商品生产活动，具有品质高、周年供应的特点，是花卉生产的发展方向。设施花卉生产专业化、管理机械化、自动化、栽培科学化已成为国际花卉生产的主流。为此我们编写了《设施花卉栽培》一书，以期满足高职教育园林园艺类专业对教材的需求以及对从事设施花卉学习、生产者起到指导作用。

本教材内容设计以就业为导向，面向设施花卉栽培管理领域，使学生熟悉掌握栽培设施选择—种苗繁育—栽培管理—采收保鲜—贮藏运输的知识与技能。按照设施花卉生产任务构建教材体系，变知识本位为能力本位，选取花卉栽培设施、设施花卉种苗繁殖、设施切花栽培、设施盆栽花卉、设施花卉保鲜与贮运5个典型工作任务为学习项目，充分体现教材的职业性、实践性，内容贴近专业发展和实际需要，具有可操作性。本教材在编写时考虑到全国区域的差异和市场需求，选择市场上主流设施花卉产品的生产技术作重点介绍。全书图文并茂，结合生产，应用实际，深入浅出，强化理论与实践相结合，强化职业岗位能力培养。本教材可供高职院校、职业中专教学及设施花卉生产者使用。

本教材由潍坊职业学院孙曰波全面负责确定编写大纲、编写思路和统稿工作。课程导入、项目五由孙曰波编写；项目一由常月梅编写；项目二由李龙梅编写；项目三由何家涛和张文静编写；项目四由梁树乐和徐金玉编写。本书由山东农业大学赵兰勇教授主审，在此表示衷心感谢。

设施花卉新品种层出不穷，栽培技术也在不断改进，加之编写时间仓促和作者经验、水平的局限性，缺点和不足在所难免，敬请各位专家、学者、栽培技术人员和花卉爱好者批评指正。

编　者

2013年2月

目　录

课程导入

一、设施花卉栽培的作用与意义

(一)设施花卉栽培的概念

由人工保护设施(如温室、塑料大棚等)所形成的小气候条件下进行的花卉栽培,称为设施花卉栽培或保护地栽培。设施栽培可以人为地创造适宜花卉生长发育的最佳环境条件,使花卉避开不利自然条件的影响而生长发育,使花卉栽培不再受地区、季节的限制,从而能集中世界各气候带和要求不同生态环境的花卉于一地,实现花期调节、花卉的周年生产,以满足人们对花卉产品的需求。

(二)设施花卉的种类

设施栽培的花卉种类十分丰富,按照其生物学特性可以分为一二年生花卉、宿根花卉、球根花卉、木本花卉等。按照观赏用途以及对环境条件的要求不同,可以分为切花花卉、盆栽花卉、室内花卉、花坛花卉等,栽培数量最多的是切花和盆花两大类。

1. 切花花卉

切花花卉是指用于生产鲜切花的花卉,是花卉生产中最重要的组成部分。切花花卉又可分为切花类、切叶类和切枝类。切花类如非洲菊、菊花、香石竹、月季、唐菖蒲、百合、安祖花、鹤望兰等;切叶类如文竹、肾蕨、天门冬、散尾葵等;切枝类如松枝、银芽柳等。

2. 盆栽花卉

盆栽花卉多为半耐寒或不耐寒性花卉。半耐寒性花卉一般在北方冬季需要在阳畦或温室中越冬,具有一定的耐寒性,如金盏花、紫罗兰、桂竹香等。不耐寒性花卉产于热带及亚热带,在生长期间要求高温,不能忍受 0℃ 以下的低温,这类花卉也叫做温室花卉,如一品红、蝴蝶兰、大花花烛、球根秋海棠、仙客来、大岩桐、马蹄莲等。

多数一二年生草本花卉可作为园林花坛花卉,如三色堇、旱伞莲、矮牵牛、五色苋、银边翠、万寿菊、金盏菊、雏菊、凤仙花、鸡冠花等。许多宿根花卉和球根花卉也进行一年生栽培,用于布置花坛,如四季海棠、地被菊、芍药、美人蕉、大丽花、郁金香、风信子、喇叭水仙等。这些花卉进行设施栽培,可以人为控制花期。

(三)设施花卉的作用

设施花卉栽培,由于生产条件的改善和保证,产量和质量得到大幅度增加和提高,单位面积的收益也随着提高,有利于开拓和占领市场。科技含量的提高,单位面积产量的增加,产品质量的保证,提高了市场的竞争力,也提高了开拓国外市场的能力。另外,设施花卉生产还可减少或免受自然灾害的影响;提高对自然光的利用;弥补农业生产的闲季土地和劳动力的利用等。

1.加快花卉种苗繁殖速度,提早定植

在阳畦、塑料大棚、日光温室或现代化温室内进行多种草本花卉的播种育苗,可以提高种子发芽率和成苗率,提前花期。在设施栽培的条件下,菊花、香石竹等可以进行周年扦插,繁殖速度是露地扦插的10～15倍,扦插的成活率提高40%～50%。组培苗的驯化也多在设施内进行,可以根据不同种类、品种以及试管苗的长势对环境条件进行人工控制,有利于提高成苗率、培育壮苗。

2.利于花期调控,保障周年供应

随着设施栽培技术的发展和花卉栽培生理研究的深入,设施花卉不同生长发育阶段对温度、光照、湿度等环境条件的需求日趋清晰,利用先进的温室设施,通过花期调控技术,可以实现大部分设施花卉的周年供应。

3.改善栽培条件,提高花卉品质

不同种类的设施花卉具有不同的生态环境适应性,只有满足其生长发育不同阶段所需要的环境条件,才能生产出高品质的花卉产品,并延长其最佳观赏期。良好的温室设备,有可能为温度、湿度、光照的人工控制提高保障。例如,与露地栽培相比,设施栽培的切花月季等表现出开花早、花茎长、病虫害少、一级花的比率提高等优点。在夏季高温、暴雨、台风和冬季冻害、寒害等季节,先进的温室设施和栽培技术避免了灾害性气候条件造成的经济损失。

4.创造设施栽培环境,突破地域限制

花卉商品要求满足人们追求"新、奇、特"的消费心理,各种花卉栽培设施在花卉生产中的运用,使原产南方的花卉如猪笼草、蝴蝶兰、杜鹃、山茶等顺利进入北方市场,丰富了北方的花卉品种;通过光照、温度和湿度等生产环境控制,使原产北方的牡丹在春节前后花开南国。花卉设施栽培技术的成熟,可使多种花卉品种在不同区域、不同季节进行生产就地供应,大大降低了运输销售成本,既满足了消费者需要,也为农业产业结构调整、增加农民收入提供了新途径。

5.规模化、集约化生产,提高劳动生产率

设施栽培技术的发展,尤其是现代温室环境工程技术的发展,使花卉生产的专业化、集约化程度大大提高。目前,在荷兰、美国、日本等发达国家从花卉的种苗生产到最后的产品分级、包装均可实现机械操作、自动化控制,提高了单位面积的产量和产值,人均劳动生产率大大提高。

我国的设施花卉栽培近年来发展很快,栽培设施从原来的防雨棚、遮阴棚、普通塑料棚、日光温室,发展到加温温室和全自动智能控制的现代化温室,生产效率和效益大大提高。

(四)设施花卉与人民生活的关系

花卉是大自然的精华,是真、善、美的化身,是人类精神文明的反映,经常与花卉为伴,就像投身于博大、清纯的大自然之中,耳濡目染,潜移默化,不断净化灵魂,陶冶情操;其艳丽的色彩,沁人心脾的芳香,令人赏心悦目,心旷神怡,利于人们身心健康。

随着人民生活水平的提高,花卉也逐渐成为人们生活中不可缺少的园艺产品,它是美的象征,也是社会文明进步的体现。花卉是城乡园林绿化和美化的重要材料,花卉具有改善环境的卫生防护功能,对增进身心健康多有裨益,如调节温度和湿度、遮阴;吸收二氧化碳和各种有害气体;增加氧气,吸附尘埃,分泌杀菌素等以净化空气、降低噪声,使之清新宜人;此外,花卉的绿色具有保护视力的作用,学习、工作之余,凝视青枝绿叶,消除视力疲劳,开阔胸襟,宛若在大自然中徜徉,心神为之清爽。

设施花卉是利用现代化装备和技术手段,创造花卉适宜的生长环境,是生产花卉产品的现代农业生产栽培方式;花卉的设施栽培也因其经济效益突出和花卉本身对人们日常生活的作用,越来越为人们所重视和青睐。据农业部统计,2011 年,我国设施花卉栽培面积高达 9.33×10^4 hm^2,比 2010 年增加 7.61%。2011 年,全国鲜切花类产品销售额 127.36 亿元,比 2010 年增加 20.28%,出口额占全国花卉出口额的 51.45%。在设施园艺生产中,花卉栽培的面积增长很快,反季节栽培的花卉,经济效益已超过蔬菜。一些高档花卉的栽培,尤其需要环境的保证,所以设施栽培必不可少。据北京市农业推广站的统计,北京现代化连栋温室总面积约 30 hm^2,其中用于花卉(或蔬菜、花卉)生产的面积占 66.37%,反映了设施花卉生产的经济效益是比较高的。

二、设施花卉栽培的历史、现状及展望

(一)我国设施花卉栽培历史

我国花卉资源丰富,栽培和观赏历史悠久。早在《周礼·天宫·大宰》(公元前 10 至公元前 7 世纪)中有“园圃毓草木”的词句,说明当时已在园囿中培育草木。秦汉时期,花卉事业逐渐兴盛,王室富贾营建宫苑,广集各地奇果佳树、名花异卉植于园内,如汉成帝重修秦代上林苑,不仅栽培露地花卉,还建宫(保温设施)种植各种亚热带、热带观赏植物,收集的名果奇卉达 3000 余种。唐代出现了温室栽培杜鹃花和利用天然温泉的热源进行栽培瓜类的记载,随后又创造了很多保护的类型。明清时期采用简易的土温室进行牡丹和其他花卉的栽培。明代至民国时期(1368—1949 年,)我国花卉园艺栽培逐渐进入缓慢发展期。20 世纪 50 年代后的 30 多年,中国花卉业进入了曲折停滞期。中国现代花卉业起步于 20 世纪 80 年代初期,1985 年后中国花卉业开始迅速恢复和发展,经过 20 多年的努力,花卉业取得了长足进步,同时也带动了相关产业的发展,为现代花卉业的形成和发展奠定了较好的基础,这一时期大致可分为两个阶段。

第一阶段:1986—1995 年,我国花卉业起步后快速发展,据统计,1986 年全国花卉生产面积接近 2 万 hm^2,产值 7 亿元左右。到 1995 年分别增长到 7.5 hm^2、38 亿元;1995 年全国鲜切花产量达到 7 亿枝。在这 10 年内,随着国民经济的发展,城市绿化、美化要求的提高,以及人民的生活水平的改善,花卉需求量迅速增长,有力地推动了各方面发展花卉业的积极性。

第二阶段:1996 年以来,我国花卉业进入调整结构、重视质量、专业市场、稳步发展的阶段。花卉产品结构得到有效调整。在各类花卉产品中,设施花卉,尤其是鲜切花、盆栽观叶植物发展得最快,商品盆景的生产和出口也有明显增加。政治、经济、文化、风俗等活动的摆花增多,居民居家花卉消费渐增等都带动了盆栽花卉的生产和消费。据统计,1995 年全国花卉产量为 2.4 亿盆,1996 年为 5 亿多盆,2006 年上升到 30.22 亿盆。10 年时间,盆花产量翻了四番多。而这一时期,花卉生产开始放慢发展速度,各类花卉的产量有了明显提高。如月季、香石竹、菊花、百合、勿忘我、满天星等鲜切花,不仅品质比过去有了较大改善,而且基本做到以稳定的质量全年供应市场,这是中国鲜切花生产的一个较大突破。各类观叶植物也基本实现了规模化、批量化、规格化生产,以满足各地各消费层次的需要。中国花卉流通环节的设施建设

有了明显的改善。据统计，2011 年全国大小花卉市场共有 3 178 个，花卉企业 66 487 个，其中大型企业 12 641 个，主要分布在浙江、广东、江苏、山东、云南等地。一些花卉重点产销区，如北京、上海、广州、昆明、成都、沈阳等城市，都建起了大型花卉批发市场。这些批发市场的建设，在花卉南北大流通上起到一定的枢纽作用。

(二)设施花卉栽培的现状

随着人民物质生活水平的提高，花卉作为精神文化的良好载体之一，花卉产品的消费已逐渐成为时尚。自 20 世纪 90 年代中期以来，我国的花卉消费迅速扩大，居民花卉消费水平也逐渐提高，我国 2011 年花卉销售额是 1985 年的 3 万多倍。从我国花卉消费看，具有地域性、礼品性、节日性和集团消费等特点。花卉消费一般集中在节日，尤其是在元旦、春节、“五一”、“十一”等重大节日，花卉消费量很大。

20 世纪 80 年代中期我国花卉开始起步，经过 30 多年的发展，取得令人瞩目的成绩。设施花卉生产的品种由传统花卉向新优花卉发展，品种日趋多样化。切花品种从过去的四大切花为主导发展为以月季、菊花、香石竹、百合、郁金香等为主要种类，以球根秋海棠、凤梨科植物、龙血树、杜鹃花、万年青、一品红等盆栽植物最为畅销。近年来，一些新品种受到欢迎，如乌头属、风铃草属、羽衣草属、熊耳草属、石竹属花卉以及在南美、非洲和热带地区开发的花卉种类。

我国设施花卉生产也呈现出迅猛发展的势头，表现在以下几个方面：

(1)鲜切花生产，交易量快速增长　以 2011 年为例，全国鲜切花产品种植面积 57 900 km^2，比 2006 年增长 39.18%；交易总额达 127.36 亿元，比 2006 年增长 110.41%。

(2)盆栽植物生产需求量大　盆栽植物品种种类繁多，应用形式多样化，可装饰室内外，灵活多变，大众消费量大，市场需求量大。盆栽观叶、观花植物、盆景等装饰阳台、卧室、起居室、书房、客厅以及大众场所。近几年小型盆栽植物需求量迅速上升，尤其是适于“五一”、“十一”、元旦花坛摆放的小型盆栽植物需求量大幅度增加。2011 年全国盆栽类植物种植面积 9.07 万 km^2，交易总额达 241.09 亿元，比 2006 年增长 52.58%。

(3)年宵花市场火爆　婀娜多姿的蝴蝶兰，风韵盈盈的大花蕙兰，高雅亮丽的中国兰，姿色耀眼的凤梨系列以及各种盆栽观花、观叶植物等，都是年宵花市场上吸引眼球的主流花卉。春节是中国人传统的节日，也是非常隆重的节日，有借节日之际走亲访友、祝福、慰问的习俗。年宵花作为年宵礼品馈赠亲友，既体面又高雅，是年宵礼品的首选。无论是北京、上海、广州、西安、深圳、青岛等大城市，还是乡村城镇，年宵花市场非常火爆，销售量大，销售额高。

(4)组合盆栽、水培花卉得到青睐　组合盆栽、水培花卉一种崭新的花卉面孔呈现在人的面前，焕然一新，得到大众消费的青睐，尤其是“白领”一族，在办公室点缀组合盆栽或水培花卉，能很好地消除工作的压力和疲劳。尤其水培花卉，减少浇水、施肥的养花繁琐事宜。尽管组合盆栽的价格有些“虚火过旺”，但消费者的欣赏品位和消费能力也在逐年提高，优质优价再度体现。

(5)花卉贸易逐年增加　随着我国花卉消费的需求与日俱增，花卉生产扩大，花卉进出口也迅速增加。我国花卉出口总体上呈上升趋势，2011 年全国花卉出口额为 48 025.46 万美元，比 2006 年增加 372%，是 1996 年的 23.5 倍。花卉出口贸易中，装饰用花、鲜切花及花蕾、切叶、切枝具有一定的优势。在我国花卉出口稳定增长的同时，花卉进口量也迅速增加，并且进口增长幅度大于出口增长幅度。

(三)设施花卉栽培的前景展望

1.我国设施花卉产业存在问题

(1)花卉生产效益低　目前,我国花卉生产面积已位居世界第一,约占世界花卉生产总面积的1/3,但生产效益与世界花卉业发达国家相比仍有较大差距。据统计,我国花卉生产平均每公顷产值仅约0.8万美元,而荷兰平均每公顷为44.8万美元,以色列为13万美元,哥伦比亚为10万美元。这主要是生产力水平较低、单位面积产量低、产品质量低、品种落后、生产企业规模过小、劳动生产率较低等因素造成的。

(2)生产发展盲目,布局和品种不合理　由于缺乏对花卉产业特性的深刻认识,在"花卉是高效产业"思想的影响下,导致了生产盲目发展,低水平重复建设严重,造成布局不合理,鲜切花和低档盆花多,中高档盆花少,大宗产品多,特色名牌少。

(3)生产技术落后,经营管理粗放,劳动生产率低　花卉产业在我国发展时间较短,花卉整体生产水平低,生产方式还比较落后,产量低,如我国鲜切花生产平均50～80朵/m^2,仅为世界水平的一半,质量仅相当于三级花,而且绝大多数花卉的原种,都必须依靠进口。花卉产业作为特色农业,对农业设施要求高,需要专业的生产技术和温室大棚、水肥灌溉管网等固定化的农业设施。我国设施花卉总面积约为3万hm^2,仅占花卉栽培总面积的6.7%,而且其中大部分为设施简陋的一般保护地。设施花卉栽培地劳动生产率远远低于国外,以人均管理温室面积为例,我国仅仅相当于日本的1/5,部分欧洲国家的1/50,美国的1/300。

(4)科技含量低,缺乏强有力的科技支撑体系　花卉作为技术密集型产业对科技需求较高,而我国花卉科技支撑体系的发展滞后于生产的需要,研究、示范、开发、推广等科技支撑体系处于自发的零散组织状态,产、学、研脱节,科研成果转化率低,严重阻碍了花卉产业化进程。作为支撑花卉科技体系的专业人才也严重缺乏。目前我国有花卉从业人员250多万人,其中专业技术人员约10万人,仅占从业人员总人数的4%,大多数从业人员没有经过专业培训,对新品种、新技术的了解和应用能力较差。而在花卉业发达国家,不仅从业者普遍受到过中等以上专业教育,受过高等教育的人员所占的比例比较高。花卉人才匮乏的问题直接影响到花卉产业的发展。

(5)生产规模小,成本高,专业化程度低,经营分散　2011年我国花卉企业66 487个。花农165万户,大中型企业仅有12 641个,约占企业总数的19%。花卉生产的主体是分散的农户,生产规模小。占多数的小规模花农缺乏生产技术知识,主要靠经验进行栽培和经营,生产存在一定的盲目性,难以满足市场需求。许多花卉企业还是"家庭作坊式"生产,产品质量差,经济效益低,尚未形成产业发展的基本格局。分散的小规模生产造成了小生产与大市场的矛盾,难以形成规模效益,导致花卉产业发展缓慢,效率低下。

(6)设施花卉基础研究薄弱,缺乏自有知识产权的新品种　我国花卉工作起步晚,育种工作滞后,国内现有花卉品种老化,缺乏市场竞争力。近年来国有大型花卉企业纷纷引进国外新品种,以求获得高效益。虽然新品中引进推动了我国花卉的产业的发展,促进了一些花卉龙头企业的兴起,但成本高,阻碍了生产效益的提高,生产可持续性后劲不足。设施栽培仍以传统栽培技术为主,缺乏基于花卉品种特性及基质、设施环境地科学量化地管理指标。

另外,我国年人均花卉消费水平仍然较低,一定程度上制约着我国花卉的进一步发展。

2.我国设施花卉产业的展望

(1)加大科技投入　花卉是公认的新兴产业之一,如将中国丰富的资源转化为商品,就会变成一笔巨大的财富。商品化花卉生产既要有一定的数量,更要保持整齐一致的高质量,若没有现代科技的运用和现代化设备的武装,很难达到飞跃发展。科学技术就是生产力已逐渐为人们所认识,国家设立了全国型花卉研究机构,各地也多设有相应的研究机构。为了提高设施花卉产品的产量和质量,应加强科技投入,研发和引进新品种、新技术、新设备、新材料以及先进的栽培和管理技术等,尤其是自主知识产权品种的研发工作。

(2)加快培育新优品种,树立设施花卉品种品牌　品种选育工作是设施花卉产业发展的核心,也是国际市场竞争的关键。谁拥有新品种,谁就能获得巨大的经济效益。我国花卉资源极为丰富,遗传多样性突出,许多名花如牡丹、梅花、月季、山茶等起源于我国,花卉科技工作者应充分利用这些丰富的物种资源,通过传统的育种方法与生物育种法相结合培育新品种。同时,加强对花卉和品种的选择,重视适应生产性、交流运输性、抗病性等方面的研发。

(3)先进技术的示范和推广　30 多年来,我国花卉科研工作已取得了多项成果,现阶段应通过各种推广体系,加速育苗、引种、栽培、采后处理、病虫害防治等科技成果的推广,提高生产者和管理者的技术水平,提高产品质量。同时,应普遍提高种植者、经营者以及爱好者的水平;宣传普及花卉栽培管理和经营的基本知识和操作方法,以适应花卉商品化生产的要求;同时建立信息咨询服务机构,掌握国际国内花卉生产和市场的信息和活动,大力发展适销对路的设施花卉产品,及时掌握气象变化、病虫害发生发展的规律及防治方法、种子种苗的流通和农药化肥的供销情况,为花卉生产提供服务。

近些年来,花卉贸易在全国的体系已初步建成,电子商务已在花卉销售中发挥作用。“生产+科研”模式与区域化建立基地相结合,形成了“企业养科研,科研促企业”的良性循环局面。我国花卉生产与科研脱节,科技成果推广不畅,生产中科技含量相对较低。“生产+科研”一体化模式的建立既能缓解科研单位经费不足、立项不准、成果推广不出去的问题,又解决生产单位有难题而求助无门的问题。同时,花卉种类繁多,要求的生育条件各异,我国地域变化大,发展花卉生产还应实行区域化、专业化、工厂化、现代化,有计划有步骤地发挥优势、形成特色、建立基地、形成产业。建立生产基地和流通联合体。建立经营种子、育苗设施、容器、机具、花肥、花药以及保鲜、包装、贮藏运输等一套业务机构,使各环节相互协调配合,对促进花卉业的发展将会产生积极的影响。

总之,随着国民经济的发展和繁荣、人民生活水平的提高,充分利用我国天时地利的有利条件,中国设施花卉事业的质和量都会得到飞跃发展。

三、设施花卉栽培课程概述

(一)设施花卉栽培特点

花卉以观赏为主,主要是满足人们崇尚自然、追求美好的精神需求,因此生产高品质的花卉产品是花卉生产的最终目的,而为保证花卉产品的品质,做到四季供应,设施栽培是可靠的保障。与露地栽培相比,设施花卉栽培有以下特点:

(1)选用适宜的设施类型　我国目前花卉栽培设施大体可分为大型设施(现代化温室、塑料大棚等)、中小型设施(中小棚、改良阳畦)和简易设施(风障、温床、简易覆盖等)。各种设施在生产中都能发挥特定的作用,但因其性能不同,各自的作用又有不同,在选用时应根据当地的自然条件、市场需要、栽培季节和栽培目的选择适用的设施进行生产,不要贪大求洋、好高骛远,因为大型设备的投资要比中小型及简易设备高出几倍到几十倍。除考虑市场需要以外,也应注意资金、劳力、物料及技术力量等问题,并要求按照经济规律和自然规律确定发展的重点。

(2)充分发挥设施效应　设施花卉栽培除需要设备投资外,还需加大生产投资,特点是高投入、高产出。因此,必须在单位面积上获得最高的产量和最优质的产品,提早或延长(延后)供应期,提高生产率,增加收益,否则对生产不利,影响发展。

(3)人工创造小气候条件　设施花卉栽培,要实现花卉的四季供应、周年生产,因此设施中的环境条件,如温度、光照、湿度、营养、水分及气体条件等,需要人工进行创造、调节或控制,以满足花卉生长发育的需要。环境调节控制的好坏,直接影响花卉产品产量和品质,也就影响着经济效益。

(4)要求较高的管理技术　设施栽培较之露地生产要求严格的和复杂的技术,首先必须了解不同设施花卉在不同的生育阶段对外界环境条件的要求,并掌握保护设施的性能及其变化的规律,协调好二者之间的关系,从而创造适宜花卉生育的环境条件。设施花卉涉及多学科知识,所以要求生产者素质高,知识全面,不但懂得生产技术,还要善于经营管理,有市场意识。

(5)设施花卉栽培地域性强,应因地制宜,充分利用当地自然资源　如发展日光温室,一定要选择冬季晴天多、光照充足的地区,避免盲目性。有些地区有地热(温泉)资源、工业余热等,可以用于温室加温,应充分利用,降低能源成本。

此外,设施花卉栽培必须进行周年生产,提高设施利用率,生产专业化、规模化和产业化,才能不断提高生产技术水平和管理水平,从而获得高产、优质、高效。

(二)设施花卉栽培课程任务

本课程要求学生掌握目前花卉栽培中普遍应用的栽培设施的主要类型及环境特点,如何通过温、光环境调控和水肥管理满足设施花卉生产的要求,实现高产、高效目的。以"设施选择—种苗繁育—栽培管理—采收—保鲜贮藏—运输"的设施花卉生产过程为导向,以典型工作任务为载体,体现工作过程。

学好设施花卉栽培,必须要在学习花卉栽培的基础上,才能进一步掌握设施栽培的技术原理。同时还要了解环境条件的调控原理,花卉栽培设施结构、性能变化规律,因此,在学习园林植物、植物生理、园林植物生产环境、植物保护等课程的基础上,进一步学习设施花卉品种特性和生长习性,并将其特性与设施环境特征有机地结合,充分发挥有利的环境因素,改善或消除不利环境因素。设施栽培花卉经常会遭遇逆境,如低温、光照不足或高温、高湿等,所以,除掌握一定的植物生理学知识外,对逆境生理的有关理论,应特别注意学习掌握,使环境调控做到有的放矢。

设施花卉栽培是一门实践性强的应用学科,学习者应经常深入生产实践,理论联系实际,一些看起来复杂的知识,通过实际观察和操作,就能比较容易地掌握。

项目一　花卉栽培设施

花卉栽培设施指人为建造的适宜或保护不同类型的花卉正常生长发育的各种建筑及设备，主要有温室（包括现代化温室和日光温室）、塑料大棚、冷床与温床、风障、各种机具和容器等。利用这些设施栽培花卉可以周年进行花卉生产，保证设施花卉的周年供应。

工作任务一　现代化温室

【学习目标】

1. 正确认识现代化温室的类型与特点；
2. 能掌握现代化温室生产系统组成与功用；
3. 能根据当地自然条件和设施花卉种类因地制宜地选择建设现代化温室；
4. 能根据选择建设的现代化温室进行正确的环境调控，创造适宜设施花卉生长发育的环境。

【任务分析】

本任务主要是熟悉国内外现代化温室的类型及其特点，掌握现代化温室生产系统组成和环境特点，在掌握其基本理论的基础上，能根据当地自然环境条件因地制宜地选择建设现代化温室，并能根据所建设的现代化温室和设施花卉种类，创造适宜设施花卉生长发育的环境条件，充分发挥现代化温室在设施花卉生产中的作用。

【基础知识】

现代化温室，又称连栋温室、智能温室，是花卉栽培设施的高级类型，其机械化、自动化程度很高，劳动生产率高，现代化温室内部环境可自动化调控，基本不受自然条件的影响，能全天候进行设施花卉的生产。荷兰是现代化温室的发源地。

一、现代化温室的类型

现代化温室按屋面特点分为屋脊型和拱圆型两类。屋脊型温室主要以玻璃作为透明覆盖材料，代表类型为芬洛型温室（图 1-1），这种温室大多数分布在欧洲，以荷兰面积最大。我国自行设计的屋脊形温室在生产中应用较少。拱圆形温室主要以塑料薄膜为透明覆盖材料，这种温室主要在法国、以色列、美国、西班牙、韩国等国广泛应用。我国目前自行设计建造的现代化温室大多为拱圆形温室(图 1-2)。

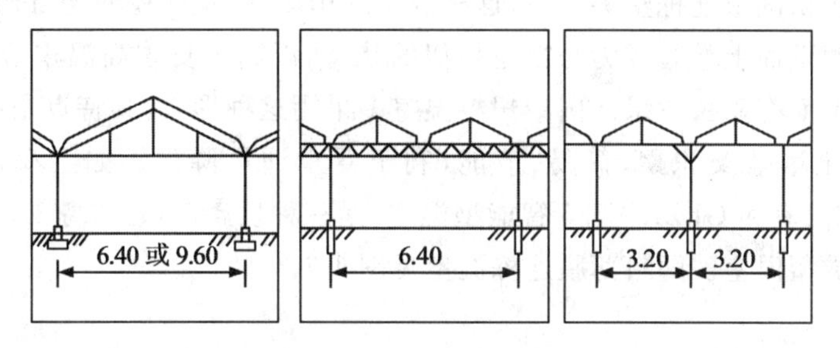

图 1-1　芬兰芬洛型玻璃温室(单位:m)

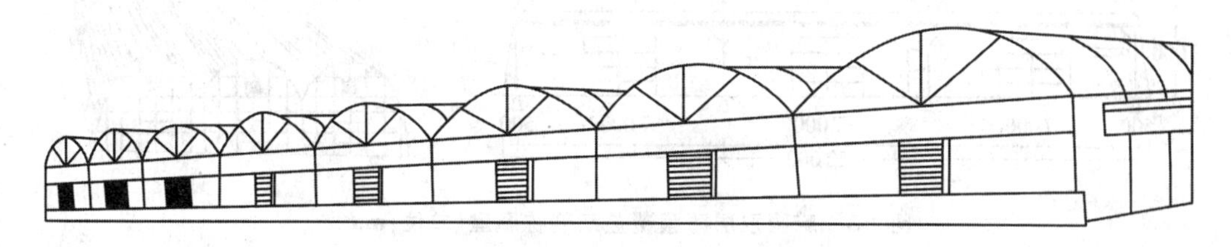

图 1-2　华北型连栋温室结构

(一)芬洛型玻璃温室

芬洛型(Venlo)温室是荷兰温室的代表类型。这种温室采用钢架和铝合金作为骨架,透明覆盖材料为 4 mm 平板玻璃。温室单间跨度为 6.4 m、8.0 m、9.6 m,大跨度也有 12.0 m 和 12.8 m;开间 3 m、4 m 或 4.5 m,檐高 3.5～5.0 m。每跨由 2 个或 3 个双屋面的小屋脊直接支撑在桁架上,小屋脊跨度行 3.2 m,矢高 0.8 m。根据桁架的支撑能力,可组合成 6.4 m、9.6 m、12.8 m 的多脊连栋型大跨度温室。开窗设置以屋脊为分界线,左右交错开窗,每窗长度 1.5 m,一个开间(4 m)设两扇窗,中间 1 m 不设窗。

芬洛型温室在我国,尤其是我国南方应用的最大缺点是通风面积过小。由于其没有侧通风,往往通风量不足,夏季热蓄积严重,降温困难。近年来,我国针对亚热带地区气候特点对其结构参数加以改进、优化,加大了温室高度,檐高从传统的 2.5 m 增高到 3.3 m,甚至 4.5 m、5 m,小屋面跨度从 3.2 m 增加到 4 m,间柱的距离从 4 m 增加到 4.5 m、5 m,并加强顶侧通风,设置外遮阳和湿帘降温系统,提高了在亚热带地区的效果。

(二)里歇尔温室

里歇尔温室是法国瑞奇温室公司研究开发的一种塑料薄膜温室,在我国引进温室中占有较大的比重。一般单栋跨度为 6.4 m、8 m,檐高 3.0～4.0 m,开间距 3.0～4.0 m,其特点是固定于屋脊部的天窗能实现半边屋面 (50%屋面)开启,也可以设侧窗屋脊窗通风。该温室的自然通风效果较好,采用双层充气膜覆盖,可节能 30%～40%。构件比玻璃温室少,空间大,遮阳面少。根据不同地区风力强度大小和积雪厚度,可选择相应类型结构。但双层充气膜在南方冬季多阴雨的天气情况下,影响透光性能。

(三)卷膜式全开放型塑料温室

该温室是一种拱圆形连栋塑料温室,这种温室除山墙外,顶侧屋面均可通过手动或电动卷膜机将覆盖薄膜由下而上卷起成为与露地相似的状态,以利于夏季高温季节栽培花卉。通风口全部覆盖防虫网而有防虫效果。国产塑料温室多采用这种形式,其特点是成本低,夏季接受雨水淋溶可防止土壤盐类积聚,简易、节能,利于夏季通风降温。如上海市农机所研制的GSW7430型连栋温室和GLZRW7.5智能型温室,是一种顶高5 m、檐高3.5 m、冬夏两用、通气性能良好的开放型温室。塑料薄膜连栋温室见图1-3。

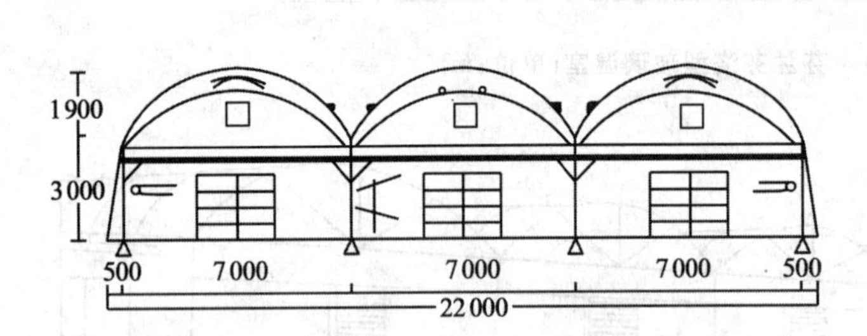

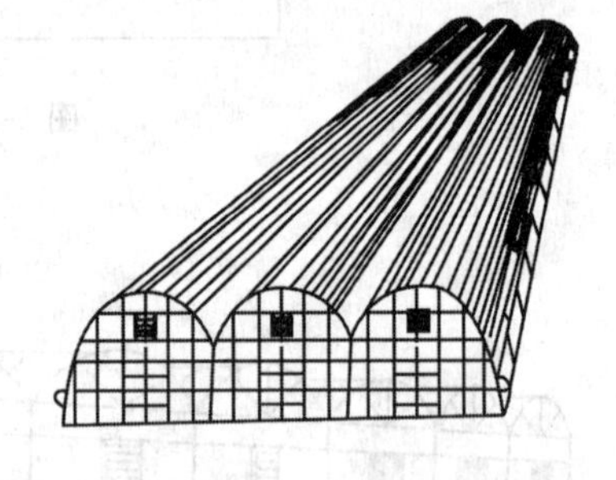

图1-3 韩国双层薄膜覆盖三连栋温室(单位:mm)

(四)屋顶全开启型温室

全开启型温室最早是由意大利Serre Italia公司研制的玻璃温室,近年在亚热带地区逐渐兴起。其特点是以天沟檐部为支点,可以从屋脊部打开天窗,开启度可达到垂直程度,即整个屋面的开启度可从完全封闭直到全部开放状态。侧窗则用上下推拉方式开启。全开时可使室内外温度保持一致,中午室内光强可超过室外,也便于夏季接受雨水淋洗,防止土壤盐类积聚。其基本结构与芬洛型温室相似。

二、现代温室的结构及附属设备

以荷兰温室为代表的屋脊型现代化温室为例,介绍其生产系统。

(一)框架结构

(1)基础 框架结构的组成首先是基础,它将风荷载、雪荷载、作物吊重、构件自重等安全地传递到地基。基础由预埋件和混凝土浇筑而成,塑料薄膜温室基础比较简单,玻璃温室较复杂,且必须浇注边墙和端墙的地固梁。

(2)骨架 一类是柱、梁或拱架都用矩形钢管、槽钢等制成,经过热浸镀锌防锈蚀处理;另一类是门窗、屋顶等为铝合金型材,经抗氧化处理,轻便美观、不生锈、密封性好,且推拉开启省力。目前,大多数荷兰温室厂家采用并安装铝合金型材和固定玻璃。也有公司用薄壁型钢,但外层用镀锌、铝和硅添加剂组成的复合材料。该构件结合了铝合金型材耐腐蚀性强、钢镀锌件强度高的优点。

(3)排水槽 又叫"天沟",将单栋温室连接成连栋温室,同时又起到收集和排放雨(雪)水的作用。排水槽自温室中部向两端倾斜延伸,坡降多为0.5%。连栋温室的排水槽在地面形成阴影,约占覆盖地面总面积的5%,因此要求在保证结构强度和排水顺畅的前提下,排水槽截面积尽可能最小。为防止冬季夜晚覆盖物内表面形成冷凝水而滴到作物上或增加室内湿度，在排水槽下面还安装有半圆形的铝合金冷凝水回收槽，将冷凝水收集后排放到地面，或与雨水回收管相连，直接排到室外或蓄水池。

(二)覆盖材料

理想的覆盖材料应是透光性、保温性好，坚固耐用，质地轻，便于安装，价格便宜等。屋脊型温室的覆盖材料主要为平板玻璃（西欧、北欧、东欧玻璃温室比较多），塑料板材(FRA 板、PC 板等，美国、加拿大多用)和塑料薄膜(亚洲、以色列、西班牙等多用)。寒冷地区、光照条件差的地区，玻璃仍是较常用的覆盖材料。玻璃保温透光好，但价格高，重量大，易损坏，维修不方便。

塑料薄膜价格低，质地轻，便于安装，但不适于屋脊型屋面，且易污染老化，透光率差。近年来新研究开发的聚碳酸酯板材(PC 板)，兼有玻璃和薄膜两种材料的优点，且坚固耐用不易污染，是理想的覆盖材料，唯其价格昂贵。

(三)自然通风系统

自然通风系统是温室通风换气调节室温的重要方式，有侧窗通风、顶窗通风和顶窗加侧窗通风 3 种类型。顶窗加侧窗通风效果比只有侧窗好，在多风地区，如何设计合理的顶窗面积及开度十分重要，因其结构强度和运行可靠性受风速影响较大，设计不合理时易降低运行可靠性，并限制其空气交换潜力的发挥。顶窗开启方向有单向和双向两种，双向开窗可以更好地适应外界条件的变化，也可较好地满足室内环境调控的要求。天窗的设置方式多种多样，如图 1-4 所示。

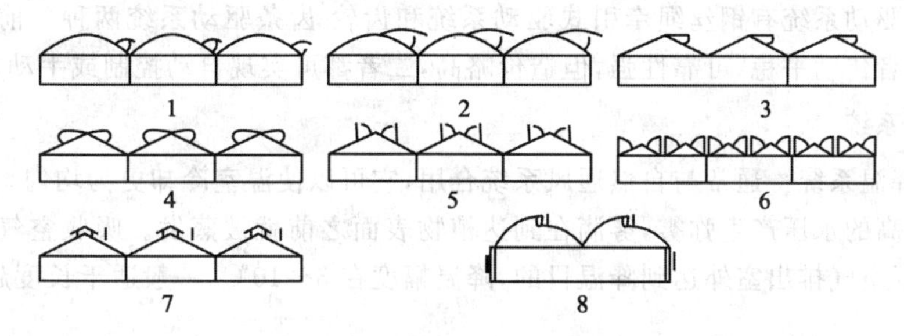

图 1-4 温室天窗位置设置的种类

1. 谷肩开启；2. 半拱开启；3. 顶部单侧开启；4. 顶部双侧开启；
5. 顶部竖开式；6. 顶部全开式；7. 顶部推开式；8. 充气膜叠层垂幕式

开启玻璃温室开窗常采用联动式驱动系统，工作原理是发动机转动时带动纵向转动轴，并通过齿轴-齿轮机构，将转动轴的转动变为推拉杆在水平方向上的移动，从而实现顶窗启闭。

(四)加温系统

现代化温室因面积大，没有外覆盖保温防寒，只能依靠加温来保证寒冷季节设施花卉正常生产。目前加温系统大多采用集中供暖分区控制的方式，主要有热水管道加温和热风加温两种方式。

热水管道加温主要是利用热水锅炉，通过加热管道对温室加温。该系统由锅炉、锅炉房，调节组、连接附件及传感器、进水及回水主管和温室内的散热器等组成。根据温室内花卉生长的变化，散热器的排列按管道的移动性可分为升降式和固定式管道；按管道的位置则可分为垂直排列和水平排列管道。热水管道加温的特点是温室内温度上升速度慢,室内温度均匀,在停止加热后温室内温度下降的速度也慢,因此有利于花卉生长。但所需的设备和材料多,安装维修费时、费工,一次性投资大,且需另占土地修建锅炉房等附属设施。温室面积大时,一般采用热水管道加温。

热风加热主要是利用热风炉,通过风机将热风送入温室加热。该系统由热风炉、送气管道(一般用聚乙烯薄膜作管道)、附件及传感器等组成。热风加热采用燃油或燃气进行加热,其特点是温室内温度上升速度快,但在停止加热后,温度下降也快,加热效果不及热水管道。但设备和材料较热水管道节省,安装维修简便,占地面积小。热风加温适用于面积比较小的温室。

(五)帘幕系统

帘幕系统具有双重功能,即在夏季可遮挡阳光,降低温室内的温度,一般可遮阴降温 7℃左右;冬季可增加保温效果,降低能耗,提高能源的有效利用率,一般可提高 6～7℃。帘幕系统分为内遮阳系统和外遮阳系统。

(1)内遮阳保温系统　内遮阳保温系统使用的帘幕材料有多种形式,常用塑料线编制而成,按保温和遮阳不同要求,嵌入不同比例的铝箔,有节能型、节能遮光型、遮光型和全遮光型等。具有保温节能、遮阳降温、防水滴、减少土壤蒸发和作物蒸腾,节约灌溉用水的作用。

(2)外遮阳系统　外遮阳系统利用遮光率为 70%或 50%黑色网幕覆盖于离温室屋顶以上 30～50 cm 处,比不覆盖的可降低室温 4～7℃,最多时可降 10℃,同时也可防止花卉日灼,提高产品质量。

帘幕开闭驱动系统有钢丝绳牵引式驱动系统和齿轮-齿条驱动系统两种。前者传动速度快,成本低;后者传动平稳,可靠性强,但造价略高,二者都可实现自动控制或手动控制。

(六)降温系统

(1)微喷降温系统　通常与自然通风系统合用,它可以使温室冷却更为均匀。在温室中喷雾系统用非常高的水压产生弥雾,雾滴在到达植物表面之前就被蒸发。吸收空气中的大量热量,然后将潮湿空气排出室外达到降温目的,降温幅度在 3～10℃,一般适于长度超过 40 m 的温室采用。

(2)湿帘降温系统　利用水的蒸发降温原理来实现温室的降温。通过水泵将水打至温室特制的疏水湿帘,湿帘通常安装在温室北墙上,以避免遮光影响花卉生长。风扇则安装在南墙上,当需要降温时启动风扇将温室内的空气强制抽出并形成负压。室外空气在因负压被吸入室内的过程中以一定速度从湿帘缝隙穿过,与潮湿介质表面的水汽进行热交换,导致水分蒸发冷却,冷空气流经温室吸热后再经风扇排出达到降温目的。在炎夏晴天,尤其是中午温度高、相对湿度低时,降温效果最好,是一种简易有效的降温系统。

此外,降温还可以通过幕帘遮阳、顶屋面外侧喷水、强制通风等方式降温。

(七)灌溉和施肥系统

完善的灌溉和施肥系统,通常包括水源、贮水及供给设施、水处理设施、灌溉和施肥设施、田间网络、灌水器如滴头等。其中,贮水及供给设施、水处理设施、灌溉和施肥设施构成了灌溉和施肥系统的首部,首部设施可按混合罐原理制作成一个系统。灌溉首部配置是保证系统功能完善程度和运行可靠性的一个重要部分(图 1-5)。

常见的灌溉系统有适于土壤栽培的滴灌系统,适于基质袋培和盆栽的滴灌系统,适于温室

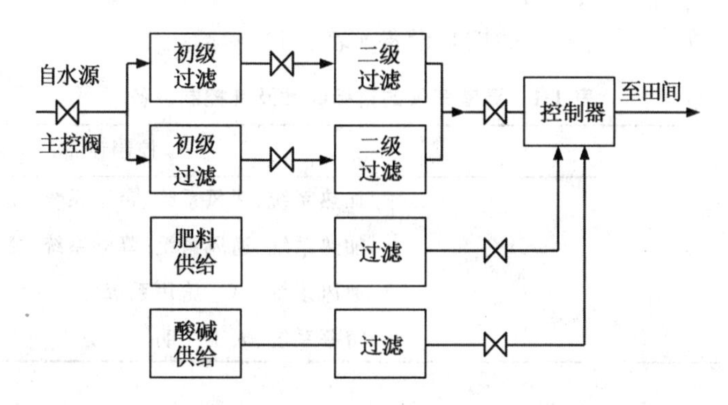

图 1-5 灌溉设施首部的典型布置图

矮生地栽花卉的喷嘴向上的喷灌系统或向下的倒悬式喷灌系统，以及适于工厂化育苗的悬挂式可往复移动的喷灌机(行走式洒水车)。

在土壤栽培时，花卉根区土层下需铺设暗管，以利于排水。在基质栽培时，可采用肥水回收装置，将多余的肥水收集起来，重复利用或排放到温室外面。

在灌溉和施肥系统中，肥料均匀注入水中非常重要。目前采用的方法主要有文丘里注肥器法、水力驱动式肥料泵法、电驱动肥料泵法。

文丘里注肥器法是使用根据流体力学的文丘里原理设计而成，是利用输水管某一部分截面变化而引发的水速度变化，使管道内形成一定负压，将液体肥料带入水中，随水进行施肥。

水力驱动式肥料泵法是通过水流流过柱塞或转子，将液体肥料带入水中，注肥比率可以进行准确控制。

电驱动肥料泵法是通过电驱动肥料泵将液体肥料施入田间的方法。这种方法简便，运行可靠，在有电源的地方可使用。

设施盆栽花卉多采用针式滴头施肥灌溉，在滴灌管线上每隔一定距离安置增压器，每个增压器最多可带动 50 个滴头，可有效改善滴灌效果。

(八)二氧化碳气肥系统

现代化温室因是相对封闭的环境，CO_2 浓度白天低于外界，为增强温室设施花卉的光合作用，需进行 CO_2 气体施肥。施肥方法多采用二氧化碳发生器，将煤油或天然气等碳氢化合物通过充分燃烧产生 CO_2。通常 1 L 煤油燃烧可产生 1.27 m^3 的 CO_2 气体。也可将 CO_2 的贮气罐或贮液罐安放在温室内，直接输送 CO_2 到温室中。为了控制 CO_2 浓度，需在室内安置 CO_2 气体分析仪等设备。

(九)补光系统

补光系统成本高，主要是弥补冬季或阴雨天光照不足，提高产品质量。所采用的光源灯具要求有防潮专业设计、使用寿命长，发光效率高、光输出量多。人工补光一般用白炽灯、日光灯、高压水银灯以及高压钠灯等。

(十)计算机环境测量和控制系统

计算机环境测控系统，是创造符合设施花卉生育要求的生态环境，从而获得高产、优质产品不可缺少的手段。调节和控制的气候目标参数包括温度、湿度、CO_2、浓度和光照等。针对不同的气候目标参数，宜采用不同的控制设备（表 1-1）。

表 1-1 温室气候的目标参数及其控制设备

目标参数	控制设备
温度	加热系统、通风系统、帘幕系统、喷淋/喷雾系统
湿度	加热系统、通风系统、降湿系统、喷淋/喷雾系统
CO_2 浓度	通风系统、CO_2 施用系统
光照	帘幕系统、人工照明

控制设备多种多样，按控制原理可分为比例或比例加积分两种类型。无论是开关控制还是比例或比例加积分控制，都存在目标值和实际值之间的偏差，例如温室温度传感器的实测值，往往迟滞于温室内的实际温度值，所以国际上许多研究机构正在研究开发更加现代化的控制方法，如最优控制相适应式控制等。

(十一)温室内常用作业机具

(1)土壤和基质消毒机　温室使用时间长，连作多，有害生物容易在土壤中积累，影响花卉生长，致使病虫害发生严重。无土栽培的基质在生产和加工的过程中也常会携带各种病菌，因此采用消毒方法，消除土壤和基质中的有害生物十分必要。

土壤和基质的消毒方法主要有物理和化学两种。

物理方法包括高温蒸汽消毒、热风消毒、太阳能消毒、微波消毒等，其中高温蒸汽消毒较为普遍。采用土壤和基质蒸汽消毒机消毒，在消毒之前，需将待消毒深度的土壤或基质疏松，用帆布或耐高温的厚塑料薄膜覆盖，四周密封，并将高温蒸汽输送管放置到覆盖物之下，每次消毒的面积同消毒机锅炉的能力有关，以 50 kg/(m^2·h)高温蒸汽的消毒效果较好。

采用化学方法消毒时，土壤消毒机可使液体药剂直接注入土壤到达一定深度，并使其汽化和扩散。

(2)喷雾机械　在大型温室中，使用人力喷雾难以满足规模化生产需要，故需采用喷雾机械防治病虫害。荷兰温室多采用 Enbar LVM 型低容量喷雾机，可定时或全自动控制，无需人员在场，安全省力。每台机具一次可喷洒面积达 3 000～4 000 m^2，药液量为 2.5 L/h，运行时间约 45 min。为使药剂弥散均匀，需在每 1 000 m^2 的区域内安装一台空气循环风扇。

三、现代化温室的性能

(一)温度

现代化温室有热效率高的加温系统，在最寒冷的冬春季节，不论晴天还是阴雪天气，都能保证设施花卉正常生长发育所需的温度，12 月至翌年 1 月，夜间最低温不低于 15℃，地温均能达到花卉生长要求的适温范围和持续时间。炎热夏季，采用外遮阳系统和湿帘降温系统，保证温室内达到花卉生长对温度的要求。

采用热水管道加温或热风加温，加热管道可按花卉生长区域合理布局，除固定的管道外，还有可移动升降的加温管道，因此温度分布均匀，花卉生长整齐一致，此种加温方式清洁、安全、没有烟尘或有害气体，不仅对花卉生长有利，也保证了生产管理人员的身体健康。因此，现代化温室可以完全摆脱自然气候的影响一年四季全天候进行设施花卉生产，高产、优质、高效。但温室加温能耗很大,大大增加了成本。双层充气薄膜温室夜间保温能力优于玻璃温室,中空玻璃或中空聚碳酸酯板材(阳光板),导热系数最小,故保温能力最优,但价格也最高(表 1-2)。

表 1-2 不同温室覆盖材料性能比较(张福墁,2001)

覆盖材料	普通农膜 0.08 mm 厚	多功能膜 0.15 mm 厚	多功能膜 双层	玻璃 4 mm 厚	中空玻璃 [3+6(空气层)+3]/mm	聚碳酸酯 中空板
导热系数/(kJ·m^{-2}·h^{-1}·$℃^{-1}$)	29 307.6～33 494.4	16 747.2～18 840.6	14 653.8～16 747.2	23 027.4～25 120.8	12 562.4～13 397.8	10 467～12 562.4
透光率/%	85～90	85～90	75～80	90～95	80～85	85～90

(二)光照

现代化温室全部由塑料薄膜、玻璃或塑料板材(PC 板等)透明覆盖物构成,采光好,透光率高,光照时间长,而且光照分布比较均匀。所以这种全光型的大型温室,即便在最冷的日照时间最短的冬季,仍然能正常生产。

双层充气薄膜温室由于采用双层充气膜,因此透光率较低,北方地区冬季室内光照较弱,对喜光的设施花卉生长不利。在温室内配备人工补光设备,可在光照不足时进行人工光源补光。

(三)湿度

现代化温室空间高大,花卉生长势强,代谢旺盛,叶面积指数高,通过蒸腾作用释放出大量水汽进入温室空间,在密闭情况下,水蒸气经常达到饱和,但现代化温室有完善的加温系统,可有效降低空气湿度,比日光温室因高湿环境给设施花卉生育带来的负面影响小。

夏季炎热高温时,现代化温室内有湿帘降温系统,使温室内温度降低,而且还能保持适宜的空气湿度,为设施花卉生长创造良好的生态环境。

(四)气体

现代化温室的 CO_2 浓度明显低于露地,不能满足设施花卉的需要,白天光合作用强时常发生 CO_2 亏缺。据上海测定,引进的荷兰温室中,白天 10—16 时,CO_2 浓度仅有0.024%,不同种植区有所差别,但总的趋势一致,所以需补充 CO_2,进行气体施肥。

(五)土壤

国内外现代化温室为解决温室土壤的连作障碍、土壤酸化、土传病害等一系列问题,普遍采用无土栽培技术。设施花卉生产,已少有土壤栽培,多用基质栽培,通过计算机自动控制,可以为不同设施花卉,不同生育阶段,以及不同天气状况下,准确地提供设施花卉所需的大量营养元素及微量元素,为设施花卉根系创造了良好的土壤营养及水分环境。

【工作过程】

现代化温室是个系统工程,其设计、建造和施工比较复杂,通常由专门的温室工程公司承担。生产单位要引进或建设现代化温室,可根据生产目的、栽培种类、品种的生物学特性、对环境条件的要求(光、温、湿、气、肥),以书面材料的形式向温室公司提出要求,公开招标，并请业内专家参与评标，全面加以比较选择，评出符合要求的最理想的温室工程公司进行建设。

现以某农业高科技园区的招标书举例如下：

发包单位：山东××农业科技发展有限公司。

招标时间：2012 年 3 月。

山东××农业科技发展有限公司，在 ××基地计划建设一栋 10 000 m^2 现代化温室，要求温室各项功能齐全，环境控制能力强，现将基地基本情况及对温室厂家建设要求介绍如下：

（一）基地基本情况（略）

（二）对温室要求

该温室用于高档设施花卉周年生产，要求温室功能齐全，环控能力强，光照好，升温快，保温、降温效果好，并能在温室结构设计和使用性能上适应当地的自然条件。

1. 技术指标要求

占地面积 10 000 m^2 左右，外观和谐美观，坚固耐用，能灵敏调节室内温度、湿度、水肥、CO_2。要求抗风能力≥12 级（约 60 m/s），抗震 8 级，抗雪压≥35 kg/m^2；室外≥38℃时温室内≤28℃，室外－15℃时室内≥12℃，冬季白天室内温度不低于 20～25℃。

2. 主体框架

长宽高比例合理，侧高（檐高）3.5 m 左右。热镀锌钢骨架结构，寿命＞15 年，要求不生锈、不变形。要求温室 10 000 m^2 分为两个区域，一大一小面积分别为 6 000 m^2 和 4 000 m^2，小区域内设一 20 m^2 缓冲间，整个温室设 2～3 个门与外界相通。

3. 室内隔断

采用 PC 板隔断，将温室分为两个不同温度区域，各区域具有独立的环控能力。

4. 覆盖材料

屋顶及侧立面全部采用 10 mm 聚碳酸酯（PC）板，各部覆盖材料之间连接合理、密闭，屋顶采用芬洛（Venlo）型温室结构。

5. 降温系统

采用湿帘风机降温，进口风机。湿帘高度≥1.8 m，铝合金外框，湿帘外设 10 mm PC 板外墙，并具齿轮齿条开窗系统调控，侧窗开闭自动控制，设防虫网。屋顶设开窗机构，内部设环流风机。

6. 加温系统

要求热水管道加温，按温度要求设计散热器，要求散热器排布合理，达到均匀散热且节能的目的。

7. 帘幕系统

采用内外双重遮阴，全部自动化控制，选用进口材料。

8. 苗床系统

采用移动苗床，总面积 4 000 m^2。

9. 灌溉系统

采用移动喷灌机或悬挂固定式喷灌系统。

10. 施肥系统

采用营养液施肥，要求具有营养液元素调配及施肥系统。

11. 控制系统

采用单板机控制，两个区域分别控制。

12. 光照系统

温室内设置普通照明系统，另有人工补光系统。

13. 道路

温室内道路尽量少占面积，采用水泥方砖铺设。

14. 土建

要求能承担发包方要求达到的抗震、风压和雪载要求。建设的配套附属设施外观造型、颜色与主体生产温室协调、美观、具现代化特色，造价合理。

(三)其他

1. 投标单位需在投标书上申明

(1)单位的优势与特点；

(2)分项报价及总报价；

(3)质量承诺；

(4)维修保养期限及优惠政策。

2. 招标单位申明的内容

(1)各投标方在本次招标中如未能中标，招标方不承担任何投标费用；

(2)投标方必须按发包方要求的时间 2012 年 3 月 20 日上午 9 时整，将投标书准时送达规定地点，过时不再受理；

(3)确定中标单位后，自签订合同书日起、全部工期 4 个月(含土建)；

(4)验收合格期为一年；

(5)付款方式：自合作协议签订之日起 3 d 内，发包方一次拨给中标方工程总额的 30%，工程完成后拨给中标方达到总额的 85%，最后 15%在验收合格期满后的 3 d 内结清。

××公司工程部

××年××月××日(公章)

【巩固训练】

现代化温室结构、性能观察

一、训练任务分析

了解当地现代化温室的主要类型，掌握其性能结构特点，完成对现代化温室主要结构参数的测量。

根据现代化温室的结构、性能，因地制宜地选择适合当地生产实际的现代化温室。

二、训练内容

1. 材料

当地现代化温室、皮尺、钢卷尺、记录本等。

2.场地

校内、外生产基地。

三、训练方法

(1)现代化温室结构的观察　通过参观、访问等方式,观察了解当地各种类型现代化温室。所用建筑材料,所在地的环境、整体规划等情况。

(2)现代化温室性能的观察　通过访问、实地测量等方式,了解当地现代化的性能及在当地生产中的应用情况。

(3)对当地主要现代化进行结构参数的实地测量并记录。

四、训练结果

(1)实训报告。

(2)绘制所观察现代化温室结构示意图。

(3)对所观察的现代化温室作出综合评价。

【知识拓展】

我国温室的现状与发展

一、我国温室发展现状及特点

我国唐代就有用温室进行生产的记载。改革开放以后,我国的温室生产面积不断扩大,生产规模居世界前列,我国现代化温室初期主要引进的是荷兰的芬洛型(Venlo type)玻璃温室,20 世纪 90 年代陆续从日本、美国、以色列等国家引进。近年来,我国自行建造的大型温室得到迅速发展,主要是以无土栽培生产蔬菜和设施花卉及农业观光园建设。

日光温室为我国温室的主要类型,能充分利用太阳光热资源、节约能源、减少环境污染。由农业部联合有关部门试验推广的新一代节能型日光温室,每年每亩可节约燃煤约 20 t。采用单层薄膜或双层充气薄膜、PC 板、玻璃为覆盖材料大型现代化连栋温室,具有土地利用率高、环境控制自动化程度高和便于机械化操作等特点。

设施栽培技术的不断提高和发展,新品种、新技术及农业技术人才的投入,提高了设施园艺的科技含量,现已培育出一批适于保护设施栽培耐低温、弱光、抗逆性强的设施专用品种。工厂化育苗、嫁接育苗、喷灌、滴灌、无土栽培技术、小型机械、生物技术和微电脑自控及管理的使用,提高了劳动生产率,使栽培作物的产量和质量得以提高。

目前,我国温室的骨架多采用热镀锌管(板),覆盖材料多为玻璃、双层充气膜、PC 板等;还自行研制设计了各种环境调控系统和微机监控系统等;对于无土栽培、优良品种选育的研究已达到国际领先水平,在温室内机械大部分是靠引进设备或手工作业;在应用方面,缺乏有效的管理体制和机制,还未将生产、加工、销售有机地结合起来,有的温室结构简单、设备简陋,环境的综合调控难以实现,生产管理和运行水平还远低于国外。

二、我国温室发展需要解决的问题

(一)建立温室相关的国家标准

目前只有《温室结构设计荷载》国家标准,温室国家标准化还有很多工作要做。现有的控制系统大多具有较强的针对性,由于温室结构千差万别,执行机构各不相同,对于控制系统的优劣缺乏横向可比性。借鉴国外经验,建立本国模式是温室行业国产化的必由之路。由于我国地域辽阔,气候多样,所以我国温室的研究设计单位应建立不同地区、不同气候条件下的温室模式,从而使我国温室产业的发展模式有据可依。可以尝试制定行业标准或地区标准,然后申请国家标准。

(二)开发适应我国国情的温室优化控制软件

目前我国引进温室的控制系统大多运行费用过高,而自行研制的控制系统缺乏相应的优化软件,大多仍使用单因子开关量进行环境因子的调节,而实际上温室内的日射量、气温、地温、湿度及 CO_2 浓度等环境要素是在相互间彼此关联着的环境中对作物的生长产生影响的,环境要素的时间变化和空间变化都很复杂,当我们改变某一环境因子时常会把其他环境因子变到一个不适宜的水平上,因此,结合温室内的物理模型,作物的生长模型和温室生产的经济模型,开发出一套跟我国温室生产现状相适应的环境控制优化软件是非常重要的。

(三)加强对温室结构的研究

不同地区的不同气候条件,应有相应的温室结构,温室结构的好坏直接影响到温室生产的经济性,例如,在我国的北方地区,应加强对温室保温性能研究,以减少冬季的热能耗;而在南方地区,则应加强对夏季通风装置的研究,以减少夏季的温室高热高湿。

(四)加快对温室相关的技术的研究

开发适合温室生产的综合机械配套设施研究温室内的管理技术,研制适合温室种植的优良品种等。

三、我国温室今后的发展方向

我国温室未来的发展,随着社会的进步科学技术的发展,我国温室的发展将向着区域化、节能化、专业化发展,形成高科技、自动化、机械化、规模化、产业化的工厂型农业,为社会提供更加丰富的无污染、安全、优质的绿色健康食品。我国温室未来的发展呈现出现代化、精准化、多元化、都市型的特点。

(一)现代化

在日光温室基础上排灌、施肥、光控、温控、植保等系统将实现自动化、智能化。并实现无污染、全天候、周年连续性生产。

(二)精准化

精准化技术在温室生产中逐步推广应用,包括精准化施肥技术、精准种植、精准施药、营养微量元素供给。

工作任务二　日光温室

【学习目标】

1. 能理解日光温室的概念及其性能特点；
2. 能掌握日光温室的结构类型、建造技术及环控技术；
3. 能够运用日光温室的知识指导设施花卉生产。

【任务分析】

本任务主要是学习理解日光温室的基本概念，掌握其性能特点，并能因地制宜地选择使用日光温度。在此基础上，能根据当地的自然条件设计建造日光温室，掌握其内部环境特点，为设施花卉创造适宜的生长发育环境，满足其生长发育的要求，生产优质、高效产品。

【基础知识】

日光温室是我国特有的园艺设施，是我国园艺设施的主体，大多以塑料薄膜为采光覆盖材料，其内部热源主要靠太阳辐射，靠采光屋面最大限度采光和加厚的墙体及后屋面、防寒沟、纸被、草苫等最大限度地保温，达到充分利用光热资源，创造设施花卉生长适宜环境，日光温室又称不加温温室。

一、日光温室结构

(一)前屋面

前屋面，又称前坡，由拱架和透明覆盖物组成的，主要起采光作用，为了加强冬季夜间保温，在傍晚至第二天早晨用保温覆盖物如草苫覆盖。前屋面的大小、角度、方位直接影响日光温室的采光效果。

(二)后屋面

后屋面又称后坡，位于温室后部顶端，采用不透光的保温蓄热材料做成，主要起保温和蓄热的作用，同时也有一定的支撑作用。在纬度较低的温暖地区，日光温室也可不设后屋面。

(三)后墙和山墙

后墙位于温室后部，起保温、蓄热和支撑作用。山墙位于温室两侧，作用与后墙相同。通常在一侧山墙的外侧连接建造一个小房间作为出入温室的缓冲间，兼做工作室和贮藏间。

除此之外，根据不同地区的气候特点和建筑材料的不同，日光温室还包括立柱、防寒沟等。立柱是在温室内起支撑作用的柱子，竹木温室因骨架结构强度低，必须设立柱；钢架结构因强度高，可视情况少设或不设立柱。防寒沟是在北方寒冷地区为减少地中传热而在温室四周挖掘的土沟，内填稻壳、树叶等隔热材料以加强保温效果。

二、日光温室的主要类型

日光温室的分类有多种形式，有按材料分类的，也有按结构分类的，还有按前、后屋面形状和尺寸分类的。生产中常用的日光温室类型主要有：

(一)短后屋面高后墙日光温室

这种温室跨度 5～7 m，后屋面面长 1～1.5 m，后墙高 1.5～1.7 m，作业方便，光照充足，保温性能较好。典型温室有：冀优Ⅱ型日光温室(图 1-6)、潍坊改良型日光温室(图 1-7)等。

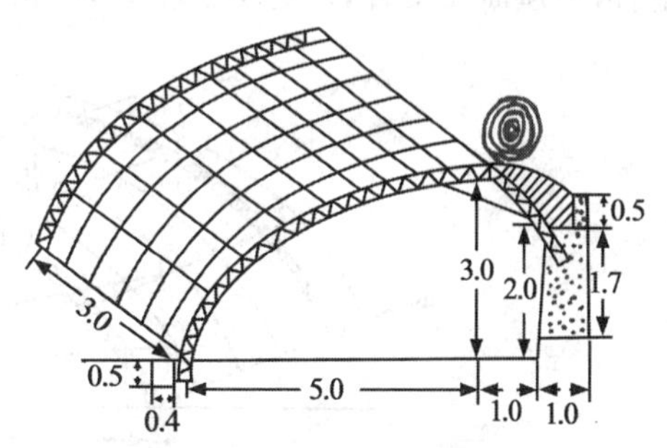

图 1-6 冀优Ⅱ型日光温室(单位:m)

这种温室加大了前屋面采光屋面，缩短了后屋面，提高了中屋脊，透光率、土地利用率明显提高，操作更加方便，是目前各地重点推广的改良型日光温室。

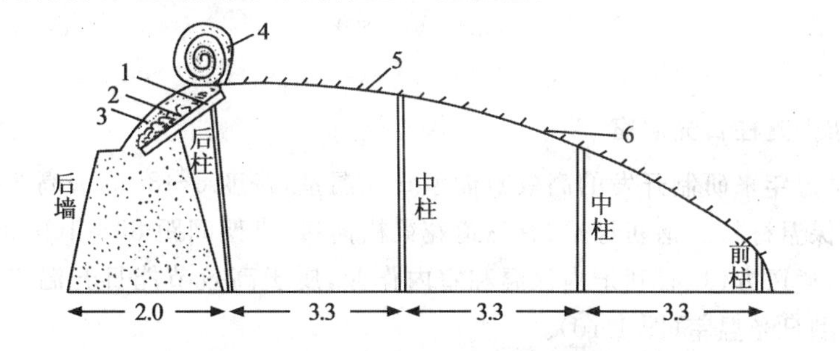

图 1-7 潍坊改良型日光温室(单位:m)

1. 水泥柱；2. 秸秆层；3. 草泥；4. 草苫；5. 拱架；6. 钢丝

(二)琴弦式日光温室

跨度 7 m，后墙高 1.8～2 m，后屋面面长 1.2～1.5 m，每隔 3 m 设一道钢管桁架，在桁架上按 40 cm 间距横拉 8 号铅丝固定于东西山墙；在铅丝上每隔 60 cm 设一道细竹竿做骨架，上面盖薄膜，在薄膜上面压细竹竿，并与骨架细竹竿用铁丝固定。该温室采光好，空间大，作业方便，起源于辽宁瓦房店市(图 1-8)。

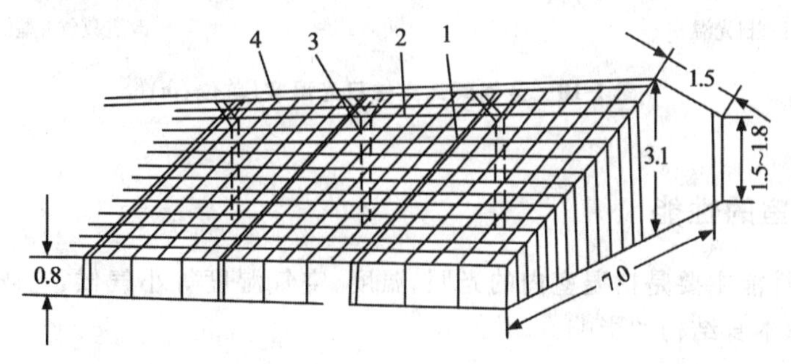

图 1-8 琴弦式日光温室(单位:m)

1. 钢管桁架；2. 8 号铅丝；3. 中柱；4. 草苫；5. 拱架；6. 钢丝

(三)钢竹混合结合结构日光温室

这种温室利用了以上几种温室的优点。跨度 6 m 左右,每 3 m 设一道钢拱杆,矢高 2.3 m 左右,前屋面无支柱,设有加强桁架,结构坚固,光照充足,便于内保温(图 1-9)。

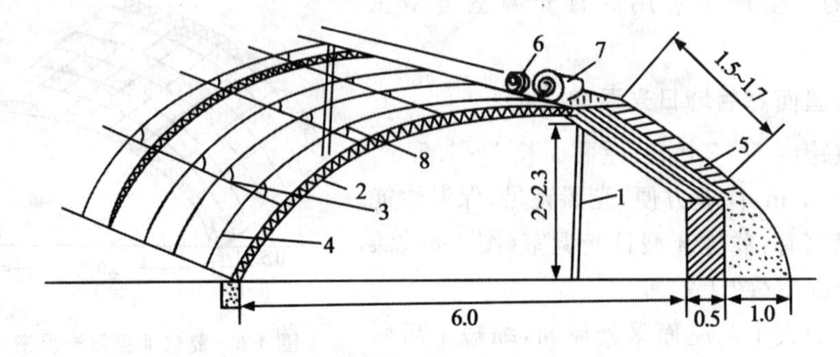

图 1-9　钢竹混合结构日光温室(单位:m)

1.中柱;2.钢架;3.横向拉杆;4.拱杆;5.后墙后屋面;6.纸被;7.草苫;8.吊柱

(张振武,1989)

(四)全钢架无支柱日光温室

这种温室是近年来研制开发的高效节能型日光温室,跨度 6~8 m,矢高 3 m 左右,后墙为空心砖墙,内填保温材料。钢筋骨架,有三道花梁横向接,拱架间距 80~100 cm。温室结构坚固耐用,采光好,通风方便,有利于内保温和室内作业,属于高效节能日光温室,代表类型有辽沈Ⅰ型、冀优Ⅱ型日光温室(图 1-10)。

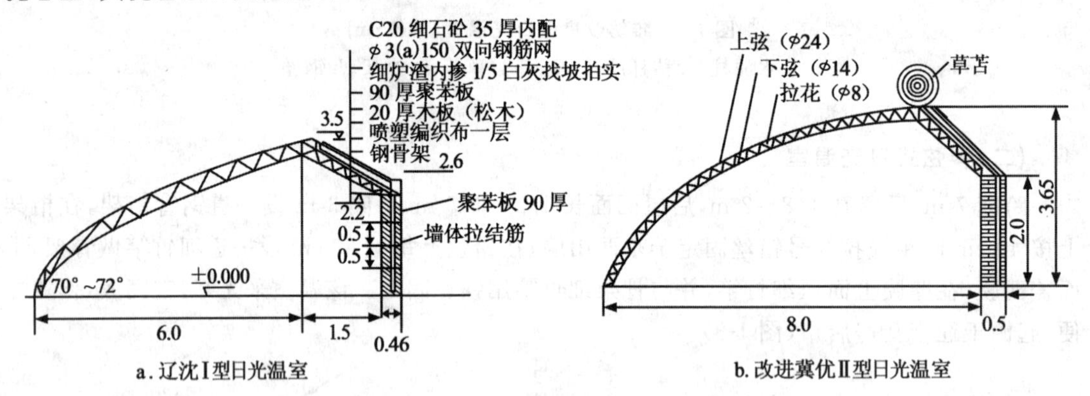

图 1-10　全钢架无支柱日光温室(单位:m)

三、日光温室的性能

日光温室的性能主要是指温室内的光照、温度、空气湿度等小气候,它既受外界环境条件的影响,也受温室本身结构的影响。

(一)光照

(1)光照强度　日光温室光照强度主要受前屋面角度、透明屋面大小的影响。在一定的范围内,前屋面角度越大,透明屋面与太阳光线所成的入射角越小,透光率越高,光照越强。因此，冬季太阳高度角低，光照减弱。春季太阳高度角升高，光照增强。

太阳光通过前屋面时一部分被反射，一部分被透明覆盖材料（塑料薄膜）吸收，因此，进入日光温室内的光照比外界减少。生产实际中，塑料薄膜覆盖后由于灰尘污染、水滴附着、薄膜本身对光线的吸收、老化等原因，其透光率会很快下降。另外，日光温室的骨架遮阴，太阳光不可能总是垂直照射在透明屋面上而造成反射光损失，种种原因导致温室内的透光率甚至会低至自然光强的 50% 以下。因此，温室内光照不足往往成为冬季喜光设施花卉生产的限制因子。

日光温室内光照强度的日变化有一定的规律。室内光照强度的变化与室外自然光日变化相一致。从早晨揭苫后，随室外界自然光强的增加而增加，11 时前后达到最大，此后逐渐下降，至盖苫时最低。一般晴天室内光强日变化明显；阴天则会因云层厚薄而不同（图 1-11 和图 1-12）。

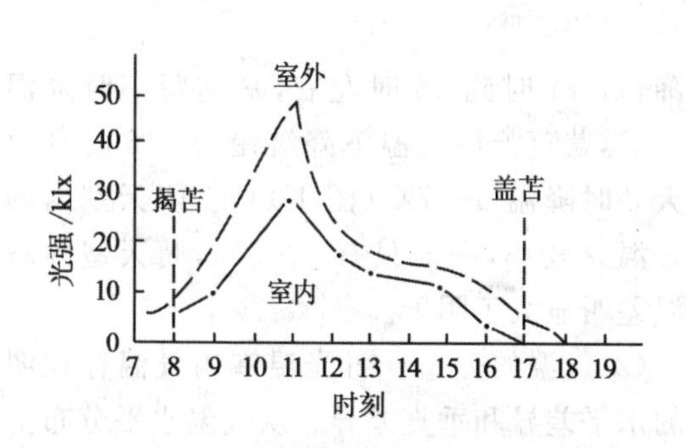

图 1-11　晴天室内外光照强度日变化

（凌云晰，1998）

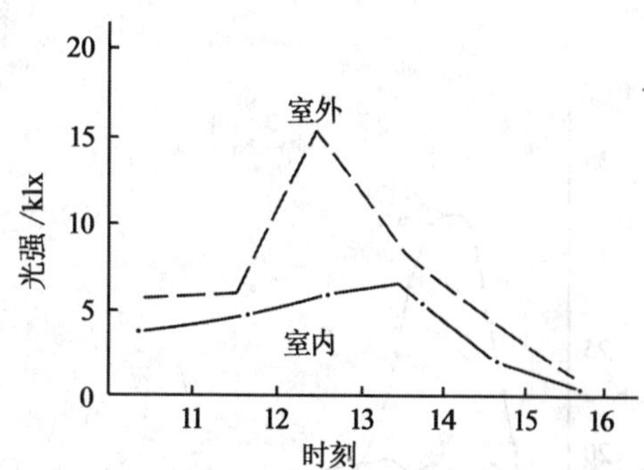

图 1-12　阴天室内外光照强度日变化

（凌云晰，1998）

（2）光照时数　严寒季节，因保温需要，保温覆盖物晚揭早盖，缩短了日光温室内的光照时数；连阴雨雪天气、或大风天气，不能揭开草苫也大大缩短了光照时数。进入春季后，光照时数逐渐增加。在辽宁南部的冬季，12 月份每天光照时数约 6.5 h，1 月份为 6～7 h，2 月份 9 h，3 月份 10 h，4 月份 13.5 h。

（3）光照分布　日光温室为单层面温室，只有南向的前屋面透明材料，可透过可见光，其余部分都为不透明部分，所以光照分布有明显的水平差异和垂直差异（图 1-13）。一般日光温室的北侧光照较弱，南侧较强；温室上部靠近透明覆盖物处光照较强，自上向下逐渐较弱；东西山墙，午前和午后分别出现三角弱光区，午前出现在东侧，午后出现在西侧。此外，骨架遮阴处光照弱，无遮阴处光照较强。

（4）光质　塑料薄膜对紫外线的透过率比较高，有利于植株健壮生长，也促进花青素和维生素 C 合成，因此花朵颜色鲜艳，外观品质好。但不同种类的薄膜光质有差异，PE 薄膜的紫外线透过率高于 PVC 薄膜。

（二）温度

（1）气温的日变化　日光温室内气温的日变化与外界基本相同，白天气温高，夜间气温低。通常在早春、晚秋及冬季的日光温室内，晴天最低气温出现在揭苫后 0.5 h 左右，此后温度开始上升，上午每小时平均升温 5～6℃；中午 12 时左右气温达到最高。下午 14 时后气温开始

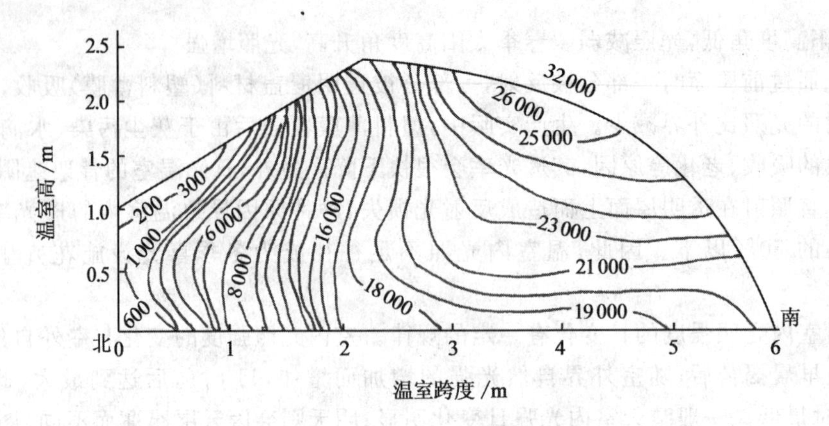

图 1-13 日光温室内光照强度的分布状况

（凌云昕，1988）

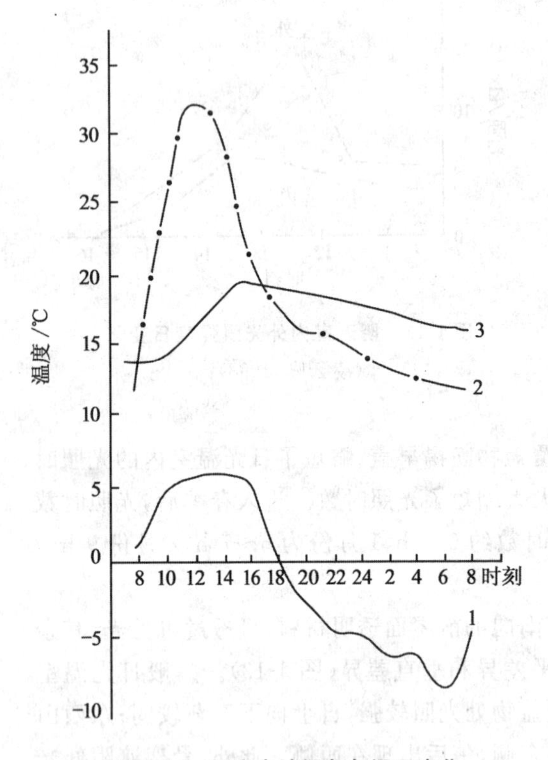

图 1-14 温室内地温与气温日变化

1. 室外气温；2. 室内气温；3. 室内 15 cm 地温

下降，从 14 时到 16 时左右，平均每小时降温 4～5℃，盖草苫后气温下降缓慢，从 16 时到第二天 8 时降温 5～7℃（图 1-14）。阴天室内的昼夜温差较小，一般只有 3～5℃，晴天室内昼夜温差明显大于阴天。

(2)气温的分布　日光温室内气温存在明显的水平差异和垂直差异。从气温水平分布上看，白天南部高于北部；夜间北部高于南部。夜间东西两山墙根部和近门口处，前底角处气温最低。从气温垂直分布来看，再密闭不通风情况下，气温随室内高度增加而增加。中柱前距地面 1 m 处，向前至前屋面薄膜，向前约 1.5 m 区域为高温区。一般水平温差为 3～4℃；垂直温差为 2～3℃。

(3)地温的变化　日光温室内的地温虽然也存在着明显的日变化和季节变化，但与气温相比，地温比较稳定。从地温的日变化看，日光温室上午揭草苫后，地表温度迅速升高，14 时左右达到最高值。14—16 时温度迅速下降，16 时左右盖草苫后，地表温度下降缓慢。随着土层深度的增加，日最高地温出现的时间逐渐延后，距地表 20 cm 以下深层土壤温度的日变化很小。从地温的分布看，温室周围的地温低于中部地温，而且地表的温度变化大于地中温度变化，随着土层深度的增加，地温的变化越来越小。地温变化滞后于气温，相差 2～3 h。晴天白天浅层地温最高，随着深度增加而递减，晴天夜间以 10 cm 地温最高，由此向上向下递减；阴天时，深层土壤热量向上传导，深层地温高于浅层地温。

(三)湿度

(1)空气湿度 空气湿度大,日变化剧烈。为加强保温效果,日光温室常处于密闭状态,气体交换不足,加上白天土壤蒸发和植物蒸腾,使空气湿度过高。白天,室内温度高,空气相对湿度通常为60%~70%,夜间温度下降,相对湿度升高,可达到100%。阴天因气温低,空气相对湿度经常接近饱和或处于饱和结露状态。

日光温室局部空气湿度差异大于露地,这与温室容积有关。容积越大湿差越小,日变化也越小;容积越小,湿差越大,日变化也越大。

由于空气相对湿度高,温室内不同部位空气温度也不同,导致作物表面发生结露,覆盖物及骨架结构凝水,室内产生雾霭,造成作物沾湿,容易引发多种病害。

(2)土壤湿度 日光温室内土壤湿度在每次浇水后升高到最大值,之后因地表蒸发和植物蒸腾作用,土壤湿度逐渐下降。至下次浇水之前土壤湿度至最低值。由于日光温室土壤靠人工灌溉,不受降雨影响,因此土壤湿度变化相对较小。

(四)气体条件

日光温室内气体条件变化,表现在密闭条件下 CO_2 浓度过低造成作物 CO_2 饥饿,同时也存在 NH_3、NO_2、SO_2、C_2H_4 等有害气体积累,因此,需要经常通风换气,一方面补充 CO_2 不足,另一方面排放积累的有毒有害气体,必要时可进行人工增施 CO_2 气肥。

(五)土壤环境

由于有覆盖物存在,加上高效栽培造成的施肥量过高,栽培季节长,连作栽培茬次多等特点,日光温室内的土壤与露地土壤有较大差别。

日光温室内温度和湿度较露地高,土壤中微生物活动旺盛,使土壤养分和有机质分解加快。土壤由于被覆盖而免受雨水淋洗和冲刷,肥料损失小,肥料利用率高,利于作物充分利用。

日光温室由于连年耕作,易造成连作障碍,主要表现在盐分浓度过高引起土壤理化性状变差、土壤有害微生物积累造成的病害发生严重以及栽培作物的自毒作用。

【工作过程】

日光温室的设计与建造

一、场地选择

日光温室通常是一次建造,多年使用,因此,必须选择比较适宜的场所。理想的场地条件是地形开阔,地势平坦,避风向阳,光照充足,土层深厚,土质良好,水源充足,交通方便,排灌良好,并且水、电、路“三通”。

二、场地规划

在进行较大规模的日光温室生产时,所有日光温室和其他栽培设施应尽可能集中,以利管理和保温,但彼此应以不遮光为原则。日光温室的合理间距取决于温室设置地的纬度和温室高度,温室间的距离,通常为温室高度的2倍;当温室高度不等时,其高的应设在北面,矮的设置在南面。工作室及锅炉房设置在温室北面或东西两侧。

三、日光温室的设计

日光温室各部分的长宽、大小、厚薄和用材决定了它的采光和保温性能，其合理结构的参数具体可归纳为五度、四比、三材。

(一)五度

五度即角度、高度、跨度、长度和厚度，主要指各个部位的大小尺寸。

1. 角度

包括方位角、前屋面角及后屋面仰角。

(1)方位角　指日光温室的方向定位，确定方位角应以太阳光线最大限度地射入温室为原则，以面向正南为宜。

(2)前屋面角　指温室前屋面底部与地平面的夹角，屋面角决定温室采光性能，屋面角的大小决定太阳光线照到温室透光面的入射角(图 1-15)，而入射角又决定太阳光线进入温室的透光率。入射角愈大，透光率就愈小。

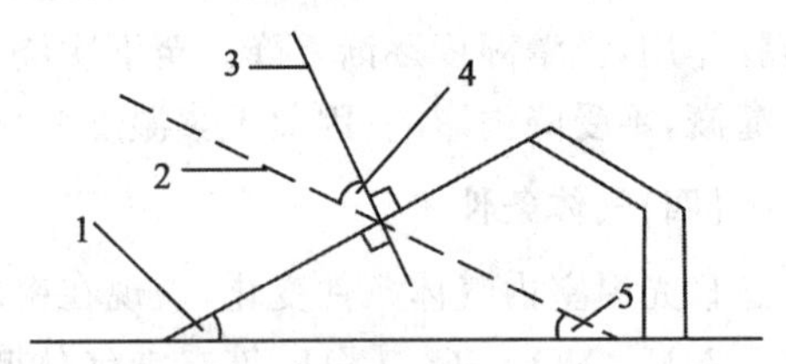

图 1-15　入射角与屋面角

1. 屋面角；2. 入射线；3. 法线；4. 入射角；5. 太阳高度角

对于北纬 32°～43°地区而言，要保证冬至日光温室内有较大的透光率，前屋面角地面处的切线角度应在 60°～68°。此外，温室前屋面的形状以前底脚向后至采光屋面 2/3 处为圆拱形，后部 1/3 部分采用抛物线形屋面为宜。

(3)后屋面仰角　又称后坡角，指温室后屋面与后墙顶部水平线的夹角。后屋面角度以大于当地冬至正午时刻太阳高度角 5°～8°为宜。在北纬 32°～43°地区，后屋面仰角应为 30°～40°，纬度越低后屋面角度要大一些，反之则相反。温室屋脊与后墙顶部高度差应在 80～100 cm，这样可使寒冷季节有更多的直射光照射到后墙及后屋面上，有利于增加墙体及后屋面蓄热和夜间保温。

2. 高度

包括脊高和后墙高度。脊高是指温室屋脊到地面的垂直高度。

日光温室高度直接影响前屋面的角度和空间大小。降低高度不利于采光；增加高度会增加前屋面角度和温室空间，有利于温室采光，但过高，既增加建造成本，又影响保温。因此，一般认为：6～7 m 跨度的日光温室，在北纬 40°以北地区，高度以 2.8～3.0 m 为宜；北纬 40°以南，高度以 3.0～3.2 m 为宜。若跨度＞7 m，高度也相应再增加。后墙的高度以 1.8 m 左右为宜，过低影响作业；过高时，保温效果下降。

3. 跨度

跨度是指从日光温室北墙内侧到南向透明屋面前底脚间的距离。

跨度大小，对于日光温室的采光、保温、设施花卉的生育以及人工作业等都有很大的影响。在温室高度及后屋面长度不变的情况下，加大温室跨度，会导致温室前屋面角度和温室相对空间的减小，从而不利于采光、保温、花卉生育及人工作业。

目前认为日光温室的跨度以 6～8 m 为宜，若生产喜温的花卉，北纬 40°～41°以北地区以采用 6～7 m 跨度最为适宜，北纬 40°以南地区可适当加宽。

4. 长度

指温室东西山墙间的距离，以 50～60 m 为宜。

长度太短，不仅单位面积造价提高，而且山墙遮阳面积与温室面积的比例增大，影响花卉生长。一般日光温室最短不能小于 30 m，最长的也不宜超过 100 m。长度过长，作业时跑空的距离增加，也会给管理上带来不便。

5. 厚度

包括后墙、后屋面和草苫的厚度，厚度的大小主要决定保温性能。

后墙厚度根据地区和用材不同而有不同要求。单质土墙厚度可比当地冻土层厚度增加 30 cm 左右为宜。在黄淮区土墙应达到 80 cm 以上，东北地区应达到 1.5 m 以上。砖结构的空心异质材料墙体厚度应达到 50～80 cm。后屋面为草坡的厚度，要达到 40～50 cm，对预制混凝土后屋面，要在内侧或外侧加 25～30 cm 厚的保温层。草苫的厚度要达到 6～8 cm。

(二)四比

指前后屋面比、高跨比、保温比和遮阳比。

1. 前后屋面比

指前坡和后屋面垂直投影宽度的比例，影响着采光和保温效果。从保温、采光、方便操作及扩大栽培面积等方面考虑，前后屋面投影比例以(4～5)∶1 左右为宜，即跨度为 6～7 m 的日光温室，前屋面投影占 5～5.5 m，后屋面投影占 1.2～1.5 m。

2. 高跨比

指日光温室的高度与跨度的比例。高跨比大小决定屋面角的大小，要达到合理的屋面角，以 1∶2.2 为宜。即跨度为 6 m 的温室，高度应达到 2.6 m 以上；跨度为 7 m 的温室，高度应为 3 m 以上。

3. 保温比

指日光温室内土地面积与前屋面面积的比例。保温比的大小说明日光温室保温性能的大小，保温比越大，保温性能越高，所以要提高保温比，就应尽量扩大土地面积，而减少前屋面的面积，但前屋面又起着采光的作用，还应该保持在一定的水平上。根据近年来日光温室开发的实践及保温原理，以保温比值等于 1 为宜，即土地面积与散热面积相等较为合理，也就是跨度为 7 m 的温室，前屋面拱杆的长度以 7 m 为宜。

4. 遮阳比

指在温室群或有高大建筑物时，前面地物对日光温室的遮阳影响。为了不让南面地物、地貌及前排温室对建造温室产生遮阳影响，应确定适当的无阴影距离。如在下面 $\triangle ABC$ 中，$\angle BAC$ 为当地冬至正午的太阳高度角，直线 BC 为温室前面地貌的高度(d)，则后排温室与前排温室屋脊垂点的距离应不小于 b(图 1-16)。

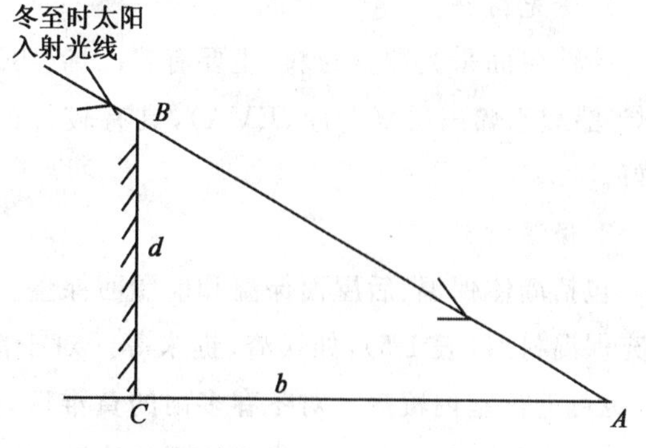

图 1-16 温室无遮阴最小距离示意图

(三)三材

指建造温室所用的建筑材料、透光材料及保温材料。

1. 建筑材料

主要视投资大小而定,投资大时可选用耐久性的钢结构、水泥结构等,投资小时可采用竹木结构。不论采用何种建材,都要考虑有一定的牢固度和保温性(表 1-3,表 1-4)。

表 1-3 几种筑用砖的技术性能

名称	尺寸/mm	容重/ $(kg \cdot m^{-3})$	砖标号	导热系数/ $(kJ \cdot cm^{-2} \cdot h^{-1} \cdot ℃^{-1})$	耐水性	耐久性
普通黏土砖	240×115×53	1 800	75～150	2.93	好	好
灰沙砖	240×115×53	1 900～2 000	100	3.14	较差	较差
矿渣砖	240×115×53	2 000	100	2.72	较好	较差
粉煤灰砖	240×115×53	1 500～1 700	75～100	1.67～2.60	较差	较差
空心砖	240×115×53	1 000～1 500		1.67～2.30	好	好

表 1-4 常用温室筑墙材料的热工参考指标

材料名称	容重/ $(kg \cdot m^{-3})$	导热系数/ $(kJ \cdot cm^{-2} \cdot h^{-1} \cdot ℃^{-1})$	比热/ $(kJ \cdot kg^{-2} \cdot ℃^{-1})$	蓄热系数/ $(kJ \cdot cm^{-2} \cdot h^{-1} \cdot ℃^{-1})$
夯实草泥或黏土墙	200	3.35	0.84	38.09
草泥	1 000	1.25	1.05	18.59
土坯墙	1 600	2.51	1.05	33.07
重砂浆黏土砖砌墙	1 800	2.93	0.88	34.74
轻砂浆黏土砖砌墙	1 700	2.72	0.88	32.44
石块容重为 2 800 的石砌墙	2 680	11.51	0.92	86.23
石块容重为 2 000 的石砌墙	1 969	4.06	0.92	43.53

2. 透光材料

指前屋面采光覆盖材料,主要有聚乙烯(PE)和聚氯乙烯(PVC)两种。近年来又开发出了乙烯-醋酸乙烯三层复合膜(EVA),具有较好的透光和保温性能,且质量轻,耐老化,无滴性能好。

3. 保温材料

包括墙体保温、后屋面保温和前屋面保温。墙体除用土墙外,在利用砖石结构时,内部应填充保温材料(表 1-5),如煤渣、锯末等。对于前屋面的保温,主要是采用草苫加纸被进行保温,也可进行室内覆盖。对冬春多雨的黄淮区,可用防水无纺布代替纸被(表 1-6),用 300 g/m^2 的无纺布两层也可达到草苫的覆盖效果,对于替代草苫的材料有些厂家已生产了 PE 高发泡软片,专门用于外覆盖,有条件时可使用保温被,不同覆盖材料保温效果不同(表 1-7,表 1-8),常用覆盖材料规格及用量见表 1-9。

表 1-5 不同填充材料夹心墙蓄热保温比较

处理	内墙表面温度大于室温的时段	墙体夜间平均放热量/(W·m^{-2})	室内最低气温/℃
中空	15—4 时	2.9	6.2
煤渣	15—8 时	13.8	7.8
锯末	15—8 时	7.6	7.6
珍珠岩	15—8 时	37.9	8.6

表 1-6 几种无纺布的导热率

规格/(g·m^{-2})	导热率/(kJ·cm^{-2}·h^{-1}·$℃^{-1}$)
40	1.01
100	0.89
200	0.44
350	0.37

表 1-7 日光温室覆盖草苫纸被的保温效果 ℃

保温条件	早 4 时温度	室外温度	加草苫增温	加纸被增温
室外	−18.0			
不盖草苫纸被温室	−10.5	7.5		
加盖草苫纸温室	−0.5	17.5	10.0	
加盖草苫纸被温室	6.3	24.5		6.8

表 1-8 日光温室内各种覆盖形式保温效果

覆盖形式	保温效果/℃
单层膜日光温室	+4~6
双层膜日光温室	+8~10
内扣小拱棚	+3~5
内扣小拱棚加草苫	+8~10
内加保温草	+3~5

表 1-9 常用外覆盖材料规格用量

名称	规格			用量/(条/667 m^2)	备注
	长度/m	宽度/m	质量		
稻草苫	8~10	1.0~1.2	40 kg	100	
蒲草苫	8~10	1.4~1.6	50 kg	70~80	
纸被	8~10	1.0~1.1		100	四层牛皮纸
棉被	5~8	2~4	10 kg	30~40	
天纺布	10	1.1	100 g·m^{-2}	100	代替纸被
天纺布	10	1.1	300 g·m^{-2}	200	代替草苫

四、日光温室的建造

修建日光温室多在雨季过后进行，根据设计要求选定场地和备料，然后按下列顺序施工。

(一)修筑墙体

1. 确定方位

雨季过后开始修筑墙体。首先要确定好墙基的走向，在准备修筑墙基的位置垂直立一根木杆，正午 12 时，木杆阴影响所指的方向为正南正北，以此为准做偏西 5°的基础线。

2. 钉桩放线

确定好温室方位后，先整平土地再钉桩放线。确定出后墙和山墙的位置，关键是要将四个屋角做成直角。钉桩时可用勾股定理验证：从后墙基线一端定点用绳子量 8 m 长，再拉向山墙基线一侧量 6 m 长，然后量这两点的斜线，若长度为 10 m 即为直角，否则调整山墙基线位置，调整好后钉桩放线，确定出后墙和山墙的位置。

3. 筑墙基

墙基深 60～80 cm，宽度应稍大于墙体的宽度。挖平夯实后先铺上 10～20 cm 厚的沙子或炉渣隔潮，再用石头或砖砌成高 60 cm 的墙基。墙基的宽度应稍大于墙体的宽度以使墙体稳固。

4. 筑墙体

分砖墙和土墙两种。

资金充足多用砖墙，为提高保温性能，砖墙要砌成空心墙，里墙砌筑二四墙，外侧砌筑十二墙。两道墙的距离因地区纬度而定，如北纬 40°地区墙体总厚度 1 m，则里外墙距离为 64 cm。砖墙外侧勾缝，内侧抹灰，内外墙间填干炉灰渣、锯末、珍珠岩等保温材料。墙顶预制板封严，防止漏进雨水。在预制板上沿外墙筑 50～60 cm 高的女儿墙(图 1-17)。山墙按屋面形状砌筑，填炉渣后也要用预制板封顶。

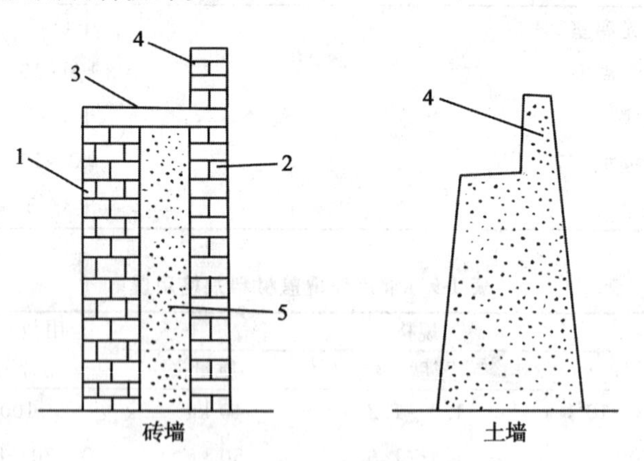

图 1-17 温室后墙

1. 内墙；2. 外墙；3. 预制板；4. 女儿墙；5. 保温材料

土墙，分为夯土墙和草泥垛墙两种方法。夯土墙一种是用 5 cm 的木板夹在墙体两侧，向两木板间填土，边填边夯，不断把木板抬高，直到夯到规定高度为止。另一种是把麦秸铡成 15～20 cm，掺入黏土中，和好后，用钢叉垛墙，每次垛墙高度 1 m 左右，分两次垛成。不论夯土墙或草泥垛墙，后墙顶部外侧都要高于内侧 40 cm，使后墙与后屋面连接处严密。墙体最好做成下宽上窄的梯形。温室后墙和山墙要有地基，地基深度要和当地冻土层相等，宽度要比墙略宽。

(二)立屋架

土木结构温室，后屋面骨架由立柱、柁、檩构成(图 1-18)。前屋面由立柱、横梁、竹片或竹竿(拱杆)构成。一般每 3 m 设一立柱，立柱深入土中 50 cm，向北倾斜 85°，下端设砖石柱基，为防止埋入土中部分腐烂，最好用沥青涂抹。在立柱上安柁，柁头伸出中柱前 20 cm，柁尾担在后墙顶的中部。柁面找平后上脊檩、中檩和后檩。利用高粱秸、玉米秸或芦苇以及板皮作箔，扎成捆摆在檩木上，上端探出脊檩外 10～15 cm，下端触到墙头上，秸秆要颠倒摆放挤紧，上面压 3 道横筋绑缚在檩木上，然后用麦秸、乱草等把空隙填平，抹 2 cm 厚的草泥。上冻前再抹第二遍草泥，草泥要干时再铺一层乱草，再盖玉米秸。

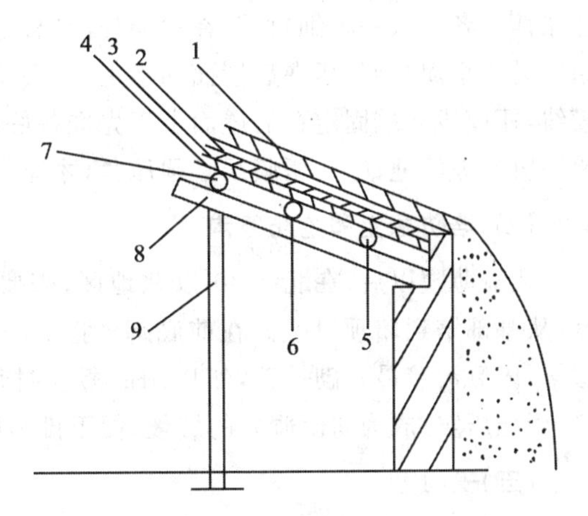

图 1-18 温室后屋面结构

1. 玉米秸；2. 乱草；3. 草泥；4. 箔；5. 前檩；6. 中檩；7. 后檩；8. 柁；9. 立柱

前屋面为拱圆式设两道横梁，前面的一道横梁设在距前底脚 1 m 处，后一道横梁设在前柱和中柱之间，横梁下每 3 m 设一支柱，与中柱在一条线上。横梁上按 75～80 cm 间距设置小吊柱，用竹片做拱杆，上端固定在脊檩上，下端固定在前底脚横杆上，中部由两排 20 cm 长的小吊柱支撑。

前屋面为斜面式的琴弦式温室，在前底脚每 3 m 钉一木桩，上边设一道方木或圆木横梁，横梁中间再用两根立柱支撑，构成 80 cm 高前立窗，每 3 m 设一木杆或竹竿的加强梁，梁上端固定在脊檩上，下端固定在前立窗上。在骨架上按间距 30 cm 东西向拉 8 号铁丝，铁丝两端固定在东西山墙外地锚上，用紧线钳拉紧铁丝。在铁丝上按间距 75～80 cm 铺直径 2.5 cm 的竹竿，用细铁丝拧在 8 号铁丝上。

(三)覆盖棚膜

1. 棚膜的准备

棚膜宽度要比其实际坡长余出 1.5 m。以便埋入土中和固定在脊檩以上的后屋顶处，并留出放风口的重叠部分。膜长要比温室长出 2 m(包括山墙)，以便将棚膜固定在墙外侧(包卷木条)。薄膜一般截成三幅，各幅幅宽分别为：上幅宽 1.2 m、下幅 1.8 m，中幅为实际棚膜宽度减去上下幅宽之和。各放风口处都要粘入一条细绳，便于经常拉动放风，并防止膜边磨损漏风。

2. 压膜材料的准备

拱圆形温室宜用聚丙烯压膜线或用 8 号铁丝外缠塑料做压膜线。用 10 号铁丝按温室长度加 1 m 准备公用地锚线。先在每间温室埋设一个地锚，地锚露出地上部分拧成一个圈，将公用地锚线穿过各间的地锚后在东西两侧固定。顶部将压膜线拴在固定于后屋面处的公用

10号铁丝上,铁丝两端固定在东西山墙外侧的木桩上。

3.覆膜

选无风的晴天覆膜。从下部开始,带线绳的膜边向上,下部预留出30 cm,对直拉紧,而后在东西端各卷入一根细竹竿,在山墙外固定。依次往上扣中段和上段棚膜,在上段棚膜与脊檩结合处用草泥封好,压在后屋面前沿上,将底角膜下端埋入土中。再于每两根拱杆间拴一根压膜线,压膜线上端固定在后屋面上事先准备好的固定压膜线上端的木杆或铁丝上,下端固定在前底脚预埋的地锚上,压膜线必须压紧,才能保证大风天薄膜不受损坏。

(四)培防寒土和挖防寒沟

覆盖薄膜以后,在北纬40°以北地区,需要在后墙外培土,培土厚度相当于当地冻土层厚度,从基部培到墙顶以上。在前底脚外挖30~40 cm宽、50~60 cm深的防寒沟,为便于放置拱架,内侧沟壁最好砌一砖,然后用旧薄膜衬垫内壁填充隔热材料,踏实后再用薄膜包好沟口,用土压实,成为向南倾斜的缓坡,便于排出积水,防止隔热物受潮失效。

(五)安门

温室的出入口要预先地山墙处留出高1.5~1.7 m、宽70 cm的门,装上门框和门。

(六)建作业间

在温室的一侧,建一工作间,其高度不应超过温室脊高。作业间宽2.5~3.0 m,跨度4 m,高度以不遮蔽温室阳光为原则。

(七)防寒覆盖物

高效节能型日光温室冬季必须用草苫覆盖。稻草苫的保温效果好于蒲席,一般厚度约7 cm,覆盖时要互相压茬20 cm,顺序由东向西覆盖,可防止西北风透入膜内。

【巩固训练】

日光温室结构、性能观察

一、训练任务分析

了解当地日光温室的主要类型,掌握其性能结构特点,完成对日光温室主要结构参数的测量。根据所测的参数,对当地的日光温室进行评价。

二、训练内容

1.材料

当地各类日光温室、皮尺、钢卷尺、记录本等。

2.内容与方法

通过参观、访问等方式,观察了解当地各种类型日光温室,所用建筑材料,所在地的环境、整体规划等情况。

通过访问、实地测量等方式,了解当地日光温室的性能及在当地生产中的应用情况。

对当地主要日光温室进行结构参数的实地测量并记录。

三、训练结果

绘制所观察日光温室的结构示意图，并对所观察的日光温室作出综合评价。

【知识拓展】

在日光温室的应用中，为提高温室的利用率，常常配与冷床和温床共同进行花卉生产。

冷床与温床是花卉栽培常用的设备，两者在形式和结构上基本相同。其不同点是，冷床只利用太阳辐射热以维持一定的温度；而温床除利用太阳辐射热外，还需增加人工热补充太阳辐射热的不足。

一、冷床

冷床，又称阳畦，由风障畦演变而成，即由风障畦的畦埂加高增厚成为畦框，并在畦面上增加采光和保温覆盖物，是一种白天利用太阳光增温，夜间利用风障、畦框、覆盖物保温防寒的园艺设施。改良阳畦是在阳畦的基础上发展而成，畦框改为土墙（后墙和山墙）并增加后屋面，以提高其防寒保温效果。

（一）冷床的结构

由风障、畦框、透明覆盖物和不透明覆盖物等组成。

1. 风障

大多采用完全风障，但又有直立风障（用于槽子畦）和倾斜风障（用于抢阳畦）两种形式，其结构与完全风障基本相同。

2. 畦框

用土或砖砌成，分为南北两框及东西两侧框，其尺寸规格根据阳畦的类型不同而有所区别。

3. 透明覆盖物

主要有玻璃窗和塑料薄膜等，玻璃窗的长度与畦的宽度相等，窗宽 60～100 cm，玻璃镶入木制窗框内，或用木条做支架覆盖散玻璃片。现在生产上多采用竹竿在畦面上做支架，而后覆盖塑料薄膜的形式，又称为“薄膜阳畦”。

4. 不透明覆盖物

冷床的防寒保温材料，大多采用草苫或蒲席覆盖。

（二）冷床的类型

1. 普通冷床

由畦框、风障、玻璃（薄膜）窗、覆盖物（蒲席、草苫）等组成。由于各地的气候条件、材料资源、技术水平及栽培方式不同，而产生了槽子畦和抢阳畦等类型。槽子畦南北两框接近等高，四框做成后近似槽形；抢阳畦北框高于南框，东西两框呈坡形，四框做成后向南成坡面（图 1-19）。

2. 改良阳畦（冷床）

又称小暖窖、立壕子等，提高北畦框高度或砌成土墙，加大覆盖面斜角，形成拱圆状小暖窖，较普通冷床具有较大的空间和比较良好的采光和保温性能（图 1-20）。

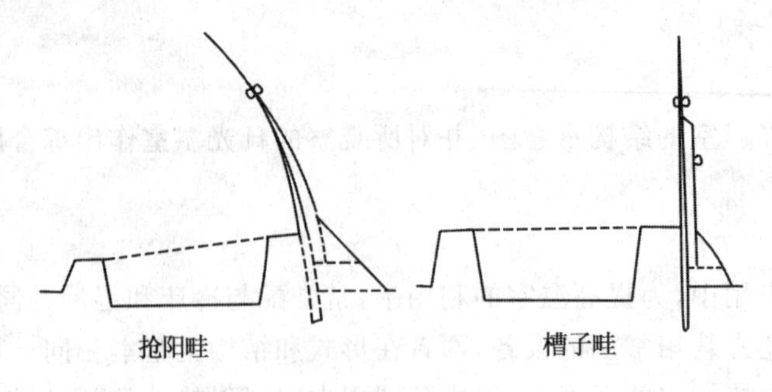

图 1-19 冷床

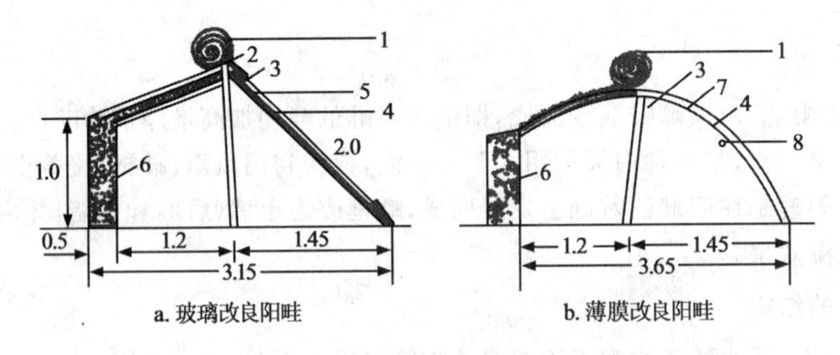

图 1-20 改良阳畦(单位:m)

1. 草苫;2. 土顶;3. 柁、檩、柱;4. 薄膜;5. 窗框;6. 土墙;7. 拱杆;8. 横杆

(三)冷床的设置

1. 设置时间

每年秋末开始施工,最晚土壤封冻以前完工,翌年夏季拆除。

2. 场地选择

选择地势高燥、背风向阳、土壤质地好、水源充足的地方,并且要求周围无高大建筑物等遮阴。

3. 布局

冷床的方位以东西向延长为好,数量少、面积小时,可以建在温室前,这样既有利于防风,也便于与温室配合使用;庭院建造冷床可利用南向空地,但面积较大,数量较多时,通常自北向南成行排列,两排冷床的距离,以 5～7 m 为宜,避免前后遮阴。阳畦群周围最好设置围障,以减少风的影响。

(四)冷床的性能

冷床内的热量主要来源于太阳,受季节和天气的影响很大,同时冷床存在着局部温差。晴天床内温度较高;阴雪天气,床内温度较低。床内昼夜温差也比较大,可达 10～20℃。由于床内各部位由于接受光量不匀,形成局部温差。通常床内南半部和东西部温度较低,北半部温度较高。阳畦内的温度分布不均衡,常造成花卉生长不整齐。

改良阳畦是由冷床改良而来,同时具有日光温室的基本结构,其采光和保温性能明显优于普通冷床,但又远不及日光温室。

二、温床

温床指除了利用太阳辐射能外，还需人为加热以维持较高温度的保护地类型。一般温床的建造选在背风向阳，排水良好的地方。温床热源除利用太阳能增温外，还可利用酿热、火热(火道)、水暖、地热和电热等进行加温。以酿热温床和电热温床应用最为广泛。

(一)酿热温床

酿热温床是在床底铺设酿热物，利用微生物分解酿热物时释放的热量进行加温。

酿热温床是在冷床的基础上，在床下铺设酿热物来提高床内的温度，畦框结构和覆盖物与冷床一样，温床的大小和深度根据其用途而定，一般床长 10～15 m、宽 1.5～2 m，并且在床底部挖成鱼脊形(图 1-21)，以求温度均匀。

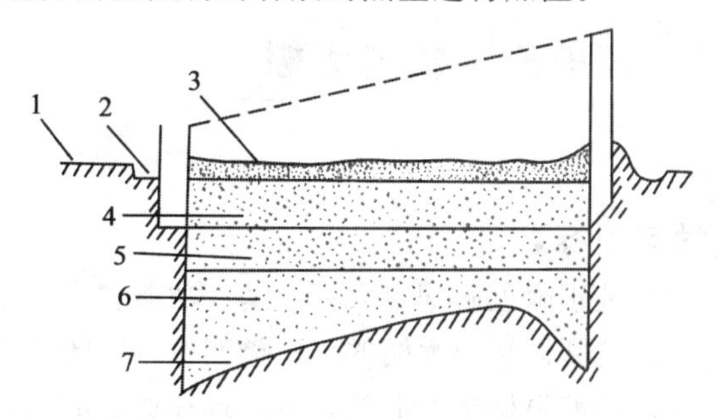

图 1-21　酿热温床的结构

1. 地平面；2. 排水沟；3. 床土；4. 第三层酿热物；5. 第二层酿热物；6. 第一层酿热物；7. 干草层

(1)床框　有土、砖、木等结构，以土框为主。床框宽约 1.5 m 左右，长 4 m，前框高 15～20 cm，后框高 25～30 cm。

(2)床坑　有地下、半地下和地上三种形式，以半地下为主。床坑大小与床框一致，深度依温度要求和酿热物填充量来定。为使床内温度均匀，床坑常做成中部浅、填入酿热物少；四周深，填入酿热物较多。

(3)覆盖材料　温床床顶加以玻璃或塑料薄膜呈一斜面，用以覆盖床面，以利于阳光射入，增加床内温度。

(4)酿热物　发酵热温床的发酵物根据其发酵速度快慢可分为两类，发热快的有马粪、鸡粪等，发热慢的有稻草、落叶、有机垃圾等。发酵快的发热持续时间短，发酵慢的发热持续时间长，因此在实际应用中，可将两类酿热物配合使用效果较佳。

酿热温床虽具有发热容易，操作简单等优点，但是发热时间短，热量有限，温度前期高后期低，而且不宜调节，不能满足现在发展的要求，其使用正在减少。

(二)电热温床

电热温床是利用电流通过电热线产生的热能，以提高床内温度的温床。电热温床由于用土壤电热线加温，因而具有升温快、地温高、温度均匀等特点，并通过控温仪实现床温的自动控制。

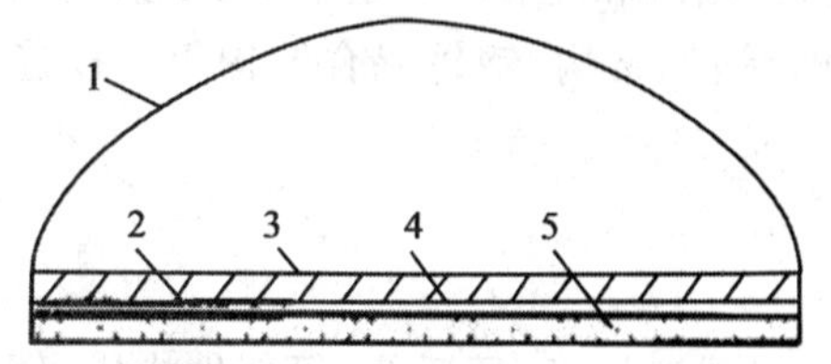

图 1-22　电热温床剖面结构示意图

1. 薄膜；2. 电热线；3. 床土；4. 散热层；5. 隔热层

电热温床与发酵热温床结构相似，但床坑内的结构有所不同，自下而上可分为三层(图 1-22)。

(1)隔热层　在最底层铺一层炉渣、作物秸秆等阻止热量向土壤深层传递，以节省电能。

(2)散热层　隔热层上先铺 3 cm 左右的沙子或床土，布好电热线，再铺 3 cm 左右的沙子，适当镇压。

(3)床土　在散热层上铺播种床土进行播种。也可以不铺床土,直接把播种箱、育苗穴盘等直接放在铺有电热线的散热层上。

电热加温设备主要有:电热加温线、控(测)温仪、继电器(交流接触器)、电闸盒、配电盘(箱)等。

电热温床主要用于冬春季花卉的育苗和扦插繁殖。由于其具有增温性能好、温度可精确控制和管理方便等优点,现在生产上已广泛推广应用。

工作任务三　塑料大棚

【学习目标】

1. 能正确理解塑料大棚的基本功能和适用场合;
2. 能掌握塑料大棚的结构类型的各自的性能特点;
3. 能够根据生产的具体情况选择适宜的类型,掌握其环境特点进行环境的调控;
4. 能进行塑料大棚的规划、设计、安装建造和使用维护。

【任务分析】

本任务主要是通过学习,理解塑料大棚的概念、基本功用和适合栽培的设施花卉种类;在认识塑料大棚结构和类型的基础上,理解其性能特点,并能根据所栽培的设施花卉种类和经济条件,选择建造适宜的塑料大棚,为设施花卉栽培创造适宜的环境条件,满足其生长发育的要求,并能在使用过程中做好塑料大棚的维护工作。

【基础知识】

塑料大棚是用塑料薄膜覆盖的一种大型拱棚。通常把不用砖石结构围护,以竹、木、水泥柱或钢材等做骨架,上覆塑料薄膜的大型保护地栽培设施称为塑料大棚。它和温室相比,具有结构简单、建造和拆装方便,一次性投资较少等优点;与塑料中、小棚相比,又具有坚固耐用,使用寿命长,棚体空间大,作业方便及有利作物生长,便于环境调控等优点。

一、塑料大棚的类型

目前生产中应用的塑料大棚,按棚顶形状可以分为拱圆形和屋脊形,我国绝大多数为拱圆形。按骨架材料则可分为竹木结构、钢架混凝土柱结构、钢架结构、钢竹混合结构等。按连接方式又可分为单栋大棚、双连栋大棚和多连栋大棚(图 1-23)。

二、塑料大棚的结构

塑料大棚最基本的骨架由立柱、拱杆(拱架)、拉杆(纵梁)、压杆(压膜线)等部件构成,俗称“三杆一柱”(图 1-24),其他形式都是在此基础上演化而来的。通常在棚的一端或两端设立棚门,便于出入。

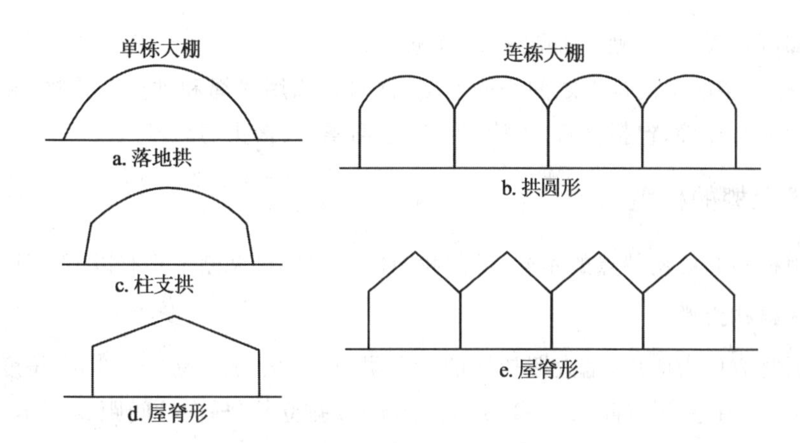

图 1-23 塑料薄膜大棚的类型

（一）立柱

立柱是塑料大棚的主要支柱，承受棚架、棚膜的重量以及雨、雪负荷和受风压的作用。立柱要垂直，或倾向于引力。立柱可采用竹竿、木柱、钢筋水泥混凝土柱等，埋置的深度要在 40～50 cm。

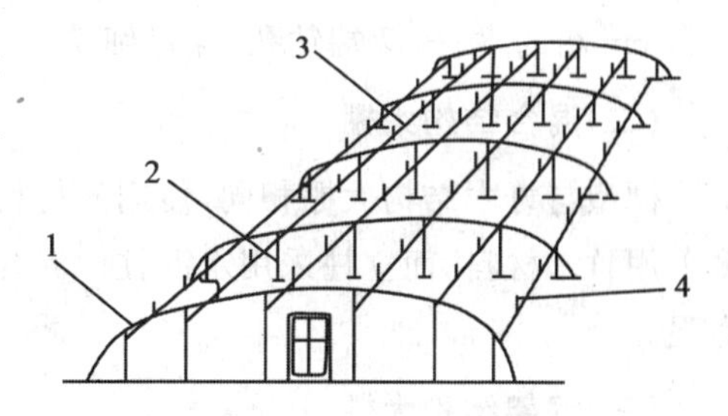

图 1-24 塑料大棚骨架各部位名称

1. 拱杆；2. 立柱；3. 拉杆；4. 吊柱

（二）拱杆（拱架）

拱杆是大棚的骨架，横向固定在立柱上，两端插入地下，呈自然拱形，决定大棚的形状和空间形成，起支撑棚膜的作用。拱杆的间距为 1.0～1.2 m，由竹片、竹竿或钢材、钢管等材料焊接而成。

（三）拉杆

拉杆起纵向连接拱杆和立柱，固定压杆，使大棚骨架成为一个整体的作用。用较粗的竹竿、木杆或钢材作为拉杆，距立柱顶端 30～40 cm，紧密固定在立柱上，拉杆长度与棚体长度一致。

（四）压膜线

扣上棚膜后，于两根拱杆之间压一根压膜线，使棚膜绷平压紧，压膜线的两端，固定在大棚两侧设的“地锚”上。

（五）棚膜

覆盖在棚架上的塑料薄膜。棚膜可采用 0.1～0.12 mm 厚的聚氯乙烯（PVC）或聚乙烯（PE）薄膜以及 0.08～0.1 mm 的醋酸乙烯（EVA）薄膜，这些专用于覆盖塑料薄膜大棚的棚膜，其耐候性及其他性能均与非棚膜有一定差别。除了普通聚氯乙烯和聚乙烯薄膜外，目前生产上多使用无滴膜、长寿膜、耐低温防老化膜等多功能膜作为覆盖材料。

（六）门窗

门设在大棚的两端，作为出路口，门的大小要考虑作业方便，太小不利进出，太大不利保温。大棚顶部可设天窗，两侧设进气侧窗，作通风口。

此外，大棚骨架的不同构件之间均需连接，竹木大棚用线绳和铁丝等连接，装配式大棚均用专门预制的卡具连接，包括套管、卡槽、卡子、承插螺钉、接头、弹簧等。

三、塑料大棚的构型

根据使用材料和结构特点的不同，目前我国使用的塑料大棚主要有以下几种构型。

（一）竹木结构大棚

目前我国北方广为应用，是大棚初期的一种类型，一般跨度为 8～12 m，长度 40～60 m，中脊高 2.4～2.6 m，两侧肩高 1.1～1.3 m。有 4～6 排立柱，横向柱间距 2～3 m，柱顶用竹竿连成拱架；纵向间距为 1～1.2 m。其优点是取材方便，造价较低，且容易建造；缺点是棚内立柱多，遮光严重，作业不方便，立柱基部易朽，抗风雪性能力较差等。为减少棚内立柱，建造了悬梁吊柱式竹木结构大棚，即在拉杆上设置小吊柱，用小吊柱代替部分立柱。小吊柱用 20 cm 长、4 cm 粗的木杆，两端钻孔，穿过细铁丝，下端拧在拉杆上，上端支撑拱杆（图 1-24）。

（二）混合结构大棚

棚型与竹木结构大棚相同，使用的材料有竹木、钢材、水泥构件等多种。一般拱杆和拉杆多采用竹木材料，而立柱采用水泥柱。混合结构的大棚较竹木结构大棚坚固、耐久、抗风雪能力强。

（三）钢架结构大棚

一般跨度为 10～15 m，高 2.5～3.0 m，长 30～60 m。拱架是用钢筋、钢管或两者结合焊接而成的弦形平面桁架。平面桁架上弦用 16 mm 钢筋或 25 mm 的钢管制成，下弦用 12 mm 钢筋，腹杆用 6～9 mm 钢筋，两弦间距 25 cm。制作时先按设计在平台上做成模具，然后在平台上将上、下弦按模具弯成所需的拱形，然后焊接中间的腹杆。拱架上覆盖塑料薄膜，拉紧后用压膜线固定。这种大棚造价较高，但无立柱或少立柱，室内宽敞，透光好，作业方便（图 1-25）。

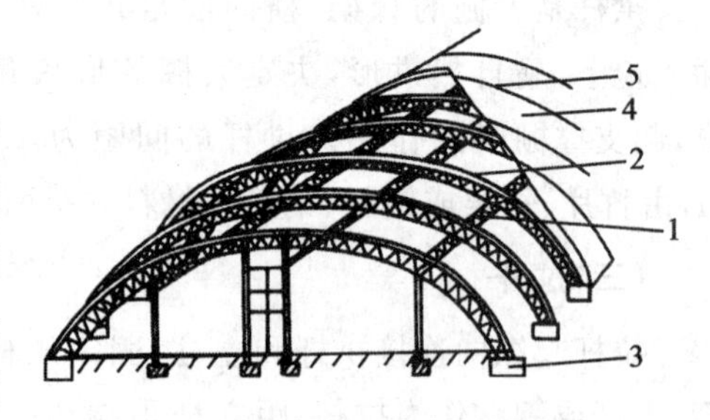

图 1-25 钢架大棚图

1. 纵梁；2. 钢筋桁架拱梁；3. 水泥基座；4. 塑料薄膜；5. 压膜线

（四）装配式钢管结构大棚

由工厂按照标准规格生产的组装式大棚，大多采用热浸镀锌薄壁镀锌钢管为骨架建造而成。具有重量轻、强度高、耐锈蚀、易于安装、天柱、采光好、作业方便等优点，同时其结构规范标准，可大批量工厂化生产。GP 系列塑料大棚骨架采用内外壁热浸镀锌钢管制成，使用寿命 10～15 年。以 GP-Y8-1 型大棚（图 1-26）为代表，跨度 8 m，高度 3 m，长度 42 m。拱架以 1.25 mm 薄壁镀锌钢管制成，纵向拉杆用卡具与拱架连接；薄膜采用卡槽及蛇形钢丝弹簧固定，还加压膜线辅助固定薄膜；两侧还附有手摇式卷帘器。

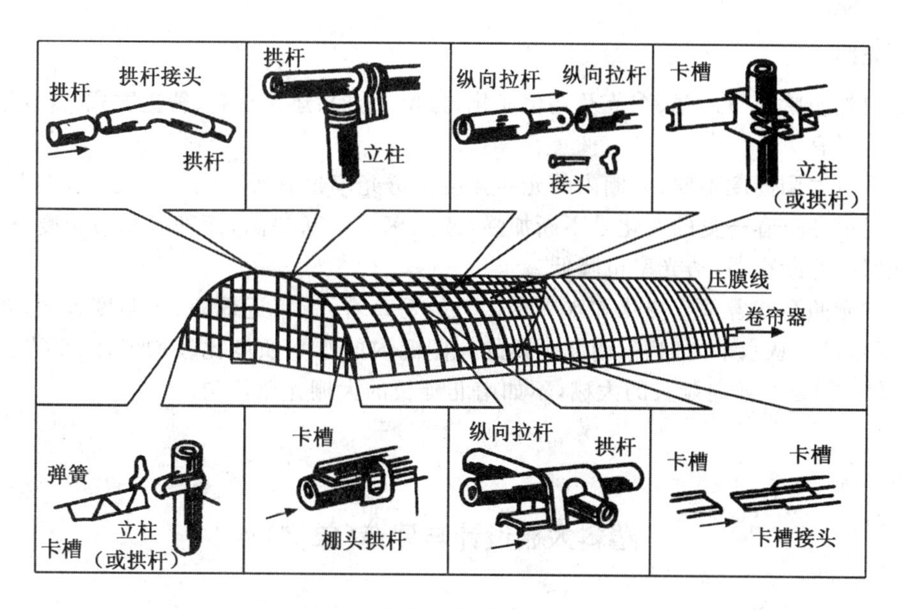

图 1-26 钢管组装式大棚的结构

四、塑料大棚的性能

(一)温度

塑料大棚有明显的增温效果，这是由于地面接收太阳辐射，而地面有效辐射受到覆盖物阻隔而使气温升高。同时，地面热量也向地中传导，使土壤贮热。

塑料大棚内存在着明显的季节性变化。

塑料大棚内气温的日变化规律与外界基本相同，即白天气温高，夜间气温低。日出后1～2 h棚温迅速升高，7—10时气温回升最快，在不通风的情况下平均每小时升温5～8℃，每日最高温出现在12—13时。早春低温时期，通常棚温只比露地高3～6℃，阴天时的增温值仅2℃左右。

塑料大棚内不同部位的温度状况有差异，每天上午大棚东侧的温度较西侧高。中午高温区出现在棚的上部和南端；下午高温区又出现在棚的西部。大棚内垂直方向上的温度分布也不相同，白天棚顶部的温度高于底部3～4℃，夜间正相反。大棚四周接近棚边缘位置的温度，在一天之内均比中央部分要低。

塑料大棚内地温虽然也存在着明显的日变化和季节变化，但与气温相比，地温比较稳定，且地温的变化滞后于气温。

(二)湿度

在密闭的情况下，塑料大棚内空气相对湿度的一般变化规律是：棚温升高，相对湿度降低；棚温降低，相对湿度升高；晴天、风天时相对湿度降低，阴天、雨(雪)天时相对湿度增大。大棚内空气相对湿度也存在着季节变化和日变化。一年中大棚内空气相对湿度以早春和晚秋最高，夏季由于温度高和通风换气，空气湿度较低。一天中日出前棚内相对湿度高达100%，随着日出逐渐下降，12—13时湿度最低，又逐渐增加，午夜可达到100%。

(三)光照

大棚内光照状况与天气、季节及昼夜变化、方位、结构、建筑材料、覆盖方式、薄膜洁净和老化程度等因素有关。

不同季节太阳高度不同,大棚内的光照强度和透光率也有所不同。一般南北延长的大棚,其光照强度由冬→春→夏的变化是不断加强,透光率也不断提高,而随着季节由夏→秋→冬,其棚内光照则不断减弱,透光率也降低。

大棚内光照存在着垂直变化和水平变化。从垂直看,越接近地面,光照度越弱;越接近棚面,光照度越强。从水平方向看,南北延长的大棚棚内的水平照度比较均匀,水平光差一般只有1%左右。但是东西向延长的大棚,不如南北延长的大棚光照均匀。

【工作过程】

塑料大棚设计与建造(单栋)

一、塑料大棚设计

(一)方位

确定大棚的方位要根据当地纬度和太阳高度角来考虑。通常东西向南北延长的大棚光照分布上午东部受光好,下午西部受光好。棚内光照是午前与午后相反,但日平均受光基本相同,植株表现受光均匀,不受“死阴影”的影响,棚内局部温差较小。确定棚向方位虽受地形和地块大小等条件的限制,需要因地制宜加以确定,但应考虑主要生产季节,选择正向方位,不宜斜向建棚。

我国北方地区主要在春、秋两季利用大棚生产,所以应东西为宽,南北方向延长。这样棚内光照均匀,花卉生长比较一致。南方地区冬季使用的大棚,东西方向的大棚进光量大,但光照和温度不均匀现象都难以避免。

(二)长度和宽度(跨度)

一般来说,塑料大棚覆盖空间大保温能力强,温度比较稳定,但易造成通风不良,栽培花卉生长不良。因此,在我国北方地区,大棚宽度在8~12 m,长度40~60 m。在面积和其他条件相同的情况下,大棚的跨度越大,拱杆负荷的重量越强,抗风的能力相对下降。棚顶越宽、扣棚也越困难,薄膜不易绷紧。反之,棚的跨度越小、拱杆越密、抗风能力越强。

(三)高度

竹木结构大棚中脊高多为1.8~2.5 m,侧高1.0~1.2 m,钢架结构大棚中脊高多在2.8~3.0 m,侧高1.5~1.8 m。大棚越高承受的风速压越大,因此在多风地区不宜过高,设计大棚的高度,以满足设施花卉生长需要和便于管理为原则,避免过高,以减少风害的影响。

大棚的高度与宽度之比以10∶(1.2~1.5)为宜,最高不宜超过10∶2,最低不宜小于10∶1。竹木结构有柱大棚各排立柱的高差为20~30 cm,使拱杆保持较大弧度,有利排水和加强拱杆的支承力。

(四)棚面坡度

目前大棚的棚面以拱圆形为主,只要高度和宽度设计合理,屋面呈自然拱形,其坡度角没有严格要求。

(五)棚头、棚边与门

大棚屋脊部延长线方向的两端称为“棚头”，棚头形状有拱圆形(拱圆棚头、弧头棚、圆棚头)和平面垂直形(齐头棚、直棚头、平棚头)两种。

拱形棚头呈自然弧形，竹木结构大棚棚头第一行立柱要用两根斜柱支撑，使其稳定，棚头部位每隔 1 m 插 1 根竹竿，上端固定在第一根拱杆上，使之弯成弓形，即成拱形棚头。钢架大棚为定型产品，购买时自由选型。此种棚头为流线型，抗风能力较强，但建造较费工、费料。拱形棚头的门凹入棚头安装。

垂直平面棚头只需将第一根拱杆用立柱垂直支撑，并用横杆固定成架，不再起拱。此种棚头建造省工、省料，但抗风能力不如拱形棚头。门设在棚头中部、两端都有。

(六)棚膜安装

竹木大棚用 8 号铁丝或压膜线固定棚膜，钢管大棚用卡槽与蛇形钢丝固定棚膜，同时加压膜绳。

(七)通风

大棚宽度(跨度)小于 10 m，只需在两侧设通风带，若大于 10 m，棚顶正中部应设通风带，均采用“扒缝”方式通风。

单栋大棚面积多为 333.3～666.7 m^2，太小不利于操作、保温性差；太大不利于放风、灌溉及其他操作管理。

二、建造(以竹木结构为例)

竹木结构大棚每 666.7 m^2 需要的材料数量：各种杂木杆 720～750 根，竹竿 750 根，8 号铁丝 40 kg。建造施工的程序步骤如下。

(一)埋立柱

立柱多选用直径 5～6 cm 的木杆或竹竿。一般每排由 4～6 根组成，分为中柱、腰柱和边柱，各种立柱的高度由棚架的高度决定，实际高度应比大棚各部位的高度多 30～40 cm。埋柱前先把柱上端锯成 U 形豁口，以便固定拱杆。在豁口下方 5 cm 处钻眼以备穿铁丝绑住拱杆。立柱下端呈十字形钉两个横木，以固定立柱防风拔起，埋入土中部分涂上沥青防腐。立柱应在土壤封冻前埋好。施工时，先按设计要求在地面上确定埋柱位置，然后挖 35～40 cm 深的坑，坑底应设基石。要先埋中柱，再埋腰柱和边柱。腰柱和边柱要依次降低 20 cm，以保持棚面呈拱形。边柱距棚边 1 m，并向外倾斜 70°角，以增强大棚的支撑力。为减少立柱的数量，在两排立柱间利用小支柱连接拉杆和拱杆。小立柱一般用直径 5～7 cm，长 20 cm 的短木柱，其上下两端以互相垂直的方向，开一个 U 形缺口，在缺口下方 3～5 cm 处，各钻一个与上端缺口垂直方向的穿孔，下端固定在拉杆上，上端固定拱杆。

(二)绑拉杆

纵拉杆一般采用直径 5～6 cm，长 2～3 cm 的竹竿或木杆，绑在距立柱顶端 20～30 cm 处。

(三)上拱杆

多用直径5～8 cm的竹竿弯成拱形或接成拱形。放入立柱或小立柱顶端的缺刻里，用铁丝穿过豁口下的孔眼固定好。在覆盖薄膜前，所有用铁丝绑接的地方，都要用草绳或薄膜缠好，以免磨损薄膜。

(四)覆膜

为方便通风换气，可将棚膜分成3～4块，相互搭接在一起(重叠处宽要≥20 cm，每块棚膜边缘烙成筒状，内可穿绳)。接缝位置通常是在棚顶部及两侧距地面约1 m处。若大棚宽度小于10 m，顶部可不留通风口；若大棚宽度大于10 m，难以靠侧风口对流通风，就需在棚顶设通风口。扣膜时选晴朗无风天气一次扣完。薄膜要拉紧、拉正，不出皱褶。棚四周塑料薄膜埋入土中30 cm左右并踩实。

(五)上压膜线

扣膜后，用专用压膜线或8号铁丝于两排拱架间压紧棚膜，两端固定在地锚上。

(六)安门

棚的两头应各设一个门，一般高1.8～2.0 m，宽0.6～0.9 m。

【巩固训练】

塑料大棚结构、性能观察

一、训练目的

了解当地塑料大棚的主要类型，掌握其性能结构特点，完成对塑料大棚主要结构参数的测量。

二、训练内容

1. 材料

当地各类塑料大棚、皮尺、钢卷尺、记录本等。

2. 场地

校内外生产基地。

三、训练方法

1. 塑料大棚结构的观察

通过参观、访问等方式，观察了解当地各种类型塑料大棚，所用建筑材料，所在地的环境、整体规划等情况。

2. 塑料大棚性能的观察

通过访问、实地测量等方式，了解当地塑料大棚的性能及在当地生产中的应用情况。

3. 塑料大棚地测量

对当地主要塑料大棚进行结构参数的实地测量并记录。

四、训练结果

(1)实训报告。

(2)绘制所观察大棚的结构图,并对所观察测量的塑料大棚作出综合评价。

【知识拓展】

一、塑料小拱棚

小拱棚是利用塑料薄膜和竹竿、毛竹片等易弯成弓形的支架材料做成的低矮保护设施,具有结构简单,体形较小,负载轻,取材方便等特点,多用作临时性保护措施。

小棚一般高1～1.5 m,跨度1.5～3 m,长度10～30 m,单棚面积15～45 m^2。拱架多用轻型材料建成,如细竹竿、毛竹片、荆(树)条,直径6～8 mm钢筋等,拱杆间距30～50 cm,覆盖0.05～0.10 mm厚聚氯乙烯或聚乙烯薄膜,外用压杆或压膜线等固定。根据其覆盖的形式不同可分为如下几种(图1-27)。

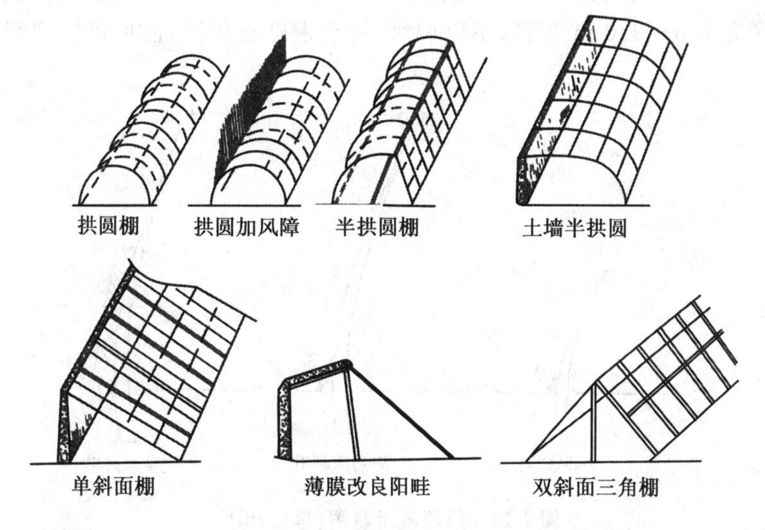

图1-27 小拱棚的几种覆盖类型

(1)拱圆形小棚 是生产上应用最多的类型,多用于北方。高度1 m左右,宽1.5～2.5 m,长度依地而定。因小棚多用于冬春生产,宜建成东西延长,为加强防寒保温,可在北侧加设风障,也可在夜间加盖草苫保温。

(2)半拱圆小棚 棚架为拱圆形小棚的一半,北面筑1 m左右高的土墙或砖墙,南面成一面坡形覆盖或为半拱圆棚架,一般无立柱,跨度大时加设1～2排立柱,以支撑棚面及保温覆盖物。棚的方向以东西延长为好。

(3)双斜面小棚 屋面呈屋脊形或三角形。棚向东西或南北延长均可,一般中央设一排立柱,柱顶拉紧一道8号铁丝,两边覆盖薄膜即成。适用于风少雨多的南方地区,因为双斜面不易积雨水。

小拱棚的结构简单、取材方便、容易建造,又由于薄膜可塑性强,用架材弯曲成一定形状的拱架即可覆盖成型，因此在生产中的应用形式多种多样。无论何种形式，其基本原则应是坚固抗风，具有一定空间和面积，适宜栽培。

二、风障

风障是我国北方地区常用的简易保护设施之一，可用于耐寒的二年生花卉越冬，或一年生花卉露地栽种。也可对新栽植的园林植物设置风障，借以提高移栽成活率。

(一)风障结构

风障主要由基埂、篱笆、披风三部分组成(图 1-28)，按照篱笆高度的不同可以分为小风障和大风障两种，大风障又有完全风障和简易风障两种。篱笆是风障的主要部分，一般高 2.5～3.5 m，通常用芦苇、高粱秆、玉米秸、细竹等，以芦苇最好。小风障结构简单，篱笆由较矮的作物秸秆如稻草、谷草，并以竹竿或芦苇夹设而成，防风效果较小。大风障又有完全风障和简易风障在之分。完全风障由篱笆、披风和土背三部分构成，高 1.5～2.5 m，篱笆由玉米秸、高粱秸、芦苇或竹竿等夹设而成；披风由稻草、谷草、草包片、苇席或旧塑料薄膜等围于篱笆的中下部，基部用土培成 30 cm 高的土背，防风增温效果明显优于小风障。简易风障，又称迎风风障，只设置一排高度为 1.5～2.0 m 篱笆，不设披风，篱笆密度也较稀，前后可以透视，防风增温效果较完全风障差。

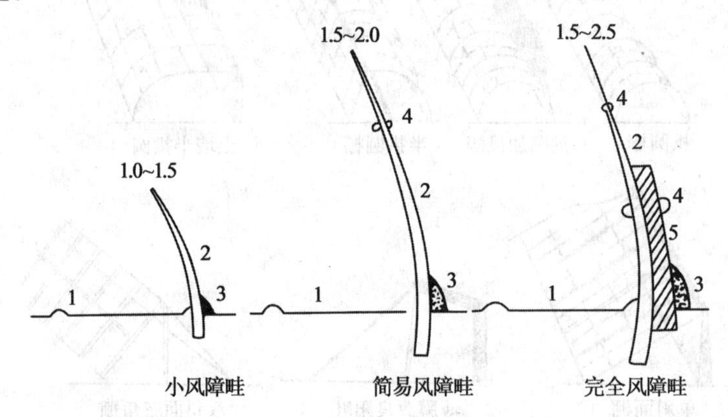

图 1-28 风障畦示意图(单位:m)

1. 栽培畦(示并一畦)；2. 篱笆；3. 土背；4. 横腰；5. 披风

(二)风障的设置

在地面东西向挖约 30 cm 的长沟，栽入篱笆，向南倾斜，与地面呈 75°～80°，填土压实，在距地面 1.8 m 左右处扎一横杆，形成篱笆。基埂是风障北侧基部培起来的土埂，通常高约 20 cm，既固定篱笆，又能增强保温效果。披风是附在篱笆北面的柴草层，用来增强防风，保温功能。披风材料常以稻草、玉米秸为宜，其基部与篱笆基部一并埋入土中，中部用横杆缚于篱笆上，高度 1.3～1.7 m。两风障间的距度以其高度的 2 倍为宜。由多个风障组成的风障区，一般在风障区的东、南、西三面设围篱，其防护功能更强。

(三)风障的性能

风障可降低风速，使风障前近地层气流比较稳定，一般能使风速降低 4 m/s，风速越大，防风效果越明显。风障能充分利用太阳辐射能，增加风障前附近的地表温度和气温，并能比较容易地保持风障前的温度，一般风障南面夜间温度比开阔地高 2～3℃，白天高 5～6℃，以有风晴天增温效果最显著，无风晴天次之，阴天不显著，距风障愈近，温度越高。风障还有减少水分蒸发和降低相对湿度的作用，从而相对改善植物的生长环境。

三、冷库

冷库是指人为地调低温度以贮存种子、球根、鲜花等花卉产品的设施。冷库通常保持 0～5℃的低温，或按需要调节温度，是花卉促成和抑制栽培中常用的设备。如在球根花卉的切花生产中，为满足花卉市场周年或多季供应的需要，常将球根贮藏于冷库中，分期分批地取出栽植，不断上市，或在花卉生产过程中，因生长发育过快，不能按计划供花，可放入适宜的低温冷库中，延缓其生长发育适时开花；或将提早开花的花卉移至冷库，降低温度延长花期。冷库也是鲜切花栽培的必要设备，用以鲜切花的保鲜，调节上市。

冷库大小可视生产规模和应用目的而定，最好设内外两间，内间保持 0～5℃，用于低温贮藏；外间 10℃左右，为缓冲间。在将切花或球根出入时，先在缓冲间过渡一段时间，以免温度骤变的伤害。同时，缓冲间亦适用于催延花期。

四、花盆

花盆是重要的栽培器具，其种类很多，通常依质地及使用目的进行分类。

（一）依质地分类

1. 素烧盆

俗称瓦盆。以黏土烧制，有红盆和灰盆两种。素烧盆通气性能良好，价格便宜，是花卉生产中常用的容器，但制作较为粗糙，易生青苔，色泽不佳，欠美观，且易碎，运输不便。素烧盆通常为圆形，大小规格不一，一般以口径作为计算标准。最常用的盆是其口径与盆高约相等。素烧盆易破碎，不适于栽植大型花木。通常盆底或两侧留有小洞孔，以排除多余水分。

2. 陶瓷盆

由高岭土制成。上釉的为瓷盆，不上釉的为陶盆。盆底或侧面有小洞，以利排水。作为水培者则无洞，如水仙盆等。瓷盆带有彩色绘画，外形美观，但通气透水性不良，不适于花卉栽培，一般作套盆或短期观赏用，适于室内装饰及展览之用。陶盆多为紫褐色或赭紫色，有一定的排水、通气性。陶瓷盆外形除圆形外，也有方形、菱形、六角形等式样。

3. 木盆或木桶

由木料与金属箍、竹箍或藤箍制造而成，形状上大下小，以圆形为主，也有方形或长方形的；盆的两侧设把手，以便搬动；盆下设短脚，或垫以砖或木块，以免盆底直接着地而易于腐烂。用材宜选择质坚而又不易腐烂的红松、栗杉木，柏木等，外部刷油漆，内面用防腐剂涂刷，盆底设排水孔。多用作栽植高大、浅根观赏花木，如棕榈、南洋杉、橡皮树、桂花等，但木质易腐烂，使用年限短。

4. 紫砂盆

形式多样，有圆、正方、长方、椭圆形、六角形、梅花形等。质地有紫砂、红砂、白砂、乌砂、春砂、梨皮砂等种类。造型美观，外部常有刻字装饰，紫砂盆古朴大方，色彩调和，只是透气性能稍差，多用来养护室内名贵盆花以及栽植盆景。

5. 塑料盆

形状各异、色彩多样，外形美观，轻便耐用，携带方便，但排水透气性不良，生产中可通过改善培养土的物理性状，使之疏松通气，以克服此缺点。塑料花盆一般为圆形、高腰、矮三脚或无脚、底部或侧面留有孔眼，以利浇灌吸水及排水，也有不留孔作水培或套盆之用，在家庭或展览会上，在底部加一托盘，承接溢出水。此外，还有用塑料花盆种植花卉，吊挂在室内作装饰，或在苗圃用软质塑料盆育苗，易于成活而使用轻便。

另外，也有不同规格的育苗塑料盘，用于花卉种苗生产，又称穴盘育苗，非常适于花卉种苗的规模化、工厂化生产。

6. 纸盆

仅供培养幼苗之用，特别适用于不耐移栽的花卉，如香豌豆、香矢车菊等在定植露地前，先在温室内纸盆中进行育苗。

此外，还有金属盆、玻璃盆，多用于水培、种植水生花卉植物或实验室栽培。

(二)依使用目的分

1. 水养盆

专用于水生花卉或水培花卉之用，盆底无排水孔，盆面阔大而较浅，如荷花盆。球根水养用盆多为陶制或瓷制的浅盆，如水仙盆、风信子也常采用特制的风信子瓶，专供水养之用。

2. 兰盆

专用于气生兰及附生的蕨类植物，其盆壁有各种形状的孔洞，以便空气流通，也常用各种形状的竹篮或竹筐代替兰盆。

3. 盆景盆

有树桩盆景盆和水石盆两类。树桩盆底部有排水孔，形状多样，有方形、长方形、圆形、椭圆形、八角形、扇形、梅花形、菱形等，色彩丰富、古朴大方；水石盆底部无孔，均为浅口盆，形式以长方形和椭圆形为主。盆景盆的质地除泥、瓷、釉、紫砂外，还有水泥、石质等。石质其中以洁白、质细的汉白玉和大理石为上品，多用以制成长方形、椭圆形浅盆，适用水石盆景使用。

五、花卉栽培常用的工具及材料

(一)浇水壶

有喷壶和浇壶两种。喷壶用来为花卉枝叶淋水除去灰尘，增加空气湿度。喷嘴有粗、细之分，可根据植物种类及生长发育阶段、生活习性灵活取用。浇壶不带喷嘴，直接将水浇在盆内，一般用来浇肥水。

(二)喷雾器

防虫防病时喷洒药液用，或作温室小苗喷雾，以增加湿度，或作根外施肥，喷洒叶面等。

(三)修枝剪

用以整形修剪，以调整株形，或用作剪截插穗、接穗、砧木等。

(四)嫁接刀

用于嫁接繁殖,有切接刀和芽接刀之分。切接刀选用硬质钢材,是一种有柄的单面快刃小刀;芽接刀薄、刀柄另一端带有一片树皮剥离器。

(五)切花网

用于切花栽培,防止花卉植株倒伏,通常用尼龙制成。

此外,花卉栽培过程中还需要竹竿、棕丝、铝丝、铁丝、塑料绳等用于邦扎支柱,还有各种标牌,温度计,湿度计等材料。

项目二　设施花卉种苗繁殖

设施花卉与其他生物一样，具有繁殖的本能。繁殖是自然界物种进化的原动力，花卉遗传特性传承的载体就是种苗。花卉种苗通常是指花卉种子、种球、苗(木)的总称，是繁衍后代保存种质资源的手段。只有将种质资源保存下来，繁殖一定的数量，才能为花卉选种、育种及应用提供条件。不同种或同一种不同品种的花卉有其不同的繁殖方法和时期，掌握花卉的繁殖原理和技术，对进一步了解花卉的生物学特性，扩大花卉的应用范围，降低生产成本，提高花卉经济效益等都有重要的理论意义和实践意义。

设施花卉种苗繁殖按繁殖体来源不同，可分为有性繁殖和无性繁殖两大类。无性繁殖包括扦插、嫁接、分生、压条繁殖等。

工作任务一　有性繁殖

【学习目标】

1. 能正确理解有性繁殖的概念、特点及意义；
2. 能根据不同设施花卉种类、特点，选择适宜播种时期，以满足设施花卉应用的需要；
3. 能正确选择设施花卉优质的种子，具备正确贮藏花卉种子并保持其活力的能力；
4. 掌握依据种子大小和数量确定播种方法，并具备各种播种技术的能力。

【任务分析】

本任务主要是明确有性繁殖是设施花卉繁殖的重要手段，也是杂交育种培育花卉新品种的重要途径。种子质量是保证设施花卉栽培成功的保证，因此有性繁殖的前提是优良种子的选择和正确的贮藏方法。根据设施花卉种类品种及应用目的，选择适宜的播种时期和播种方法，是提高花卉繁殖系数和培育壮苗的关键。

【基础知识】

一、有性繁殖概述

(一)有性繁殖的概念

有性繁殖，也称种子繁殖，植物开花后，经双受精形成胚，胚又发育成种子，种子又经过播种后形成植物，再开花……周而复始，实现生命的延续。有性繁殖的花卉幼苗称为实生苗。凡是能采收到种子的花卉均可进行种子繁殖，如一二年生花卉以及能形成种子的盆栽花卉、木本花卉等，还有杂交育种来培育新品种时，也用种子繁殖。

（二）有性繁殖的特点

（1）繁殖数量大，方法简便，便于迅速扩大再生产。

（2）实生苗根系发达，生长健壮，寿命长。

（3）种子便于携带、贮藏、流通、保存和交换。

但一些播种繁殖的花卉容易发生变异，不易保持原品种的优良性状。另外，从播种到采收种子时间长，部分木本花卉采用种子繁殖，开花结实慢，移栽不易成活等。

（三）适宜有性繁殖的范围

适宜采用有性繁殖的花卉通常应具备以下条件：

（1）能产生种子，量大，容易获得。

（2）种子自身或催芽后容易萌发，生长迅速，且幼年期比较短。

（3）实生苗基本能保持母本的或杂交组合所决定的特性。

二、花卉种子来源

（一）优良种子的条件

（1）品种纯正　一方面花卉的种子形状各有特色，通过种子的形状能确认品种；另一方面种子从采收到包装贮藏整个过程中，确保品种正确无误。

（2）颗粒饱满，发育充实　优良的花卉种子比较饱满度，发育已完全成熟，播种后具有较高的发芽势和发芽率。

（3）富有生活力　新采收的花卉种子比贮藏的陈种子生活力强，发芽率和发芽势高，所长出的幼苗生长强健。贮藏期的条件适宜，种子的寿命长，生命力强。如果种子贮藏不当或病瘪种子，生活力低。

（4）无病虫害　种子是传播病虫害的媒介之一，因此，贮藏前要对种子杀菌消毒、检验检疫以防各种病虫害的传播。一般而言，种子无病虫害幼苗也生长健康。

（二）花卉种子来源

种子是有生命力的生产资料，其来源有采收、购买、交换三大途径，其中购买和交换，基本上是在播种期前的一段时间进行，所得的种子要做一些播种前处理，如刻伤、浸种、药剂处理、冷热交替、冷藏或低温层积等手段。购买就是本单位没有而向外单位或种子公司购买；交换就是外单位有本单位需要的种子，而本单位正好也有外单位需要的种子，便可进行种子交换。

三、种子萌发的基本条件

无论什么种类的花卉种子，只有在水分、温度、氧气和光照等外界条件适宜时才能顺利发芽生长。当然，对于休眠种子来说，还得首先打破休眠。

（一）基质

基质直接改变种子发芽的水、热、气、肥、病、虫等条件。一般要求基质细而均匀，不带石块、植物残体及杂物，通气、排水、保湿性好，肥力低，不带病虫害。

(二)水分

种子萌发首先需要吸收足够的水分。不同花卉种子的吸水能力不同，播种期不同，种子对水分需求也不相同。基质的含水量应在播种前一天调节好，不能太高或过低，不能将种子播于干燥基质中后再浇水，这会使水分分布不均或冲淋种子。播种前临时将干燥基质浇湿也不适宜，常因水分过多导致操作不便。

(三)温度

种子萌发的适宜温度依花卉种类及原产地的不同而异。通常原产地温度高，种子萌芽所要求的温度也高。一般花卉种子萌芽适温要比生育适温高出3～5℃。绝大多数花卉种子发芽的最适温度为18～21℃。

(四)氧气

没有充足的氧气，种子内部的生理代谢活动就不能顺利进行，因此种子萌发必须有足够的氧气，这就要求大气中含氧充足，播种基质透气性良好。当然，水生花卉种子只需少量氧气量就可以满足萌发的需要。

(五)光照

大多数花卉种子的萌发对光照要求不严格，但是好光性种子萌芽期间需有一定的光照，如毛地黄、矮牵牛、凤仙花等；而嫌光性种子萌芽期间必须遮光，如雁来红等。

(六)病虫害

播种苗中最常见并为害严重的是猝倒病，病原菌多源于基质或周围环境中，也附于种子上。在种子发芽后的初期为害，或出土前即腐烂，但最易发生于幼苗子叶展开后至几片真叶的幼期，从接近土表的根颈处骤然枯萎，使幼苗猝然倒下。

防治猝倒病应从清除病原菌和控制育苗环境两方面进行。基质和种子应先杀菌，苗床及周围环境要彻底清洁并喷杀菌剂，腐烂的植物病原最多，应彻底清除。

高温、高湿、通气不良和光照不足条件下，病害会大量发生。幼苗出土后保持土表稍干，给予良好通风和充足光照，能抑制病害发生或蔓延。施肥过量，盐分浓度达到妨碍幼苗生长的水平时，病原菌尚能生长，此时猝倒病特别严重。

四、花卉种子采收

(一)种子的成熟

种子成熟有形态和生理成熟两方面。形态成熟是指种子的外部形态及大小不再变化，从植株上或果实内脱落的成熟种子。生产上所指的成熟种子是指形态成熟的种子。生理成熟种子指具有良好发芽能力的种子，仅以生理特征为指标。

大多数花卉种子生理成熟与形态成熟是同步的，形态成熟的种子已具备了良好的发芽力，如菊花、十字花科植物、报春花属花卉种子。但有些花卉种子的生理成熟和形态成熟不同步，有形态成熟晚于生理成熟的，也有形态成熟早于生理成熟的，如蔷薇属、苹果属等许多木本花卉的种子，当外部形态及内部结构均已充分发育，达到形态成熟时，在适宜条件下并不能发芽，是生理上尚未成熟。生理未成熟是种子休眠的主要原因。

(二)种子采收

作为留种用的植株，一定要选择花色、花形、株形均比较美观，生长健壮、无病虫害，能体现品种特性的植株作为留种母株。选株的时间要在始花期开始进行，对当选的植株要加强管理，以得到优良的种子。

种子要掌握其成熟度，适时采收。采收过早，种子尚未积累充分的贮藏物质，生理上也未成熟，干燥后种子品质低下。不同种类的花卉种子成熟度都有各自的特征，如一串红成熟种子呈褐色；石竹种子呈现黑色才达到充分成熟；君子兰的果皮呈现红色时即可采收。而有些种类，如凤仙花、蝴蝶花、飞燕草、矮牵牛等果实易开裂，需在开裂前及时采收。采收宜在晴天清晨进行，清晨空气湿度较大，种子不易散落。还有些种子是陆续成熟的，如醉鱼草、一串红、枸杞等，需随时观察，及时采收。对一些种子不易散落的花卉，可一次性采收。待整个植株全部成熟后，连株拔起，晾干后再脱粒。对晚熟的种类，可把未成熟的种子连同植株拔起，捆扎后悬挂在通风处，使之后熟。

种子采收时，宜选采一株上早开花、着生在主干或主枝上的种子，较晚开花往往结实不好，种子成熟度较差。种子采收后，须立即编号，标明种类、名称、花色及采收日期等。采收时要特别注意同种花卉的不同品种分别采收，分别编号，以免混淆。

(三)种子处理

种子采收后首先要进行处理。晾干脱粒放在通风处阴干，避免种子曝晒，要去杂、去壳，清除各种附属物。

五、种子寿命与贮藏

(一)种子寿命

种子也有一定的生命期限，种子成熟后，随着时间的推移，生活力逐日下降，发芽速度与发芽力逐渐降低。不同植株、不同地区、不同环境、不同年份产生的种子差异很大，因此种子的寿命不可能以单粒种子或单粒寿命的平均值表示，只能从群体来测定，通常取样测定其群体的发芽率来表示。

在生产上，低活力种子都没有实用价值，它发芽率低，幼苗活力差，因此，生产上把种子群体的发芽，从收获时起，降低到原来发芽率的50％的时间定为种子群体的寿命，这个时间称为种子的半活期。种子100％丧失发芽力的时间可视为种子的生物学寿命。

在自然条件下，种子寿命的长短因花卉种类不同，差别很大，短的只有几天，长的达百年以上。种子按寿命的长短，花卉种子寿命可分为：

(1)短命种子　寿命在3年以内的种子，常见于种子在早春成熟的花木；原产于高温地区无休眠期的花卉；子叶肥大的以及水生花卉等。

(2)中寿种子　寿命在3～15年间，大多数花卉种子属于次类。

(3)长寿种子　寿命在15年以上，这类种子以豆科植物居多，莲、美人蕉属及锦葵科某些花卉种子寿命也很长。生产中常见花卉种子的寿命见表2-1。

表 2-1 常见花卉种子的保存年限 年

花卉名称	保存时间	花卉名称	保存时间	花卉名称	保存时间
菊花	3～5	凤仙花	5～8	百合	1～3
蛇目菊	3～4	牵牛花	3	茑萝	4～5
报春花	2～5	鸢尾	2	一串红	1～2
万寿菊	4～5	长春花	2～3	矢车菊	2～5
金莲花	2	鸡冠花	4～5	千日红	3～5
美女樱	2～3	波斯菊	3～4	大岩桐	2～3
三色堇	2～3	大丽花	5	麦秆菊	2～3
毛地黄	2～3	紫罗兰	4	薰衣草	2～3
花菱草	2～3	矮牵牛	3～5	耧斗菜	2
蕨类	3～4	福禄考	1～2	藏报春	2～3
天人菊	2～3	半枝莲	3～4	含羞草	2～3
天竺葵	3	百日草	2～3	勿忘我	2～3
彩叶草	5	藿香蓟	2～3	射干水仙	1～2
仙客来	2～3	桂竹香	4～5	木犀草	3～4
蜀葵	5	瓜叶菊	3～4	宿根羽扇豆	5
金鱼草	3～5	醉蝶花	2～3	地肤	2
雏菊	2～3	石竹	3～5	五色梅	1～2
翠菊	2	香石竹	4～5	木槿	3～4
金盏菊	3～4	观赏茄	4～5		
美人蕉	3～4	蒲包花	2～3		

(二)影响种子寿命的因素

花卉种子到生理成熟期,其活力也达到最高水平,以后随时间的推移,内部发生不断的变化,活力逐渐下降,直至死亡,这个过程的综合效应叫种子劣变。种子劣变是不可避免的生物学规律,其过程几乎是不可逆转的,这个过程发生的快慢,即种子寿命长短,既受种子内在因素(遗传和生理生化)的影响,也受环境条件,特别是温度和湿度的影响。

种子具有吸湿性,在任何环境中,都要与环境的水分保持平衡。种子的水分平衡首先取决于种子的含水量及环境相对湿度间的差异。一般种子安全贮藏含水量的上限是空气相对湿度为70%时,种子含水量平衡在14%左右。在相对湿度为20%～50%时,种子贮藏寿命最长。

通常种子在低相对湿度及低温下寿命较长。多数种子在相对湿度80%和25～35℃的温度条件下,很快丧失发芽力;在相对湿度低于50%、温度低于5℃时,生活力保持时间较长。

(三)贮藏方法

种子处理后即可贮藏。种子贮藏的原则是抑制呼吸作用,减少养分消耗,保持种子生命力,延长寿命。花卉种子与其他作物相比,有用量少、价格高、种类多的特点,宜选择较精细的贮藏方法,花卉种类(品种)可因地选择以下方法进行贮藏。

1.不控温、湿度室内贮藏

将自然风干的种子装入纸袋或布袋中，悬挂室内通风处贮藏。在低温、低湿地区效果很好，特别适用于不需长期保存，几个月内即将播种的生产性种子及硬实种子。此法经济、简便易行。

2.干燥密封贮藏

将干燥的种子密封在绝对不透湿气的容器内，能长期保持种子的低含水量，可延长种子的寿命，是近年来普遍采用的方法。

由于大气的湿度高，干燥种子在放入密封容器前或中途取种子时，均可使种子吸湿而增加含水量，故必须使容器内的湿度受到控制。最简便的方法是在密封容器内放入吸湿力强的经氯化铵处理的变色硅胶，将约占种子量1/10的硅胶与种子同放在玻璃干燥器内，当容器内空气相对湿度超过45%时，硅胶由蓝色变为淡红色，此时应换用蓝色的干燥硅胶。更换的淡红色硅胶在120℃烘箱中除水后又转蓝色，可重复应用。

3.干燥冷藏

凡适于干燥密封贮藏的种子，在不低于伤害种子的温度下，种子寿命随温度降低而延长。一般花卉及硬实种子可在相对湿度不超过50%、4～10℃下进行贮藏。

4.层积沙藏

有些花卉种子长期置于干燥环境下，易于丧失发芽力，这类种子可采用层积沙藏，即在贮藏室的底部铺上一层厚约10 cm的河沙，铺上一层种子，再铺上一层河沙，如此反复，使种子与湿沙交互做层状堆积，如牡丹、芍药的种子采后可用层积沙藏法，置于0～5℃的低温湿沙内。层积沙藏要注意室内通风良好，同时要注意鼠害。

5.水藏法

王莲、睡莲、荷花等水生花卉种子需贮藏在水中才能保持其生活力和发芽力，水温一般要求在5℃左右。

六、种子播前处理

在播种前首先要检查种子是否为所需要繁殖的花卉，名称与实物是否一致，然后选用粒大饱满而具有该种花卉种子应有的色泽和光泽的当年生种子，隔年的种子如储藏不好，容易降低发芽率。

对于一些发芽困难的种子，在播种前可采取措施进行处理，以促进种子发芽。不同类型的种子采取处理的方法不同。

(一)浸种催芽

对于容易发芽的种子，播种前用30℃温水浸泡2～24 h可直接播种，如一串红、翠菊、半枝莲、紫荆、珍珠梅、锦带花等。对于发芽迟缓的种子，播前需浸种催芽，用30～40℃的温水浸泡，待种子吸水膨胀后捞出，去除多余的水分，用湿纱布包裹放入25℃的环境中催芽。催芽过程中需每天用温水冲洗1次，待种子萌动露白后即可播种，如文竹、君子兰、仙客来、天门冬、冬珊瑚等。

(二)剥壳

在果实坚硬干燥的情况下，应将干燥的果壳剥除，然后再播种，以利种子吸水、发芽、出苗，如黄花夹竹桃等。

(三)挫伤

对种皮坚硬,透水、透气性差,幼胚很难突破种皮的种子,播种前可在靠近种脐处将种皮略加挫伤,再用温水浸泡,种子吸水膨胀,可促进发芽,如紫藤、荷花、美人蕉、凤凰木等。

(四)拌种

对于一些小粒种子,不易播种均匀,如鸡冠花、半枝莲、虞美人、四季海棠等,播种时可用颗粒与种子相近的细土或沙拌和,以利播种均匀。对外壳有油蜡的种子,如玉兰等,可用草木灰加水成糊状拌种,借草木灰的碱性脱去蜡质,以利种子吸水发芽。

(五)酸碱处理

用强酸(如浓硫酸)或强碱(如苛性钠)处理种子,可使坚硬种皮变软,处理时间从几分钟到几小时不等,视种皮的坚硬程度及透性强弱而异,浸种后必须用清水洗净种子后才可播种。

(六)低温层积处理

对于要求低温和湿润条件下完成休眠的种子,如牡丹、蔷薇等常用冷藏或秋季湿沙层积法来处理。第二年早春播种,发芽整齐迅速。

七、播种时期

播种期应根据设施花卉的生长发育特性、计划供花时间以及环境条件与控制程度按需播种,适时播种可节约管理费用、出苗整齐,且能保证苗木质量。

一年生草花大多在春季播种。我国南方地区约在 3 月中旬到 4 月上旬播种;北方约在 4 月上中旬播种。“五一”节花坛用花,可提前于 1—2 月播种在温床或冷床(阳畦)内育苗。

二年生草花大多在秋季播种。我国南方地区多在 10 月上旬至 10 月下旬播种;北方地区多在 9 月上中旬播种,冬季入温床或冷床越冬。

宿根花卉播种期依耐寒力强弱而异。耐寒性宿根花卉一般春播秋播均可,或种子成熟后即播。一些要求在低温与湿润条件下完成休眠的种子,如芍药、鸢尾、飞燕草等必须秋播。不耐寒常绿宿根花卉宜春播或种子成熟后即播。

有些花卉的种子含水量大,寿命短,失水后易丧失发芽力的花卉应随采随播,如棕榈、四季海棠、南天竹、君子兰、枇杷、七叶树等。起源于热带和亚热带的花卉种子及部分盆栽设施花卉的种子,常年处于恒温状态,种子随时成熟。种子萌发主要受温度影响,如果温度合适,种子随时萌发。因此,在有条件时,可周年播种,如中国兰花、热带兰花、鹤望兰等。

八、播种技术

(一)播种方式

根据花卉的种类及种子的大小,可采撒播、条播、点播三种方式。

(1)撒播　即将种子均匀撒播于床面。此法适用于大量而粗放的种类、细小种子,盆播亦多采用。撒播出苗量大,占地面积小,但出苗不整齐,疏密不均匀,而且幼苗拥挤病虫害容易发生,要及时间苗和蹲苗,为使撒播均匀,通常在种子内拌入 3～5 倍的细沙或细碎的泥土。

(2)条播　种子成条播种的方法。此法用于一般种类。条播管理方便,通风透光好,有利于幼苗生长;缺点是出苗量不及撒播法。

(3)点播 也称穴播,按照一定的株行距开穴点种,一般每穴播 2～4 粒,出苗后留壮苗 1 株。点播用于大粒种子或量少的种子,此法幼苗生长健壮,但出苗量最少。

(二)播种量

播种量应以种子的发芽率、气候、土质、种子大小及幼苗生长速度、成苗大小而定。在温暖、地肥、种子发芽率高、幼苗生长快、成苗大的情况下,播种宜稀,播种量小;反之,播种密度宜大些。总之,播种要均匀,稀密要适度,幼苗才能茁壮成长。

(三)播种深度及覆土

播种深度也是覆土的厚度,应根据种子大小、土质而定。大粒种子宜深,小粒种子宜浅;沙土宜深,黏土宜浅;旱季宜深,雨季宜浅。通常大粒种子覆土深度为种子厚度的 2～3 倍;细小粒种子以不见种子为宜,最好用 3 mm孔径的筛子筛土,覆土后,在床面上覆盖芦帘或稻草,然后用细孔喷壶充分喷水,每日 1～2 次,保持土壤润湿。干旱季节,可在播种前充分灌水,待水分充分渗入土中再播种覆土。

【工作过程】

以君子兰播种育苗为例介绍花卉有性繁殖的工作过程。

一、播前处理

君子兰种子萌发缓慢,这是君子兰培育中的一个障碍。从播种到长出胚芽鞘,通常需要 40～45 d。为了促进君子兰种子迅速萌发,在播种前应对君子兰种子进行适当的处理。

(一)温水浸种

君子兰种子的种皮韧性极强,质硬光滑,不易进水。但其种脐进水很快。因此,播种前,用 40℃左右的温开水加以浸泡,可使种皮和胚乳逐渐软化膨胀,经 24～36 h 后,将种子捞出,稍凉后播种。一般培育,种子经过这样处理后 15～20 d 就能生出胚根。

(二)盐溶液处理

种子采下晾干后,用 10%的磷酸钠液浸泡 20 min。取出洗净后,将其放在温度与室温相等的温水中浸泡 24 h,再播在颗粒直径为 0.15 cm 的细沙基质的生物培养箱中进行培养,培养时,室温保持在 20～25℃,空气相对湿度保持在 85%左右。这样,最快的 6 d 就开始萌发出胚根,最慢的 15 d 胚根也萌发了。

二、播种期的确定

君子兰种子发芽的最低温度为 15℃,温度太高,能加快生根出叶速度,但幼苗纤细,生活力弱,且易徒长。温度太低,种子萌发和出苗时间延长,消耗养分多,种子和胚根易腐烂。播种最适温度为 20～25℃。根据君子兰种子的成熟期和有效贮藏期,结合各地气候特点,可分为春、秋、冬三季播种育苗期。

(一)春季播种

春季播种,在我国各地都可进行。春季播种育苗的最佳时间是在清明节前后。南方宜前,北方宜后。春季播种,关键是要掌握好气温。播种容器应放在比较温暖的地方,最好用玻璃片把容器口盖上。

(二)秋季播种

这主要是利用早熟的君子兰果实,随采随播。最好在处暑至白露之间进行,此时气温已开始下降,平均已降至20~25℃之间,有利于播种育苗。

(三)冬季播种

冬季播种,多在北方室内设有加温设备,室内温度能保持在16~20℃的环境中进行,冬季播种育苗,随采随播,因种子新鲜,播后出苗整齐,生长健壮。

三、播种

君子兰种子颗粒大,要点播于苗床内,点播的株行距一般为2 cm左右,注意种胚朝一侧向下植于培养土面。播后用纯净河沙覆盖、覆盖的厚度以种子颗粒直径的2~3倍较为适宜。

盆播宜采用盆浸法浇1次透水,苗床播种,先用细孔喷壶充分喷水,待水渗透后,再行播种和覆沙。最后用细孔喷壶喷水,使覆沙湿润,但不能冲乱种子。

喷水后,进行覆盖,减少水分蒸发,以保持土壤的湿润和均衡的温度。

四、播后管理

君子兰播种后,要经常保持环境通风透气,空气新鲜。在浇水时,最好用细孔喷壶喷水,以防止把种子冲乱。室温控制在18~25℃之间。

君子兰播种20 d左右就能生出胚根,40 d左右能生出胚芽鞘,60 d左右自胚芽鞘中长出第一片真叶。当种子生出胚芽鞘后,应把播种容器放在有光线的地方,使之接受阳光照射。同时,一方面要注意增加喷水次数,保持上层土壤湿润和环境湿度;另一方面要加强通风透气,当第一片真叶从胚芽鞘中长出后,胚根已伸入营养土层吸收水分和营养物质,上部新叶开始进行光合作用。当幼苗生长加快时,应及时去除覆盖物,注意增加喷水次数,保持营养土的湿润和空间的强度,大约经过3个月,君子兰幼苗即可上盆移栽。

【巩固训练】

播种育苗技术

一、训练目的

使学生熟练掌握花卉的播种育苗技术,特别是一二年生花卉的播种技术。

二、训练内容

(一)材料

营养土(园土、草木灰或椰糠、草炭、腐熟鸡粪或其他腐熟有机肥)、育苗箱、育苗盘、塑料薄膜或玻璃板、遮阳网、温度计、湿度计、喷壶、喷雾器、杀菌剂(多菌灵、百菌清、甲基托布津等)、花卉种子(一串红、千日红、万寿菊等)。

(二)场地

校内生产基地温室或塑料大棚。

三、训练方法

(一)种子处理(以万寿菊种子为例)

种子处理可以促使种子早发芽,出苗整齐,由于各种花卉种子大小、种皮的厚薄、自身的性状不同,采用的处理方法也不尽相同。

万寿菊种子发芽比较容易,可直接进行播种,也可用冷水、温水处理。冷水浸种(0～30℃)12～24 h,温水浸种(30～40℃)6～12 h,以缩短种子膨胀时间,加快出苗速度。

(二)育苗土准备

育苗用土是供给花苗生长发育所需要的水分、营养和空气的基础,优质的床土应当肥沃、疏松、细致,对细小种子的营养土要求较严,土壤的颗粒要小。可根据条件选择下列任何一种营养土配方,但配比要准确。

配方一:50%园土(塘泥)、25%草木灰(或椰糠、草炭)、25%腐熟鸡粪(或其他腐熟有机肥)。

配方二:50%园土(塘泥)、25%草木灰(或椰糠、草炭)、10%细沙、15%腐熟鸡粪(或其他腐熟有机肥)。

将配好的育苗土装入育苗箱内。

(三)播种

根据种子大小及具体情况采用适宜的播种方法(撒播、点播或条播)。

(四)覆土

播后应及时覆土,覆土厚度为种子直径的2～4倍。一些极细小的种子如秋海棠类、大岩桐、部分仙人掌类种子可以不覆土,但播种后必须用玻璃、塑料膜覆盖保湿。覆土应选用疏松的土壤或细沙、草木灰、椰糠、草炭等,不宜选用黏重的土壤。

(五)镇压

镇压可使种子与土壤结合紧密,使种子充分吸水膨胀,促进发芽。镇压应在土壤疏松,上层较干时进行,土壤黏重不宜镇压,以免影响种子发芽。催芽播种的不宜镇压。

(六)覆盖

播种后,用薄膜、遮阳网等覆盖,保持土壤湿度,防止雨淋及调节温度等,但幼苗出土后覆盖物应及时撤除。

四、训练结果

(1)实训报告,记录播种育苗操作步骤。

(2)统计播种发芽率,分析发芽率高、低的原因。

【知识拓展】

工厂化育苗

工厂化育苗，又称为穴盘育苗，是以先进的温室和工程设备装备种苗生产车间，以现代生物技术、环境调控技术、施肥灌溉技术、信息管理技术贯穿种苗生产过程，以现代化、企业化的模式组织种苗生产和经营，通过优质种苗的供应、推广和使用、节约种苗生产成本、降低种苗生产风险和劳动强度。

一、工厂化育苗特点

(1)节省能源与资源，降低育苗成本　与传统的营养钵育苗相比较，工厂化育苗效率由100株/m^2 提高到700～1 000株/m^2，大幅度提高单位面积的种苗产量，节能降耗显著降低育苗成本。

(2)提高秧苗素质，移栽成活率高　工厂化育苗能实现种苗的标准化生产，育苗基质、营养液等采用科学配方，实现肥水管理和环境控制的机械化和自动化。穴盘育苗一次成苗，幼苗根系发达并与基质紧密黏着，定植时不伤根系，容易成活，缓苗快，能严格保证种苗质量和供苗时间。

(3)提高种苗生产效率　工厂化育苗采用机械精量播种技术，一次成苗，从基质混拌、装盘至播种、覆盖等一系列作业实现自动控制，大大提高了播种率，节省种子用量，提高成苗率。由于机械化作业管理程度高，降低了劳动强度，提高了生产效率。

(4)商品种苗适于长距离运输　穴盘育苗是以轻基质无土材料作为育苗基质，比重轻，保水能力强，根坨不易松散，并且不受季节限制，适于长距离运输，对发展集约化生产、规模化经营十分有利。

二、工厂化育苗场地

工厂化育苗的场地由播种车间、催芽室、育苗温度和包装车间及附属用房等组成。

(一)播种车间

播种车间占地面积视育苗数量和播种机的体积而定，一般面积为100 m^2，主要放置精量播种流水线和部分的基质、肥料、育苗车、育苗盘等，播种车间要求有足够的空间，便于播种操作。同时要求车间内的水、电、暖设备完备。

(二)催芽室

催芽室设有加热、增湿和空气交换等自动控制和显示系统，室内温度在20～35℃范围内可以调节，相对湿度保持在85%～90%范围内，催芽室内外、上下温度和湿度在误差允许范围内相对均匀一致。

(三)育苗温室

工厂化育苗要求建设现代化温室作为育苗温室，温室要求南北走向，透明屋面东西朝向，保证光照均匀。

三、工厂化育苗的主要设备

(一)穴盘精量播种设备和生产流水线

穴盘精量播种设备是工厂化育苗的核心设备,完成拌料、育苗基质装盘、刮平、打孔、精量播种、覆盖、喷淋全过程的生产流水线。

(二)育苗环境自动控制系统

育苗环境自动控制系统主要指育苗过程中的温、湿度、光照等环境控制系统。外界环境不适于幼苗的生长,温室内的环境必然受到影响,所以必须通过仪器设备进行调节控制,使之满足对光、温度及湿度(水分)的要求,才能育出优质壮苗。

(1)加温系统　满足在温室内培育种苗对温度的需要。

(2)保温系统　设置遮阴保温幕,四周有侧卷帘,入冬前四周加装薄膜保温。

(3)降温排湿系统　温室上部可设置外遮阳网,在夏季有效地阻挡部分直射光的照射,降低温室内的温度。通过温室的天窗和侧墙的开启或关闭,也能实现对温度、湿度的有效调节。

(4)补光系统　增加光照强度和补充光照时数,满足各种幼苗健壮生长的要求。

(5)控制系统　工厂化育苗的控制系统对环境的温度、光照、空气湿度和水分、营养液灌溉实行有效的监控和调节,由传感器、计算机、电源、监视和控制软件等组成,对加温、保温、降温排湿、补光和灌溉系统实施准确而有效的控制。

(三)灌溉和营养液补充设备

工厂化育苗必须有高精度的喷灌设备,要求供水量和喷淋时间可以调节,并能兼顾营养液的补充和喷施农药。根据种苗的生长速度、生长量、叶片大小以及环境的温、湿度状况决定育苗过程中的灌溉时间和灌溉量。

(四)运苗车与育苗床架

运苗车包括穴盘转移车和成苗转移车。穴盘转移车将播完种的穴盘运往催芽室,成苗转移车利于不同种类园艺作物种苗的搬运和装卸。

育苗床架根据温室的宽度和长度进行设计育苗床架,育苗床上可铺设电加温线、珍珠岩填料和无纺布,以保证育苗时根部的温度。育苗架的设置以经济有效的利用空间,提高单位面积的种苗产出率,便于机械化操作为目标,选材以坚固、耐用、低耗为原则。

四、工厂化育苗技术

(一)基质配方的选择

对基质的总体要求是尽可能使幼苗在水分、氧气、温度和养分供应得到满足。

工厂化育苗基质选择的原则一是尽量选择当地资源丰富、价格低廉的物料;二是基质不带病菌、虫卵,不含有毒物质;三是基质随幼苗植入生产田后不污染环境与食物链;四是有机物与无机材料复合,能起到土壤的基本功能与效果;五是比重小,便于运输。

(二)育苗基质的合成与配制

配制育苗基质的基础物料有草炭、蛭石、珍珠岩等。草炭被国内外认为是基质育苗最好的基质材料。蛭石具有比重轻、透气性好、保水性强等特点。

经特殊发酵处理后的有机物如芦苇渣、麦秆、稻草、食用菌生产下脚料等可以与珍珠岩、草炭等按体积比混合(1∶2∶1或1∶1∶1)制成育苗基质。

育苗基质的消毒处理十分重要,可以用蒸汽消毒或加多菌灵处理等,多菌灵处理。在育苗基质中加入适量的生物活性肥料,有促进秧苗生长的良好效果。

(三)营养液配方与管理

育苗过程中营养液的添加决定于基质成分和育苗时间,采用以草炭、生物有机肥料和复合肥合成的专用基质,育苗期间以浇水为主,适当补充一些大量元素即可。采用草炭、蛭石、珍珠岩作为育苗基质,营养液配方和施肥量是决定种苗质量的重要因素。

育苗过程中营养液配方以大量元素为主,微量元素由育苗基质提供。使用时注意浓度和调节EC值、pH值。

(四)穴盘选择

同样穴数的苗盘,方锥体形比圆锥形容积大,可为根系提供更多的氧气和营养,因而多采用方锥体形的孔穴。用过的穴盘在使用前应清洗和消毒,防止病虫害的发生或蔓延。

(五)苗期管理

(1)温度控制　适宜的温度、充足的水分和氧气是种子萌发的三要素。不同花卉种类和不同的生长阶段对温度有不同的要求,要根据不同花卉种类来确定温度管理,幼苗生长期间的温度应控制在适合的范围内。

(2)穴盘位置调整　在育苗过程中,由于微喷系统各喷头之间出水量的微小差异,使育苗时间较长的秧苗,产生带状生长不均衡,观察发现后应及时调整穴盘位置,促使幼苗生长均匀。

(3)边际补充灌溉　苗床的四周边际与中间相比,水分蒸发速度比较快,在晴天高温情况下尤为突出,因此在每次灌溉完毕,都应对苗床四周10～15 cm处的秧苗进行补充灌溉。

(4)苗期病害防治　花卉育苗过程中都有一个子叶内的贮存营养大部分消耗、而新根尚未发育完全、吸收能力很弱的断乳期,此时幼苗的自养能力较弱,抵抗力低,易感染各种病害,如猝倒病等病理性和生理性的病害。苗期病害以预防为主,做好综合防治工作,即提高幼苗素质,控制育苗环境,及时调整并杜绝各种传染途径,做好穴盘、器具、基质、种子以及进出人员和温室环境的消毒工作,再辅以经常检查,尽早发现病害症状,及时进行适当的化学药剂防治。

(5)定植前炼苗　秧苗在移出育苗温室前必须进行炼苗,以适应定植地点的环境。如果幼苗定植于有加热设施的温室中,只需保持运输过程中的环境温度;幼苗若定植于没有加热设施的塑料大棚内,应提前3～5 d降温、通风、炼苗;定植于露地无保护设施的秧苗,必须严格做好炼苗工作,定植前7～10 d逐渐降温,使温室内的温度逐渐与露地相近,防止幼苗定植时因不适应环境而发生冷害。

另外,幼苗移出育苗温室前2～3 d应施1次肥水,并进行杀菌、杀虫剂的喷洒,做到带肥、带药出室。

工作任务二 扦插繁殖

【学习目标】

1.能正确理解扦插繁殖的概念、特点及意义；

2.能正确掌握扦插繁殖的基本理论和影响扦插成活的因素；

3.能正确理解扦插繁殖的分类和适用的种类及扦插时期，并正确选择适宜的扦插方法；

4.具备掌握各种扦插方法和扦插繁殖技术的能力。

【任务分析】

扦插繁殖是设施花卉生产上广泛应用的一种育苗方法，扦插繁殖培育的植株比播种苗生长快、开花早，较短时间内可以培育多数较大的幼苗，并保持原有品种的特性，尤其适用于生根比较容易的种类。不同设施花卉生物学特性不同，其扦插成活的情况也不尽相同，即使同一种类不同品种之间生根情况也大不一样。

本任务主要理解扦插繁殖成活的基本理论，明确除设施花卉本身的特性之外，正确选择适宜的扦插时期、扦插方法，掌握促进扦插生根的环境条件是保证扦插繁殖成功的重要保证，最终全面、熟练地掌握花卉扦插繁殖技术。

【基础知识】

一、扦插繁殖概述

(一)扦插繁殖的概念

扦插繁殖是花卉无性繁殖的方法之一，利用植物营养器官能产生不定根、不定芽的这种再生能力，将花卉的根、茎、叶的一部分，插入不同基质中，使之生根发芽成为独立植株的方法。扦插所用的一段营养体称为插条(穗)。通过扦插繁殖所得的种苗称为扦插苗。

(二)扦插繁殖的意义

自然界中只少数植物具有自行扦插繁殖的能力，栽培花卉多是在人为干预下进行，花卉生产中应用十分广泛。扦插繁殖与种子繁殖相比较，具有如下优点。

(1)扦插繁殖能够将亲本的遗传性状很好地保存下来，通过扦插可以培育大量与母本完全一样的新个体。

(2)扦插繁殖可提早开花、结实。从发育已达成熟的母本上采取插穗进行扦插繁殖，不必经历幼年期，就会提早开花、结实。

(3)扦插繁殖可以节省劳力，降低成本。正常的扦插苗根系生长良好，栽植成活率高、生长快，可以缩短种苗培育时间。

总之，扦插苗比播种苗生长快、开花早，短时间内可以育成多数较大的幼苗，并可以保持原有品种的特性，因此具有简便、快速、经济、大量的优点，但有些扦插苗根系较差，缺乏主根，固地性较差；扦插苗寿命比实生苗短，部分扦插苗抗性差。

（三）扦插繁殖分类

扦插繁殖依据插穗器官的来源不同，可分为茎插、叶插和根插等类型。在花卉种苗繁育过程中，最常用的是茎插。

1. 茎插

又称枝插，是应用最为普遍的一种方法，是以带芽的茎或枝条作插穗的繁殖方法。依枝条的木质化程度和生长状况又分为以下几种。

（1）硬枝扦插　以生长成熟的休眠枝作插穗的繁殖方法，常用于木本花卉的扦插，如芙蓉、紫薇、木槿、石榴、紫藤、银芽柳等均常用。插条一般在秋冬休眠期获取。

（2）半硬枝扦插　又称为半软枝扦插，以生长季发育充实的带叶枝梢作为插穗的扦插方法。常用于常绿或半常绿木本花卉，如米兰、杜鹃花、月季、海桐、黄杨、茉莉、山茶和桂花等的繁殖。

（3）软枝扦插　又叫绿枝扦插或嫩枝扦插。在生长期用幼嫩的枝梢作为插穗的扦插方法，适用于某些常绿及落叶木本花卉（如木兰属、蔷薇属、绣线菊属、火棘属、连翘属和夹竹桃等）和部分草本花卉（如菊花、天竺葵属、大丽花、满天星、矮牵牛、香石竹和秋海棠等）。

（4）芽叶插　以一叶一芽及芽下部带有一小片的茎作为插穗的扦插方法。此法具有节约插穗、操作简单、单位面积产量高等优点，但成苗较慢，如菊花、杜鹃、玉树、天竺葵、山茶、百合等。一芽一叶作插穗，以带有少量木质部最好。

2. 叶插

叶插是用一片全叶或叶的一部分作为插穗的扦插方法，适用于叶易生根又能生芽的植物，许多叶质肥厚多汁的花卉，如秋海棠、非洲紫罗兰以及虎尾兰属和景天科的许多种，叶插极易成苗。叶插又分为整片叶扦插（包括平插、直插）、切段叶插、刻伤与切块叶插等。

3. 根插

根插是用根段作为插穗的扦插方法，如随意草、丁香、美国凌霄、福禄考属、打碗花等。插条在春季活动生长前挖取，一般剪截成 10 cm 左右的小段，粗根宜长，细根宜较短。扦插时可横埋土中或近轴端向上直埋。

此外，扦插繁殖根据插穗的方向，又可以分为直插、斜插、平插、船状扦插（适用于匍匐性植物，如地锦等）。

二、扦插成活原理

细胞具有全能性，同一植株的细胞都具有相同的遗传物质。在适宜的环境条件下，具有潜在的形成相同植株的能力。扦插繁殖就是利用离体的植物组织器官，如根、茎、芽、叶等的再生能力，在一定条件下经过人工培育使其发育成一个完整的植株。

三、影响扦插成活的因素

扦插繁殖，首要任务就是让其生根。插穗扦插后能否生根成活，除与植物本身的内在因子外，还与外界环境因子有密切的关系。

（一）内部因素

1. 遗传特性

花卉种类不同，插穗的生根能力不同。有的插穗生根容易，生根快，如月季、栀子、常春藤、橡皮树、巴西铁、榕树、富贵竹、香石竹等。有的植物插穗能生根，但生根较慢，对技术和管理要求较高，如山茶、桂花等。有的植物插穗不能生根或生根很难，如蜡梅、海棠等。

2. 母体状况与采条部位

营养良好、生长正常的母株，体内含有丰富的促进生根物质，是插条生根的重要物质基础。不同营养器官的生根、出芽能力不同。有试验表明，侧枝比主枝易生根，硬枝扦插时取自枝梢基部的插条生根较好，软枝扦插以顶梢作插条比下方部位的生根好，营养枝比结果枝更易生根，去掉花蕾比带花蕾的插条生根好，如杜鹃花等。

3. 插穗极性

插穗扦插时总是上端发芽，下端生根。根插穗的极性则是距离茎基部近的为上端，远离茎基部的为下端。无论是枝插、根插，还是正插、倒插、横插都不能改变上端发芽和下端生根的规律，这就是极性的表现。扦插时要注意插穗的极性，分清上下端，避免插错方向。

（二）外界因子

影响插穗生根的外因主要有温度、湿度、通气、光照、基质等，各因子之间相互影响、相互制约，因此，扦插时必须使各种外界因子有机协调地满足插穗生根的要求，以达到提高成活率、培育优质苗木的目的。

1. 温度

温度对扦插生根快慢起决定作用：温度太高，插穗的养分和水分消耗大，常会发芽而不发根，且易滋生病菌，引起插穗腐烂；温度太低，发根慢，插穗易遭受寒害。不同种类的花卉，要求不同的扦插温度。多数花卉生根的最适温度为15～25℃，以20℃最适宜。

不同花卉插穗生根对土壤温度要求也不同，一般土温高于气温3～5℃时，对生根极为有利。在生产中可用马粪或电热线等做酿热材料增加地温，还可利用太阳热能进行倒插催根，提高其插穗成活率。

2. 湿度

在插穗生根过程中，空气的相对湿度、基质湿度以及插穗本身的含水量是扦插成活的关键，尤其是嫩枝扦插，应特别注意保持合适的湿度。

插穗所需的空气相对湿度一般为90%左右，硬枝扦插可稍低一些，但嫩枝扦插空气相对湿度一定要控制在90%以上，降低枝条蒸腾强度。生产上可采用喷水、间隔喷雾等方法提高空气相对湿度，以利于插穗生根。

3. 光照

嫩枝扦插需带叶片，便于光合作用，提高生根率。由于叶片表面积大，阳光充足温度升高，蒸腾作用强会导致插条失水萎蔫。因此，在扦插初期要适当遮阳，当大量生根后，陆续给予光照。嫩枝扦插，可采用全光照喷雾扦插，以加速生根，提高成活率。

4. 空气

插穗在生根过程中需进行呼吸作用，尤其是当插穗伤口愈合后，新根发生时呼吸作用增强，可适当降低插床中的含水量，保持湿润状态，并适当通风，提高氧气的供应量。

5. 基质

基质直接影响水分、空气、温度等条件，是扦插的重要环境。理想的扦插基质是排水、通气良好，又能保温，不带病、虫、杂草及任何有害物质。

扦插常用的土壤和基质材料有沙土、沙、炉渣、珍珠岩、蛭石、草炭、水苔以及水（水插）、雾（雾插）等，总称为插壤。一般对易生根的植物，量大时，多用大田直接扦插，但要求土壤肥沃，保水性和透气性较好的壤土或沙质壤土。对一些扦插较难生根的花卉要实施插床扦插，一般选择清洁无菌、不含养分的河沙、珍珠岩、蛭石等作为扦插基质。

四、扦插苗生产

（一）采穗母株的处理

许多木本花卉扦插生根比较困难，为了使其扦插生根容易，使插穗在采前积累较多营养，在采集插条之前，对母株进行人工预处理，其处理办法如下。

1. 绞缢处理

将母树上准备选作插穗的树枝，用细铁丝或尼龙绳等在枝茎部紧扎，这样因绞缢阻止了枝条上部叶片光合作用产生的营养物质向下运输，使得养分贮存在枝条内部，经 15～20 d 后，再剪取插穗扦插，其生根能力有显著提高。

2. 环剥处理

在母树树枝的基部，进行 0.5～1 cm 宽的环状剥皮，环皮 15～20 d 后，剪取插穗扦插，有很好的生根效果。

3. 重剪处理

冬季修剪时，对准备取条的母树进行截干重剪，使母树下部的茎干产生萌条，采用这种幼年化萌条作插穗，以克服从老龄母树上剪取的插穗难以生根的缺点。

（二）插穗的采集

从母株上采集还没有经过剪切加工的穗条，称为插条。插条一般应当选取粗壮、节间延伸慢且均匀萌芽枝或当年生枝条。采集插穗可结合母株夏、冬季修剪进行，通常应采用母株中上部枝条。夏剪嫩枝，营养及代谢活动强；冬剪休眠枝贮藏营养丰富，均有利于扦插生根。

采集的插条应分种类及品种分别捆扎，标明品种，采集地点和采集时间等。带叶的嫩枝条或草本花卉，采后应立即放入盛有少量水的桶中，以防插条萎蔫，应随剪随插。如果从外地采集幼嫩枝条，可将每片叶剪去一半，以减少水分蒸腾损耗，并用湿毛巾或塑料薄膜分层包裹，基茎部用苔藓包好，运到后应立即解开包裹物，用清水浸泡插条茎部。休眠枝放在荫凉处，覆盖保湿，避免风吹。

（三）插穗的贮藏

春季扦插需要的插条数量大时，常将扦插材料事先采集并贮藏，待扦插适期再用，这样既能保持良好的插穗条件，又能合理安排劳力。

在插条贮藏的过程中，初期 2 周放在约 15℃的条件下，然后在 0～5℃低温条件下正式贮藏。贮藏环境温度尽量保持在 10℃以下，具体贮藏方法如下。

1. 假植

假植又分为浸水假植和壅土假植。

浸水假植是将枝条的 1/3 插入清水中，在清洁的缓水流中更好，要注意遮阴，防止水温过高。

壅土假植就是选择排水良好，背风处，挖一窄沟，将枝条倾斜排放在沟内，回填细土，轻轻踏实。这种方法易受温度变化影响，不宜长时间贮藏。

2. 埋土贮藏

埋土贮藏尽量选背阴且排水良好的地方，挖 40 cm 深的土坑，坑底铺 2 cm 厚的稻草，上面放 12 cm 厚的枝条，再铺 2 cm 厚的稻草，最后加盖 30 cm 厚的土，踏实，周围开排水沟，以防积水。

3. 穴藏

穴藏通常在斜坡中部或山谷内挖穴，将插条贮藏在穴内。挖好穴后，先在穴内底部铺 10～20 cm 厚的湿细沙，将插条排入细沙中贮藏。

(四)插穗的剪切

1. 插穗选取

茎插应选幼嫩、充实、粗细均匀的枝条。叶插和叶芽插应首先选取萌发枝条上的叶片和叶芽，其次再选取主枝上充实的新生叶。根插应选用直径为 0.6～2.0 cm 粗的幼嫩且充实的部分做插穗。草本花卉应选用还没有木质化的，再生能力强的幼嫩部分作为插穗(图 2-1)。

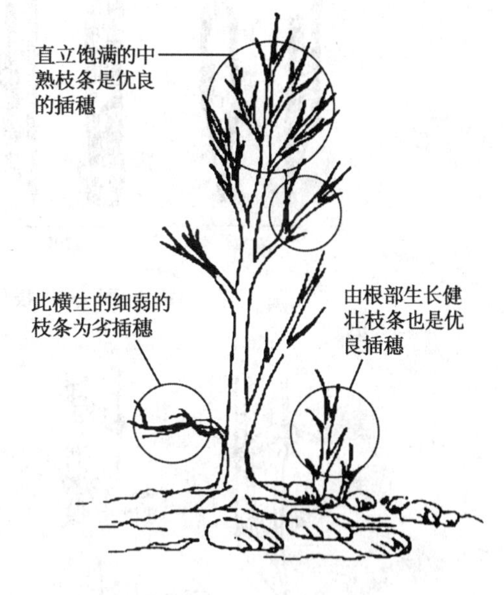

图 2-1 插穗的选择

2. 插穗的剪切

插穗的长度，随着植物的种类或培育苗木的大小而有很大的变化。一般嫩枝插比硬枝插的插穗要短些。插穗的标准长度可以考虑为：针叶类 7～25 cm，常绿木本花卉 7～15 cm(图 2-2)，草本 7～10 cm(图 2-3)，也可以按芽眼数量剪截成单芽、双芽、三芽或多芽插穗(图 2-4)。

插穗的剪口大多剪成马耳形、单斜面的切口；木质较硬的插穗剪成楔形斜面切口和节下平口，更有利于生根(图 2-5)。

为了减少插穗基部切口的腐烂和有利于生根，插穗剪切应当用锋利的枝剪、小刀，对于柔嫩的草本类花卉，用锋利的剃刀更好。

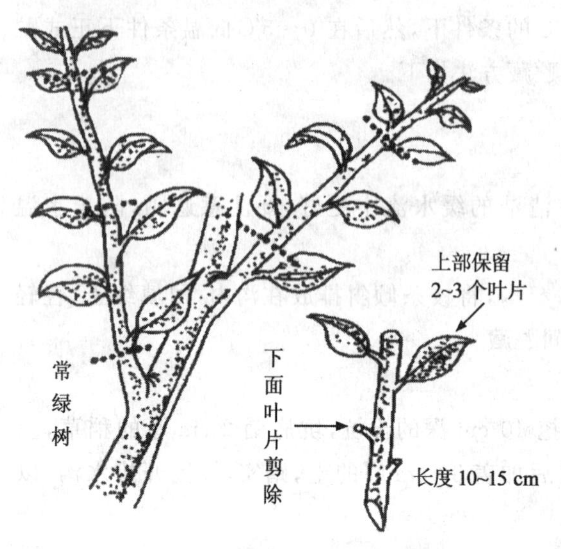

图 2-2 常绿木本花卉插穗地剪取

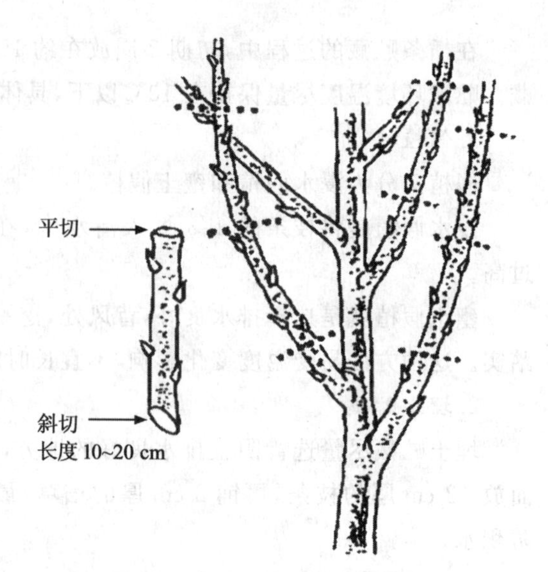

图 2-3 落叶木本花卉插穗地剪取

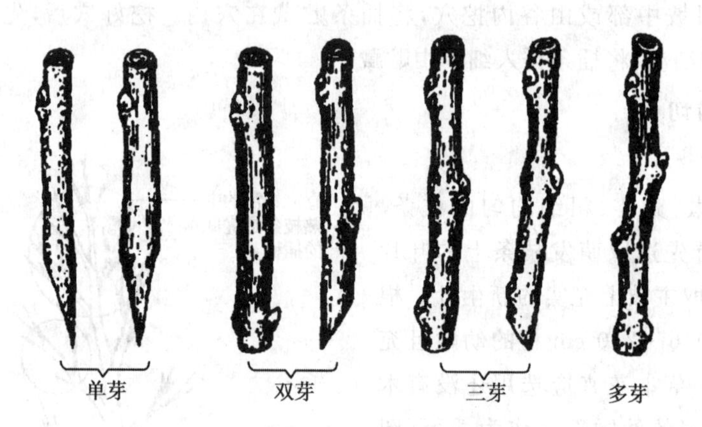

图 2-4 插穗地剪切方法

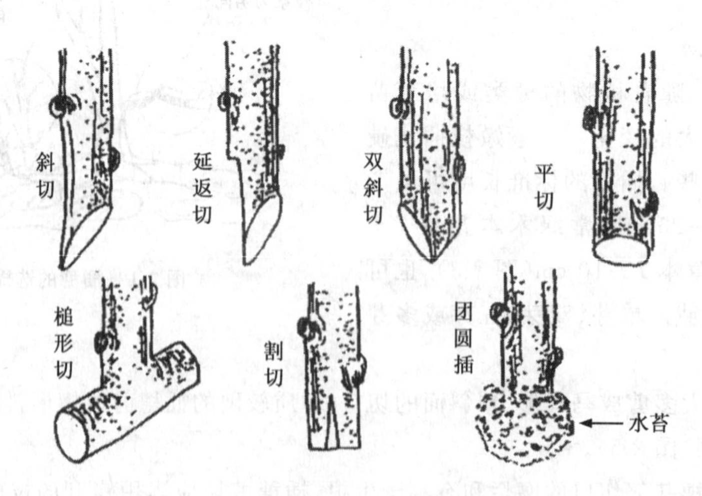

图 2-5 插穗地剪切法

(五)插穗的处理

插穗剪切后要根据各种花卉的生物学特性进行扦插前的处理，以提高扦插生根率和成活率。插穗扦插前增进生根能力的处理，一是补充插穗生根所必需的物质(如激素、糖、含氮化合物等)；二是清除插穗中含有生根障碍物质(如单宁、树胶、香脂等)或降低其毒害作用。另外，在生产实践中还有增温、倒插、黄化处理、机械处理等，以促进其扦插生根。

1. 激素处理

激素处理一般用生长素类激素处理。常用的生长素有萘乙酸(NAA)、吲哚乙酸(IAA)、吲哚丁酸(IBA)、2,4-D 等。通常配制成不同浓度的溶液进行插穗处理。低浓度(如 50～200 mg/L)处理 6～24 h，高浓度(如 500～10 000 mg/L)处理数秒至 1 min。此外，还利用生长素与滑石粉或木炭粉制成粉剂，用湿插穗下端蘸粉扦插；或将粉剂加水稀释成为糊剂，或做成泥状，浸蘸插穗下端后扦插。

激素处理时间与溶液的浓度因花卉和插穗种类的不同而异。一般生根较难的浓度要高些，生根较易的浓度要低些。硬枝浓度高些，嫩枝浓度低一些。

此外，一些木本花卉利用生根促进剂进行处理，提高其生根率。目前生产中使用较为广泛的有“ABT 生根粉”、“植物生根剂 HL-43”、“根宝”、“3A 系列促根粉”等。

2. 营养处理

用维生素、糖类及其他氮素处理插穗，也是促进生根的措施之一，如用 5%～10%的蔗糖溶液处理插穗 12～24 h，对促进生根效果很显著。若用糖类与植物生长素并用，则效果更佳。在嫩枝扦插时，在其叶片上喷洒尿素进行营养处理。

3. 浸水处理

经过冬季贮藏的休眠枝，其插穗内水分有一定的损失，扦插或进行处理前，均应用清水浸泡 12～24 h，使其充分吸水，以恢复细胞活力。生产中将插穗下端放入 30～35℃的温水中浸泡几小时或更长时间，具体时间因树种而异，有利于切口愈合与生根。

4. 化学药剂处理

有些化学药剂能有效地促进插穗生根，如醋酸、磷酸、高锰酸钾、硫酸锰、硫酸镁等，如生产中用 0.05%～0.1%的高锰酸钾溶液主要用来浸泡木本花卉的插穗，一般浸泡 12 h 左右，除能促进生根外，还能抑制细菌发育，防止插穗因病菌的侵染而腐烂。生产中用 0.1%～0.3%高锰酸钾溶液进行扦插基质的消毒。杜鹃花类用酒精处理也可有效地降低插穗中的抑制物质，大大提高生根率。一般使用浓度为 1%～3%，或者用 1%的酒精和 1%的乙醚混合液，浸泡 6 h 左右。

5. 低温贮藏处理

将硬枝放入 0～5℃的低温条件下冷藏一定时期(至少 40 d)，使枝条内的抑制物质转化，有利于生根。

6. 增温处理

春天由于气温高于地温，在露地扦插时，易先抽芽展叶后生根，以致降低扦插成活率。为此，可采用电热温床或火炕催根等措施来提高地温，促进生根。

电热温床法催根，初始温度 15～20℃，2 d 以后调至 25℃，见插穗基部产生愈伤组织，萌发幼根后，停止加温锻炼 1～2 d，取出后扦插。

火炕催根法，炕温不超过 28℃，通过往沙上喷水控制温度。当插穗基部产生愈伤组织，幼根刚刚突出后停止加温锻炼 1～2 d 后扦插。

7. 倒插催根

倒插催根一般在冬末春初进行，利用春季地表温度高的特点，将插穗倒放坑内，用沙子填满孔隙，并在坑面上覆盖 2 cm 厚的沙，使倒立的插穗基部的温度高于插穗梢部，这样为插穗基部愈伤组织的根原基形成创造了有利条件，从而促进生根，但要注意水分控制。

8. 黄化处理

在生长季采插穗之前，用黑布或黑色的塑料袋等不透明的材料将要作插穗的枝条罩住，使其处在黑暗的条件下生长 20 d 左右，遮光的枝条变白软化，将其剪下进行扦插，较易生根。

9. 机械处理

常用于较难生根的木本花卉的硬枝扦插。在生长季节，将枝条基部环剥、刻伤或用铁丝、麻绳或尼龙绳等捆扎，阻止枝条上部的碳水化合物和生长素向下的转移运输，从而使养分集中于受伤处，至休眠期再由此处剪取插穗进行扦插。由于养分充足，不仅生根容易，而且扦插苗生长势强，成活率高。

五、扦插方法

1. 枝插

(1)硬枝扦插　多用于落叶木本花卉。秋冬落叶后至翌年早春萌芽前的休眠期进行扦插。选择一二年生生长充分的木质化枝条，带 3～4 个芽，将枝条截成 10～15 cm 长的插穗。上端切口离芽 1～2 cm，下端切口应在近节处，呈斜面。插前先用木棍或竹签在基质上扎孔，以免损伤插穗基部剪口表面。扦插深度为插穗长度的 1/3～1/2，直插或斜插。南方多在秋季扦插，有利于促进早生根发芽；北方冬季寒冷，应在阳畦内扦插，或将插穗贮藏至翌年春季扦插。插穗冬藏采用挖深沟湿沙层积的方法，量少也可用木箱室内冷晾处沙藏。

有些难于扦插成活的花卉可采用带踵插、锤形插、泥球插等。适用于木本花卉紫荆、海棠类(图 2-6)。

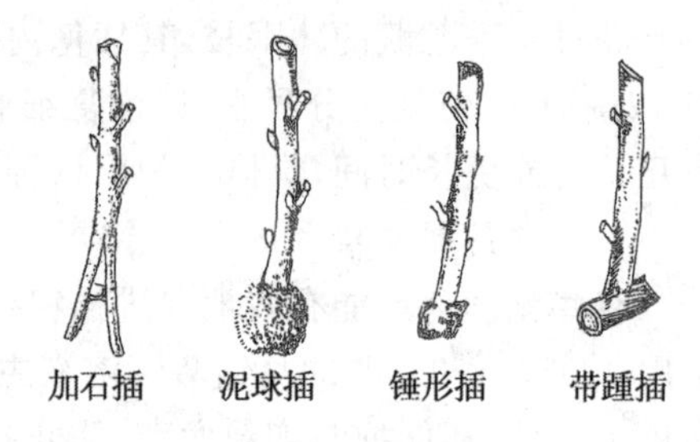

图 2-6　硬枝插

(2)软枝扦插　又称绿枝扦插或嫩枝扦插。大部分一二年生花卉以及一些花灌木采用此扦插繁殖法。在环境条件适宜时 20～30 d 即可生根成苗。

选健壮枝梢，剪成 5～10 cm 长的插穗，每个插穗至少要带一片叶子，叶片较大的剪去叶片的一部分。剪口以平剪、光滑为好，通常多在节下剪断，随剪随插。扦插前应在插床上开沟，将插穗按一定株行距摆放沟内，或者放入事先打好的孔内，然后覆盖基质，扦插不宜过深，一般为插穗的 1/3～1/2，插后浇水。扦插初期应遮阴并保持较高的湿度(图 2-7)。

(3)半软枝扦插　又称半软材扦插、绿枝扦插。插穗成熟度介于软枝与硬枝之间。从生长健壮，无病虫害的植株上剪取当年生半木质化的嫩枝，采条时间最好在早晨有露水而且太阳未出时，采下的插条用湿布包裹，放在冷凉处，保持新鲜状态，切不可在太阳下暴晒。插穗长 10～25 cm，下部剪口齐节下，剪口要平滑，剪去插穗下部叶片，顶部留地上部分枝叶或不带叶。

扦插应先开沟或打孔，插穗要剪后立即扦插，插入基质的深度为插穗的 1/3～1/2。密度以叶片不拥挤、不重叠为原则，插入后用手指将四周压实，插后遮阴，经常喷水（每天喷水 3～4 次），待生根后逐步去除遮阴。此法适用于大多数常绿或半常绿木本花卉，如米兰、栀子、杜鹃、月季花、海桐、黄杨、茉莉、山茶和桂花等的繁殖（图 2-8）。

a. 选择生长旺盛的顶芽或腋芽，剪取每段 5~10 cm 的枝条作插穗

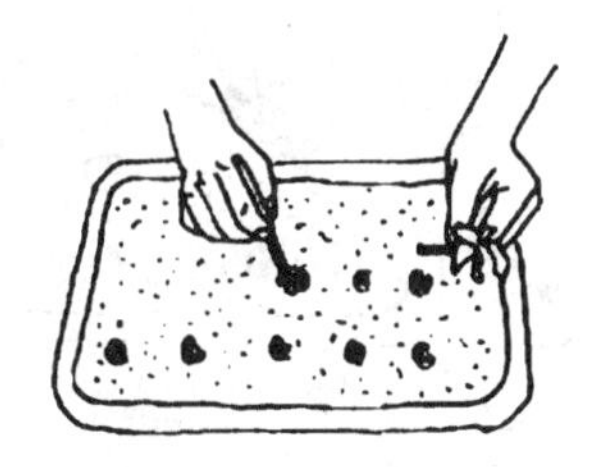

b. 插床材料先整平，再用手或笔杆在插床戳洞

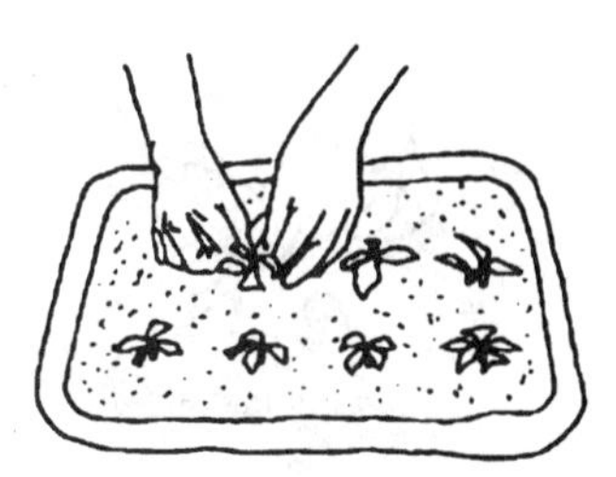

c. 再将插穗插入插床洞孔，用手压紧固定后，再浇水即成

图 2-7 软枝扦插

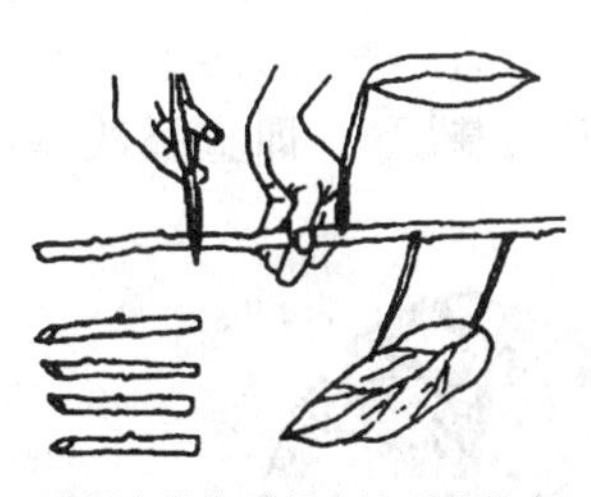

a. 选择中熟饱满的半木质化枝条，剪取每段 10~15 cm 的枝条作插穗

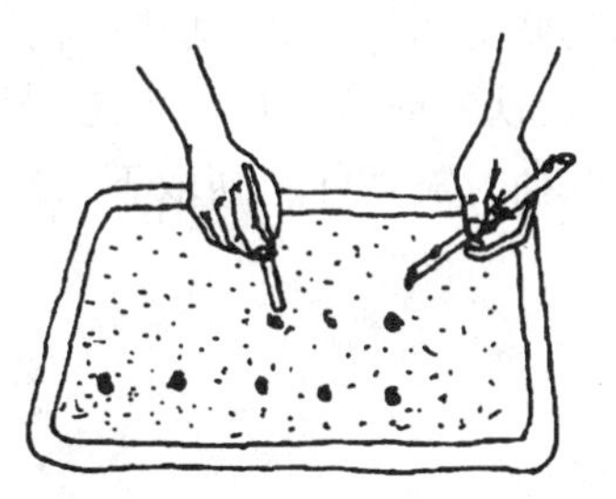

b. 插床材料先整平，再用手或笔杆在插床上戳洞

c. 再将插穗插入洞中（注意切勿倒插），用手压紧固定后，再浇水即成

图 2-8 半软枝扦插

（4）单芽扦插　又称芽叶插，插穗为一节一芽，长度为 5～10 cm。常用于菊花、杜鹃花、玉树、天竺葵、山茶、百合等的扦插繁殖，也适用于一些珍贵和材料来源少的观赏树木（图 2-9）。

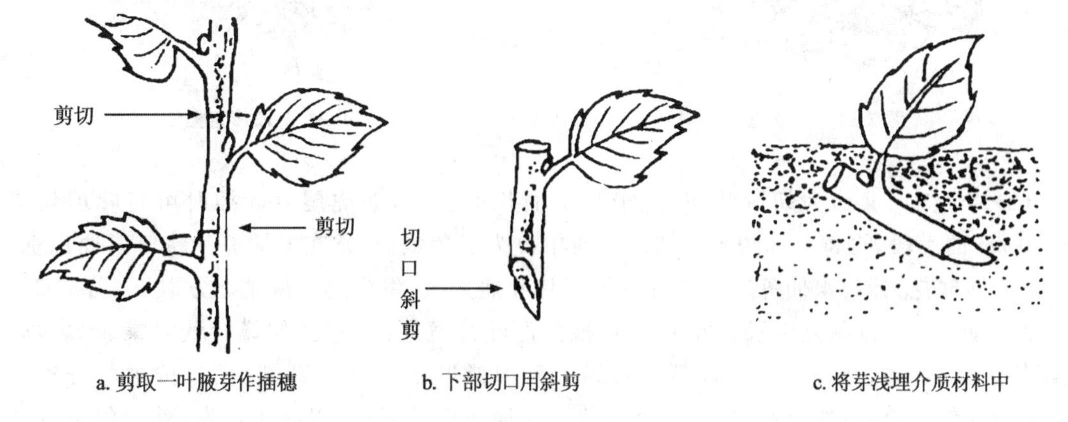

a. 剪取一叶腋芽作插穗　b. 下部切口用斜剪　c. 将芽浅埋介质材料中

图 2-9 单芽扦插法

2. 叶插

叶插是用花卉叶片或者叶柄作为插穗的扦插方法（图 2-10）。适用于能自叶上发生不定

芽及不定根的植物，常用于叶质肥厚多汁的花卉，如秋海棠、非洲紫罗兰、十二卷属、虎尾兰属、景天科的花卉叶插极易成苗。

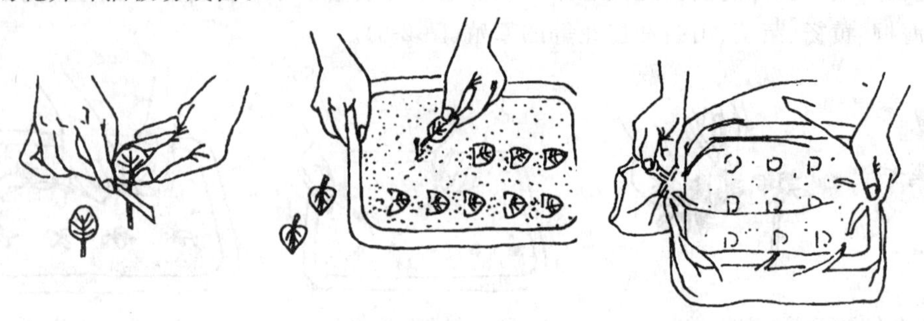

图 2-10　叶插法

(1)全叶插　是叶插最常用的方法，适用于草本植物，如落地生根、秋海棠、大岩桐、景天、虎尾兰、百合等。许多景天科植物的叶肥厚，但无叶柄或叶柄很短，叶插时只需将叶平放于基质表面(即平插法)，不用埋入土中，用铁针或竹针加以固定(图 2-11)。另一些花卉，如非洲紫罗兰、草胡椒属等，有较长的叶柄，叶插时需将叶带柄取下，将基部埋入基质中(即直插法)(图 2-12)。

图 2-11　平插法

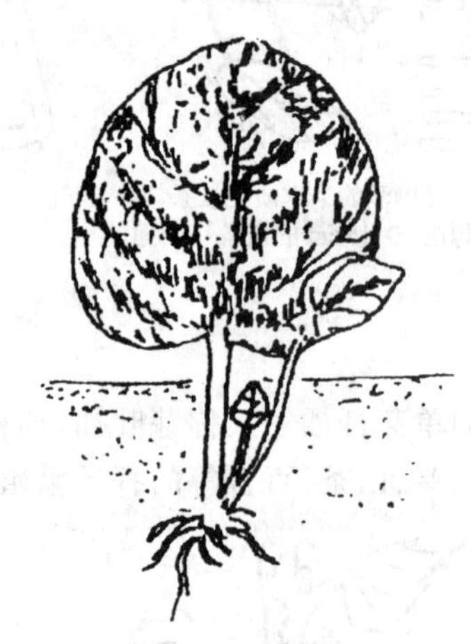

图 2-12　直插法

(2)片叶插　又称为切段叶插，适于叶窄而长的种类，如虎尾兰叶插时可将叶剪切成 7～10 cm 的小段，再将基部约 1/2 插入基质中。为避免倒插，常在上端剪一缺口以便识别。风信子、网球花、葡萄水仙等球根花卉也可用片叶插繁殖，将成熟叶从鞘上方取下，剪成 2～3 段扦插，2～4 周即从基部长出小鳞茎和根。而叶片宽厚的种类，如蟆叶秋海棠、大岩桐、豆瓣绿、千岁兰等，亦可采用片叶插。将蟆叶秋海棠叶柄从叶片基部剪去，按主脉分布情况，分切为数块，使每块上都有一条主脉，剪去叶缘较薄的部分，以减少蒸发，然后将下端插入沙中，不久就从叶脉基部发生幼小植株。大岩桐也可采用片叶插，在主脉下端就可生出幼小植株。千岁兰的叶片较长，可横切成 5 cm 左右的小段，将下端插入沙中，自下端可生出幼株(图 2-13)。

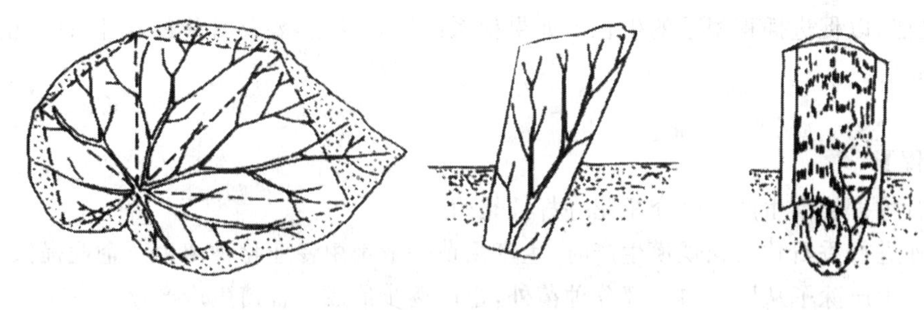

图 2-13 片叶插

3. 根插

用根作插穗的扦插方法(图 2-14),适用于带根芽的肉质根花卉。结合分株将粗壮的根剪成 5～10 cm 小段,全部埋入插床基质或顶梢露出土面,注意上下方向不可颠倒,如牡丹、芍药、月季、补血草等。某些草本植物的根,可剪成 3～5 cm 的小段,然后用撒播的方法撒于床面后覆土即可,如宿根福禄考等。

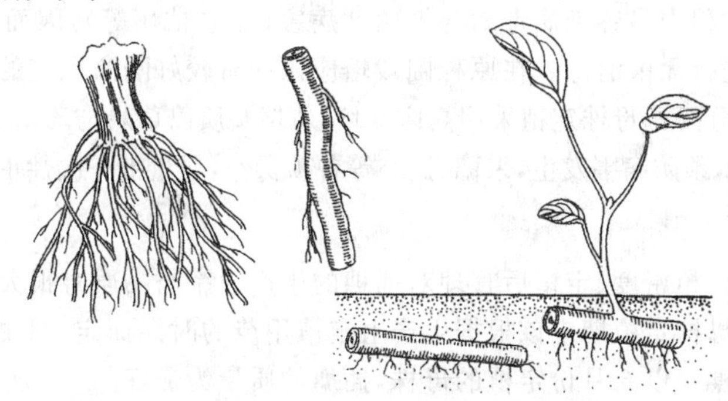

图 2-14 根插

六、扦插后的管理

扦插苗生根成活率与否,不仅取决于扦插前对插穗处理方法是否科学,扦插期和扦插方法选择是否合理,很大程度上取决于扦插后的管理是否有效。扦插后的管理重点是水分、光照和温度的管理。

扦插后应立即灌一次透水,以后注意经常保持扦插基质和空气的湿度。插穗上若带有花芽应及早摘除。当未生根之前地上部已展叶,则应摘除部分叶片。硬枝扦插不易生根的种类和嫩枝露地扦插,要搭荫棚遮阴降温,同时每天喷水,以保持湿度。用塑料棚密封扦插时,可减少灌水次数,但要及时调节棚内的温、湿度,插穗扦插成活后,要经过炼苗驯化,使其逐渐适应外界环境再进行移植。

温度管理也是影响插穗生根的重要因素。花卉最适生根的温度一般是 20～25℃,早春扦插时的地温较低,要铺设电热线增加基质温度进行催根;夏季和秋季扦插,地温较高,气温更高,需要通过遮阴和喷水降温,设法达到适宜温度;冬季扦插需在温室内进行。

扦插一段时间后,要检查生根情况,检查时不可硬拔插穗,要轻轻将插穗和基质一起挖出,重新栽入时要先打孔再栽,避免伤害主根和愈伤组织。插穗生根后,应逐渐减少喷水,降低温度，增强光照，以促进插穗根系的生长。如果根系已生长发达，要及时移栽，以防扦插苗缺乏养分而老化衰弱。

【工作过程】

以香石竹扦插苗生产为例介绍花卉扦插繁殖。

在国外进行香石竹切花规模生产时，生产用苗一般都由专业化种苗生产企业提供。目前，我国香石竹生产除了从国外引进部分种苗外，也已逐步形成了种苗生产产业。

一、采穗母株的养护

(一)母株栽植环境

香石竹栽培苗的母株是经过组织培养获得的脱毒苗，栽植于组培原种圃。在组培原种圃采取插穗，扦插成活的幼苗称为原种，也称扦插第一代苗。由母本圃生产切花商品用苗，即为第二代扦插苗，用于大田生产。

香石竹在栽培过程中易感染病毒病与细菌性病害(如立枯病等)，因而从试管苗移植到栽植环境时必须严格进行无菌消毒。在原种圃栽培应该在有较好隔离设施的塑料大棚或温室内进行，须与切花生产分开。母株定植采用高床栽培，栽培基质以草炭与珍珠岩为宜，并进行严格消毒。定期喷洒药物，预防病害发生，采穗、摘心等各项操作，尽量带一次性手套进行手工操作。

(二)母株定植

母株的定植期、定植密度、定植后管理对插穗的生产效率与品质有很大影响。

(1)定植时期　母株定植期应该根据生产上定植用苗的时期而定。1 棵母株作周年栽培，可采到 40～50 枝插穗。以 6 月份定植的母株，插穗的质量为最好。

(2)定植密度　母株定植株行距为 15～20 cm，25～40 株/m^2 为宜。降低栽培密度，采穗总量会有所减少，但单株产量会有增加，插穗茎节增粗，质量有所提高。

(3)栽植数量　母株栽植数量一般为切花栽培用苗量的 1/40～1/30，即每一母株育苗 30～40 株。如每公顷切花栽植为 6 000～8 250 株，采穗母株用地为 300～375 m^2。

(三)母株栽培管理

母株植后的肥水管理要求对氮素营养稍高一些，每次采穗后，分 2 次施用氮磷钾复合肥。土壤灌水以使用滴灌方式为好，可避免叶面沾水。并定期喷洒药剂，防止病害发生。母株定植后 15～20 d，当苗高 20 cm 左右时，留茬 10 cm 左右，在 4～5 个节位处摘除顶芽，以促进侧枝萌发。一棵母株一般供采插穗的年限为 1 年，以后应更换母株。

二、插穗的采切

通常母株栽植后，经 1～2 次摘心，然后开始采穗。前期摘心下来的顶芽一般因发育不整齐，均不留作繁殖用。当摘心后 20 d 左右，侧枝萌发伸长到 15～16 cm 以上、有 8～9 对叶时，即可在每一分枝上留 2～3 个节采摘插穗。香石竹标准插穗应长 12～14 cm，鲜重 4～5 g 以上，茎粗大于 3 mm，有 4～5 对展开的叶。所取插穗大小长短要整齐，长势健壮，无病虫感染。插穗可每周采切 1 次，同时去除弱芽，调整植株生长势。采穗前 1～2 d 先对母株喷洒 1 次百菌清等杀菌剂，以防插穗带菌。

三、插穗处理

采切的插穗需要进行整理，插穗基部切断的位置，应在茎节处，这有利于生根。每枝插穗保留顶端3对叶，其余叶全部摘除。按每20～30枝为一束，浸入清水中30 min，使插穗吸足水分后再扦插，或用500～2 000 mg/L的萘乙酸（NAA）、吲哚丁酸（IBA）等生长调节剂浸泡插穗基部后再进行扦插。

四、扦插

香石竹扦插通常在温室或塑料大棚中进行，插床用砖砌或木板围槽，宽度为1 m左右，基质用清洁消毒的蛭石、珍珠岩或炭化稻壳、河沙等。插床基质厚度为8 cm左右，并尽量设置全光照喷雾装置。扦插苗的株行距为2～3 cm，深度2 cm左右，插后浇水使插穗与基质密接。

扦插基质温度在20～25℃时，香石竹的生根速度较快，温度过高或过低会延迟植株生根，因此在不同的季节要充分利用设施来满足插穗生根对温度的要求。在高温季节，可以通过遮阳网、喷雾、通风等措施来降低温度；而在低温季节则尽可能通过加强保温、透光以及加温的方式来满足对温度的要求。扦插以春、秋两季生长快，成活率高，一般15～20 d即能生根起苗，冬季30～40 d。夏季在全光照喷雾条件下10～12 d即可成苗，但高温高湿与排水不良情况下，很易染病烂苗。注意防止苗期病害的发生。

五、成苗移栽

自扦插之日起20～25 d后，香石竹的扦插苗95%以上长出了新根，可以移栽。移植到土质疏松，有机质含量丰富，pH 5.8左右的土壤中，移栽时将种苗的根部顺着根的生长方向轻轻地放入栽植穴中，覆土，用手指捏紧土壤与种苗结合部，使之二者密接。在移栽过程中避免将根折断，或将根盘成团。定植深度不宜过深，刚刚把根埋起来为好，避免将茎部植入土中，定植后要及时浇透第1次定根水，栽后7～10 d内要保证叶面湿润。

六、插穗冷藏

香石竹插穗的采切是分批进行的，但为了在预定幼苗定植的时期，能比较集中地扦插苗出圃，可以将不同时期陆续采切的插穗，进行冷藏后同时扦插。同时插穗冷藏可减少母株栽植数量，增加插穗产量，降低生产成本。

（一）插穗的选择

在秋季到春季的短日照条件下生产的插穗有利于冷藏，插穗宜在晴天进行采切，采穗前一天对母株要喷洒杀菌剂，以防病菌感染。

（二）插穗冷藏条件

插穗冷藏温度为－0.5～1.5℃为宜，覆盖湿布，以防插穗失水。在稳定的低温条件下插穗可冷藏3个月，最长可达6个月，但冷藏期超过3个月，插穗易发生腐烂，生根率降低。

香石竹已生根的扦插苗也可通过冷藏，集中定植。但一般不如插穗冷藏安全。生根扦插苗冷藏期限为2个月。

【巩固训练】

绿枝插、叶插、叶芽插技术训练

一、训练目的

使学生掌握绿枝插、叶插和叶芽插的操作技术和管理方法。

二、训练内容

1.材料

一串红、虎尾兰、万寿菊、刀片、枝剪、插床、拱棚、喷壶、杀菌剂等。

2.场地

校内、外生产基地。

三、训练方法

根据所用材料的特性，尽可能考虑实际生产需要，选择合适的扦插季节，有条件的可在不同季节多次进行。

(1)选一串红嫩枝顶梢 5～7 cm 长，去除下部叶片，留上部 2 对叶片，及时浸在清水中或插入插床 1/3～1/2 深。

(2)选虎尾兰健壮叶片，用刀片横切成段，每段 5～7 cm，在下切口切去一角，浸在清水中，按原来上下方向插入插床 2～3 cm 深。

(3)选万寿菊健壮枝条，在节间切断，垂直劈开，使每侧有 1 个芽和叶片，每段距芽上下保留 1 cm，插入基质中 1 cm。

(4)扦插后喷水、遮阳、加盖小拱棚、喷洒消毒药等管理措施。注意协调基质中的水汽关系。

四、训练结果

(1)实训报告，记录绿枝插、叶插和叶芽插技术操作过程及插后管理。

(2)分析生根率高或低的原因。

【知识拓展】

扦插育苗新技术

一、全光照自动喷雾技术

插穗在长时间的生根过程中，能否生根成活，最重要的是保持枝条不失水。扦插过程中所采取的各种措施都是为了保持枝条的水分，而且还要补充枝条生命活动所需的水分以及适宜生根的其他营养和环境条件。

早在 1941 年美国的莱尼斯、卡德尔和弗希尔等同时报道了应用喷雾技术可以保持枝条不失水分，而且促进了插穗生根的喷雾技术。20 世纪 60 年代美国研究人员发明了用电子叶控制间歇喷雾装置,使扦插喷雾装置进入生产应用阶段。1977 年国内开始报道并引用了这种新技术。80 年代初南京林业大学研制了间歇喷雾装置并在育苗中成功应用。1983 年吉林铁路分局研制了全套喷雾装置,1987 年林业部研制的 2P-204 型自动间歇喷雾装置水分蒸发控制仪也向全国推广。1995 年中国林业科学院又推出了旋转式全光雾插装置,大大提高了育苗苗床的控制面积,产生了很好的育苗效果和经济效益。

(一)全光自动喷雾装置

1. 电子叶和湿度传感器

电子叶和湿度传感器是发生信号的装置。电子叶是在一块绝缘板上安装上低压电源的两个极,两极通过导线与湿度自控仪相连,并形成闭合电路。湿度传感器是利用于湿球温差变化产生信号,输入湿度自控仪,从而控制喷雾。

2. 电磁阀

电磁阀即电磁水阀开关,控制水的开关,当电磁阀接受了湿度自控仪的电信号时,电磁阀打开喷头喷水。当无电信号时,电磁阀关闭,不喷水。

3. 湿度自控仪

湿度自控仪内有信号放大电路和继电器。接收、放大电子叶或传感器输入的信号,控制继电器开关,继电器开关与电磁阀同步,从而控制是否喷雾。

4. 高压水源

全光自动喷雾对水源的压力要求为 1.5～3 kg/cm^2,供水量要与喷头喷水量相匹配,供水不间断。小于这个水的压力和流量,喷出的水不能雾化,必须有足够的压力和流量。全光自动喷雾装置如图 2-15 所示。

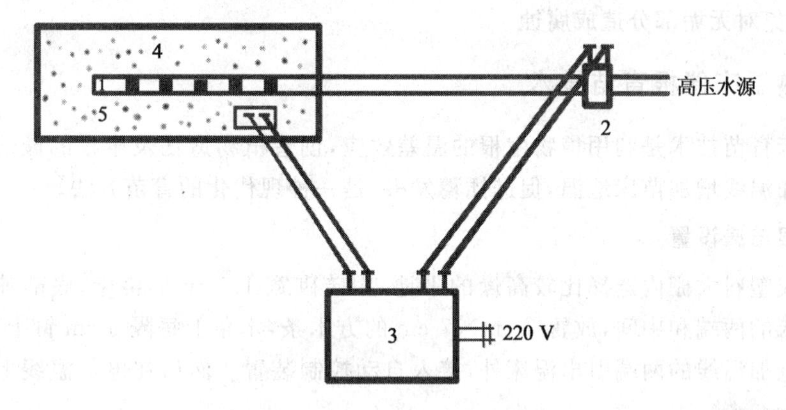

图 2-15 全光自动喷雾装置

1. 电子叶;2. 电磁阀;3. 湿度自控仪;4. 喷头;5. 扦插床

(二)工作原理

全光照喷雾装置能否喷雾取决于电子叶或湿度传感器输入的电信号。电子叶和湿度传感器上有两个电极,当电子叶上有水时,电子叶或湿度传感器闭合电路接通,有感应信号输入,吸下电磁阀开关处于关闭状态。当电子叶上水膜蒸发干了时,感应电路处于关闭状态,没有感应信号输入,不能吸下电磁阀开关,电磁阀开关处于开合状态,电磁阀打开,喷头喷水。水雾达到一定程度时,又使电子叶闭合电路接通,有感应信号输入,吸动电磁阀开关关闭。这样周而复始地进行工作。

(三)全光自动喷雾扦插技术

1. 基质选择

全光自动喷雾扦插的基质必须是疏松通气、排水良好，床内无积水，但又要保持插床湿润。

2. 插穗选择

通常情况下全光自动喷雾扦插的插穗，所带叶片越多，插穗越长，生根率就越高，较大的插穗成活后苗木生长健壮，但插穗太长，造成浪费，因此，生产上插穗一般以 10～15 cm 为宜。相反，插穗叶片少而短小，扦插成活率低，苗木质量差，移栽成活率低。

3. 生长调节剂的使用

自动喷雾扦插经常的淋洗作用，易引起插穗内养分和激素溶脱。采用生根生长调节剂处理，可促进插穗生根，特别是难生根的树种采用生长调节剂处理能提高生根率，可提前生根，增加生根量。因此，采用喷雾扦插应用生长调节剂进行处理。

4. 使用时期

全光喷雾苗床与电热温床结合使用，在温室内建造永久性的水泥扦插苗床。在人工控制温、湿度的条件下，一年四季均可进行扦插繁殖。

露地使用，在不同纬度和地区，存在着时间的差异。以北京地区为例，每年 5～8 月为使用的黄金季节，过早或过晚因气温低而造成生根困难。

另外，水质也影响全光自动喷雾扦插技术的使用效果。如果水质不洁净，矿化度高，喷头堵塞或电子叶上积存水垢，造成喷雾不匀，喷程缩短，电子叶感应不灵。因此，定期将喷头及电子叶卸下，用 15% 的稀盐酸浸泡喷头和电子叶的叶面，可提高扦插效果，电子叶切不可全浸入稀盐酸中，以免对无垢部分造成腐蚀。

二、电热温床催根育苗技术

电热温床育苗技术是利用植物生根的温差效应，创造植物愈伤及生根的最适温度而设计的。利用电加温线增加苗床地温，促进插穗发根，是一种现代化的育苗方法。

(一)催根苗床设置

在温室或塑料大棚内选择比较高燥的平地，用砖砌宽 1.5 m 的苗床，底部铺一层河沙或珍珠岩。在床的两端和中间，放置 7 cm×7 cm 的方木条，木条上每隔 6 cm 钉上小铁钉(回绕电加温线)，电加温线的两端引出温床外，接入自动控制装置。然后在电加温线上铺以湿沙或珍珠岩。

(二)加温催根

扦插前基质进行消毒，用喷壶喷水，使基质充分吸水，扦插后再喷 1 次水，起到压实的作用，使基质与插穗连接，以利生根。

将插穗基部向下排列在苗床中，插穗间填铺湿沙(或珍珠岩)，以覆没插穗顶部为准，苗床中靠近插穗基部插入温度传感探头。通电后，电加温线开始发热，设定温度为 28℃。温床每天开启迷雾系统喷水 2～3 次以增加湿度，使苗床中插穗基部有足够的湿度。苗床过干，插穗基部皮层干萎，就不会发根；水分过多，会引起皮层腐烂。

保持扦插苗床清洁，及时清除枯叶及未生根的插穗，以免在床内高温、高湿下发霉腐烂。

(三)生根移栽

通常插穗在苗床保温催根10～15 d,基部愈伤组织膨大,根原体露白,长出1 mm左右长的幼根突起,此时即可移入田间苗圃栽植。过早或过迟移栽,都会影响插穗的成活率。

高畦移栽,畦面宽1.3 m,长度因地形而定。先挖与畦面垂直的扦插沟,深15 cm,沟内浇足底水,株距10 cm,将插穗竖直在沟的一侧,然后用细土将插穗压实,顶芽露出畦面,栽植后畦面要盖草保温保湿。全部移栽完毕后,畦间浇足一次透根水。

起苗时不要用花铲等铁制工具,避免切断或划破电热线。电热苗床温度高,为了使幼苗适应外界环境,起苗前7～10 d可停电炼苗,提高扦插苗的成活率。

三、雾插技术

(一)雾插特点

雾插又称气插,是在温室或塑料棚内把当年生半木质化枝条用固定架把插穗直立固定在架上,通过喷雾、加温,使插穗保持在高湿适温和一定光照条件下,愈合生根。雾(气)插因为插穗处于比土壤更适合的温度、湿度及光照环境条件下,所以愈合生根快,成苗率高,育苗时间短,如珍珠梅雾插后10 d就能生根,如土插就要1个多月。

雾插技术节省土地,可充分利用地面和空间进行多层扦插;操作简便,管理容易,根系不受损失,移植成活率高。它不受外界环境条件限制,运用植物生长模拟计算机自动调节温度、湿度,更适于苗木工厂化生产。

(二)雾插的设施

1.雾插室

一般为温室或塑料大棚,室内安装喷雾装置和扦插固定架。

2.插床

为了充分利用室内空间,在地面用砖砌床,一般宽为1～1.5 m,深20～25 cm,长度依据温室或塑料大棚长度而定,床底铺3～5 cm厚的碎石或炉渣,以利渗水,上面铺上15～20 cm厚河沙或蛭石作基质,两床之间及四周留出步道,其一侧挖10 cm深的排水沟。

3.插穗固定架

在插床上设立分层扦插固定架。一种是在离床面2～3 m高处,用8号铅丝制成平行排列的支架,行距8～10 cm,每根铅丝上弯成U字形孔口,株距6～8 cm,使插穗垂直卡在孔内。另一种是空中分层固定架,这种架多用三角铁制作,架上放塑料板,板两边刻挖等距的U形孔,插穗垂直固定在孔内,孔旁设活动挡板,防止插穗脱落。

4.喷雾加温设备

为了使雾插室内有插穗生根适宜及稳定的环境,棚架上方要安装人工喷雾管道,根据雾喷距离安装好喷头,最好用迷雾,室内相对湿度控制在90%以上,温度保持25～30℃,光照强度控制在600～800 lx。

(三)雾插管理

1.插前消毒

因雾插室一直处于高湿和适温下,利于病菌的生长繁衍,所以必须随时注意消毒,插前要对雾插室进行全面消毒,通常用0.4%～0.5%的高锰酸钾溶液进行喷洒,插后每隔10 d左右用 1∶100 的波尔多液进行全面喷洒，防止菌类发生，如出现霉菌感染可用 800 倍退菌特等喷洒病株，严重时可以拔掉销毁。

2. 环境控制

要使插穗环境稳定适宜，如突然停电，为防止插穗萎蔫导致回芽和干枯，应及时人工喷水。夏季高温季节，室内温度常超过 30℃，要及时喷水降温，临时打开窗户通风换气，调节温度。冬季，白天利用阳光增温，夜间则用加热线保温，或用火道、热风炉等增温。

3. 检查插穗生根情况

当新根长到 2～3 cm 时就可及时移植或上盆，移植前要经过适当幼苗锻炼，有利于移栽成活。

工作任务三　嫁接繁殖

【学习目标】

1. 能正确理解嫁接繁殖的概念、特点及意义；

2. 能正确理解嫁接繁殖的原理及影响嫁接成活的因素；

3. 能熟练掌握嫁接繁殖的方法和嫁接时期，并能根据设施花卉种类及嫁接时期和应用目的，选择适宜的嫁接方法；

4. 具备正确选择砧木和接穗的能力，能熟练掌握各种嫁接繁殖技术。

【任务分析】

嫁接繁殖通常是两株植物的各部分（砧木或接穗）结合起来成为一个新植株的方法，是花卉生产上的一种传统的繁殖方法，常用于不能结实的花卉种类，以及优良花卉变种的繁殖，还用于种子繁殖生长缓慢或到开花时间太长的花卉种类。

本任务是充分理解嫁接繁殖的原理，明确砧木、接穗二者亲和力、嫁接技术以及嫁接后的管理，是嫁接繁殖成功的重要因素。另外，砧木的选择应注意适应性和抗逆性，同时能起到调节树势的作用。

【基础知识】

一、嫁接繁殖概述

（一）嫁接繁殖的概念

嫁接又称接木，是花卉一种重要的无性繁殖方法，是将一种花卉植物的枝或芽移接到另一种植株根、茎上，使之长成新的植株的繁殖方法。用于嫁接的枝条或芽称接穗，承受接穗的植株称砧木。用嫁接方法培育的苗木称为嫁接苗，如将观赏四季橘的芽嫁接到枳壳（砧木）上，使其长成一株四季橘树。也就是人们常说的“移花接木”中的接木。嫁接成活后的苗称嫁接苗。

（二）嫁接繁殖的意义与应用价值

（1）嫁接能保持接穗品种的优良特性，克服了种子繁殖后代个体之间在形状、生长量、品质等方面存在的差异。

(2)嫁接能促进提早开花结果,如玫瑰等经嫁接的苗木植后第1～3年就可以开花,这是因为嫁接直接从已具有开花能力的成年植株中采集的接穗具备开花的能力。

(3)嫁接可以提高花卉的抗逆性。

(4)嫁接可以调节树势,提高观赏性和经济价值,如垂枝桃、垂枝槐等嫁接在直立生长的砧木上更能体现出下垂枝的优美体态,菊花利用黄蒿作砧木可培育出高达5 m的塔菊。

(5)嫁接可以克服其他方法难以繁殖的困难,一些扦插不易生根或发育不良的,以及不易产生种子的重瓣花卉品种。如云南山茶、白兰、梅花、桃花、樱花等,常用嫁接大量生产。

(6)嫁接可提高特殊品种的成活率,如仙人掌类不含叶绿素的黄、红、粉色品种只有嫁接在绿色砧木上才能生存。

但是嫁接繁殖量少,操作繁琐,技术难度大。

二、嫁接成活原理

花卉嫁接成活的生理基础是植物细胞具有再生能力,主要是依靠砧木和接穗结合部分的形成层具有分裂细胞的再生作用,使二者紧密结合而共同生活的结果。

嫁接成活的技术关键是砧木和接穗的形成层相互密接。嫁接后,接穗和砧木切口上的细胞能形成一种淡褐色的薄膜保护切口,防止内部细胞水分蒸腾,同时在薄膜内切口附近的形成层迅速分裂生长形成愈合组织,愈合组织把嫁接的砧木的原生质相互连通起来。另一方面,形成层不断分生向内分化为新木质部,向外分化为新的韧皮部,把砧木、接穗的导管、筛管等输导组织相连通,接穗的芽和枝得到砧木根系所供给的水分和养分,便开始发芽生长形成一个新的植株。

三、影响嫁接成活的因素

(一)植物内在因子

砧木与接穗间的亲和力以及营养生长状况是影响嫁接成活的主要因子,而影响砧穗亲和力大小的因素又包括砧穗间的亲缘关系、砧穗间细胞组织结构的差异以及生理生化特性的差异等。

1.砧穗间的亲缘关系

一般而言,砧穗亲缘关系越近,亲和力越强,嫁接成活的可能性越大。同品种或同种间的亲和力最强,成活率一般也最高。同属的种间嫁接因属种而异,大多数亲和力好,容易成活,如柑橘属、苹果属、蔷薇属、李属、山茶属、杜鹃花属等。同科异属间亲和力较小,但有时也能成活,如仙人掌科的许多属间,柑橘亚科的各属间,茄科的一些属,桂花与女贞属间,菊花与蒿属间都易嫁接成活。不同科之间尚无真正嫁接成功的例证。

2.砧穗间细胞组织结构的差异

由于愈伤组织是通过砧穗形成层薄壁细胞分裂形成的,因此砧穗间形成层薄壁细胞的大小及结构的相似程度直接影响砧穗的亲和性及亲和力大小。差异大,可能出现完全不亲和;差异小则可能形成生产上所谓的“大脚”(即愈合处砧木端较粗)或“小脚”(即愈合处砧木端较细)现象;差异最小时亲和力最大,嫁接处可自然吻合。但栽培中常见“大、小脚”现象,只要生长表现正常,并不影响生产。砧穗生长速度上的差异也可能造成“大、小脚”现象。

3.砧穗间生理生化特性

砧穗间影响亲和的生理生化因子很多,主要表现在砧木吸收水分和养分量与接穗消耗量间的差异;接穗光合产物量与砧木的需要量间的差异,以及砧穗细胞的渗透压、原生质的酸碱度和蛋白质种类等的差异等。砧穗间在以上各方面的差异越小,亲和力就越高。此外,砧穗在代谢过程中若产生不利愈合的松脂、单宁或其他有害物质,也会影响嫁接的成活。

4.砧木与接穗的生长发育状态

营养良好、生长健壮、无病虫害的砧木与发育充实、富含营养物质和激素的接穗,有助于细胞旺盛分裂,嫁接成活率高。接穗是切离母株的枝或芽,且嫁接前常经过较长时间的运输和贮藏,其生活力的差异很大。因此,在生产中应特别注意接穗的选取和保存,以保证接穗旺盛的生活力,提高嫁接的成活率。

(二)环境因子

环境因子对砧穗愈伤组织的形成影响很大,主要因子有温度、湿度、氧气和光照等。

(1)温度　温度对愈伤组织发育有显著的影响。春季嫁接太晚,会造成温度过高导致失败,温度过低则愈伤组织发生较少。多数花卉生长最适温度为12～32℃,也是嫁接适宜的温度。

(2)湿度　在嫁接愈合全过程中,保持嫁接口的高湿度是非常必要的。因为愈伤组织内的薄壁细胞胞壁薄而柔嫩,不耐干燥。过度干燥将会使接穗失水,切口细胞枯死。空气湿度在饱和的相对湿度以下时,阻碍愈伤组织形成,湿度越高,细胞越不易干燥。嫁接中常用涂蜡、保湿材料如泥炭藓包裹等提高湿度。

(3)氧气　细胞旺盛分裂时呼吸作用加强,故需要有充足的氧气。生产上常用透气保湿聚乙烯膜包裹嫁接口和接穗,是较为方便、合适的材料与方法。

(4)光照　黑暗条件下有利于促进裂伤组织的生长,直射光由于破坏生长素而抑制愈伤组织的形成,并且直射光易造成接穗水分蒸发而失水枯萎,因此,嫁接初期要适当遮阴保湿,有利于嫁接成活。

(三)技术因子

嫁接的操作技术也常是成败的关键。根据前述的嫁接愈合过程及所需条件,为使嫁接快速愈合,技术要点包括:刀刃锋利,操作快速准确,削口平直光滑,砧穗切口的接触面大,形成层要相互吻合,砧穗要紧贴无缝,捆扎要牢、密闭等。

四、嫁接技术

(一)砧木的准备

1.砧木的选择

砧木是接穗的承载体,是嫁接苗的根系部分(部分高接砧木带有枝干),它可以取自整株植物,也可以是根段或枝段(嫁接后再扦插生根成苗或作中间砧等)。

砧木与接穗有良好的亲和力;砧木适应本地区的气候、土壤条件,根系发达,固着力强,生长健壮;对接穗的生长、开花、寿命有良好的基础,比如使接穗生长健壮、花大、花美、品质好、丰产、稳产等;对病虫害、逆境有较强的抗性;能满足生产上特殊栽培目的的要求,如矮化、乔化、无刺等;以一二年实生苗为好。

2. 砧木培育

目前,用作嫁接的砧木主要是用种子繁殖的实生苗。

(二)接穗准备

1. 接穗选择

严格选择接穗是繁殖优质嫁接苗的关键。为了保证苗木品种纯正,必须建立良种母本园。采穗母株应为遗传性状稳定、品种纯正、生长健壮、丰产稳产、优质、无检疫对象的成年植株。

接穗应选取树冠外围中上部生长充实、健壮、芽体饱满、表面光洁、无病虫害的发育枝或结果母枝。具体因树种、嫁接方法与时期不同而异。春季嫁接一般多用一年生的枝条,有些种类如无花果等只要枝条粗度适当,用二年生的枝条嫁接成活率也较好。夏季嫁接可选用当年老熟的新梢,也可用一年生,甚至多年生的枝条。秋季嫁接则多选用当年的春夏梢。嫁接以芽刚萌动或准备萌动的接穗为好。

2. 接穗采集

接穗的新鲜程度是影响嫁接成活率的一个重要因素。接穗最好是随接随采。接穗采后及时剪去叶片,以及顶端太幼嫩的部分,防止叶片及幼嫩组织因蒸腾造成枝条失水。剪叶片时注意留下 0.5 cm 左右叶柄保护芽体。剪好的接穗要注意保湿,标明品种名称备用。

3. 接穗贮藏

接穗在相对湿度为 80%～90%,温度 4～13℃的环境条件下贮藏最为理想,常用的方法有沙藏、窖藏、蜡封贮藏等。

沙藏是在室内或阴凉避风雨的地方将接穗枝条堆放好后用干净的湿河沙覆盖,要求沙的含水量在 5%左右,用手抓时,沙成团,松开手时,沙团出现裂纹为宜。每隔 7～10 d 检查一次,并剔除霉变腐烂枝条,沙太干时要注意喷水。此法可贮藏 2 个月左右。

窖藏是将接穗枝条扎成捆,大小视枝条的粗细而定,每扎 50～100 条不等,标明品种名称后用塑料膜包裹严密,置于地窖中贮藏。

蜡封贮藏是将枝条两端无用部分剪去,只留中间有用的一段,两端迅速蘸上 80～100℃的石蜡液封闭伤口,然后装入塑料袋内,置于低温窖或冰箱内贮藏。蜡封贮藏是名贵花木,或要求保湿条件较高的接穗较理想的贮藏方法。

(三)嫁接方法

嫁接的方法很多,可根据花卉种类、嫁接时期、气候条件等选择不同的嫁接方法。花卉栽培中常用的是枝接、芽接、髓心接和根接等。

1. 枝接

枝接是以枝条为接穗的嫁接方法。

(1)切接　一般在春季 3—4 月进行。选定砧木,离地约 10 cm 处,水平截去上部,在横切面一侧用嫁接刀纵向下切约 2 cm,稍带木质部,露出形成层。将选定的接穗,截取 5～8 cm 的枝段,其上具 2～3 个芽,将枝段下端一侧削成 2 cm 长的面。再在其背侧末端 0.5～1 cm 处斜削一刀,让长削面朝内插入砧木,使它们的形成层相互对齐,用塑料膜带扎紧不能松动(图 2-16)。碧桃、红叶桃等可用此方法嫁接。

(2)劈接　一般在春季 3—4 月进行。砧木离地 10 cm 左右处,截去上部,然后在砧木横切面中央,用嫁接刀垂直下切 3 cm。剪取接穗枝条 5～8 cm,保留 2～3 个芽,接穗下端削成约

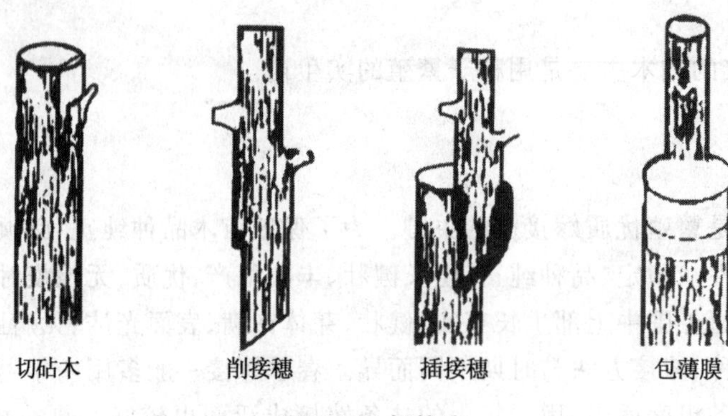

图 2-16 切接法

2 cm 长的楔形，两面削口的长度一致，插入切口，对准形成层，用塑料膜扎紧即可(图 2-17)。菊花中大立菊嫁接，杜鹃花、榕树、金橘的高头换接可用此嫁接方法。

(3)靠接 用于其他嫁接不易成活的花卉。靠接在温度适宜的生长季节进行，在高温期最好。先将靠接的两植株移置一处，各选定一个粗细相当的枝条，在靠近部位相对削去等长的削面。削面要平整，深至近中部，使两枝条的削面形成层紧密结合，至少对准一侧形成层。然后用塑料膜带扎紧，待愈合成活后，将接穗自接口下方剪离母体，并截去砧木接口以下的部分，则成一株新苗(图 2-18)。如用小叶女贞作砧木靠接桂花、大叶榕靠接小叶榕、代代花靠接佛手等。

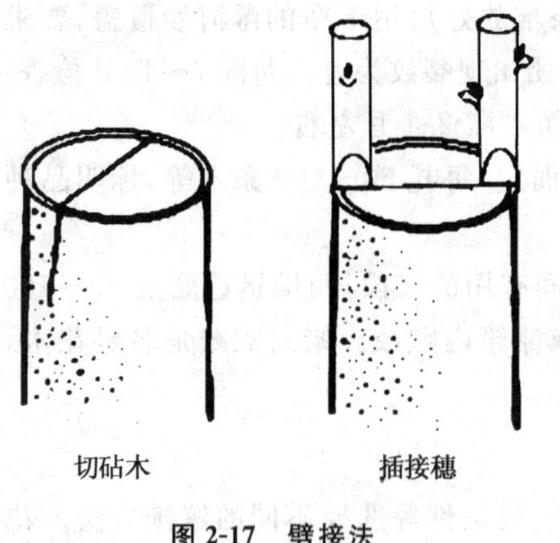

图 2-17 劈接法

图 2-18 靠接法

2. 芽接

芽接是以芽为接穗的嫁接方法。在夏秋季皮层易剥离时进行。

(1)T 字形芽接 选枝条中部饱满的侧芽作接芽，剪去叶片，保留叶柄，在接芽上方 0.5～0.7 cm 处横切一刀深达木质部；再从接芽下方约 1 cm 处向上削去芽片，芽片呈盾形，长 2 cm 左右，连同叶柄一起取下(一般不带木质部)。在砧木嫁接部位光滑处横切一刀，深达木质部；再从切口中间向下纵切一刀长约 3 cm，使其呈 T 字形，用芽接刀轻轻把皮剥开，将盾形芽片插入 T 字口内，紧贴形成层，用剥开的皮层合拢包住芽片，用塑料膜扎紧，露出芽及叶柄(图 2-19)。

(2)嵌芽接 在砧、穗不易离皮时用此方法。先从芽的上方 0.5～0.7 cm 处下刀，斜切入木质部少许，向下切过芽眼至芽下 0.5 cm 处，再在此处(芽下方 0.5～0.7 cm 处) 向内横切一刀取下芽片，接着在砧木嫁接部位切一与芽片大小相应的切口，对齐形成层并使芽片上端露一点砧木皮层，最后用塑料膜带扎紧(图 2-20)。

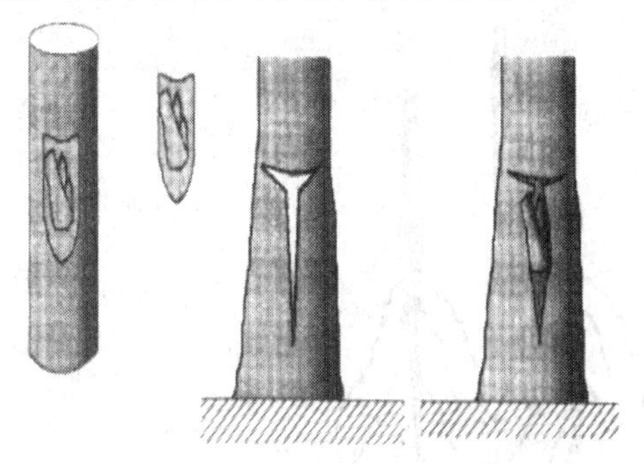

图 2-19　T 字形芽接

图 2-20　嵌芽接

3. 髓心接

髓心接是接穗和砧木切口处的髓心(维管束)相互密接愈合而成的嫁接方法(图 2-21)。这是一种常用于仙人掌类花卉的园艺技术，主要是为了加快一些仙人掌类的生长速度和提高它们的观赏效果。在温室内一年四季均可进行。

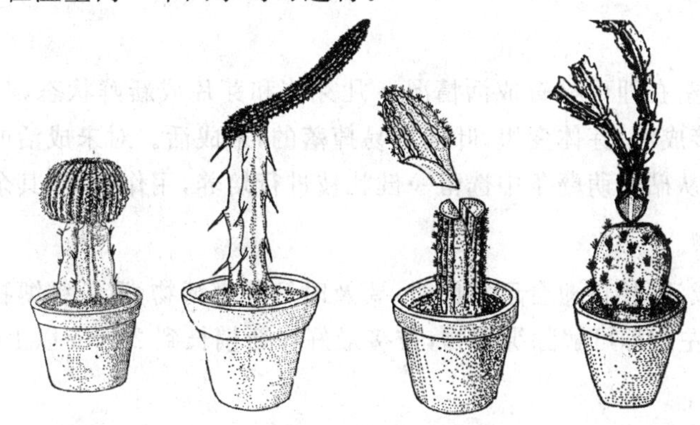

图 2-21　髓心接

(1)仙人球嫁接　以仙人球或三棱箭为砧木，观赏价值高的仙人球为接穗。先用利刀在砧木上端适当高度切平，露出髓心。把仙人球接穗基部用利刀也削成一个平面，露出髓心。然后把接穗和砧木的髓心(维管束)对准后，牢牢按压对接在一起。最后用细绳绑扎固定。放置半阴处 3～4 d 后松绑，植入盆中，保持盆土湿润，1 周内不浇水，半个月后恢复正常管理。

(2)蟹爪莲嫁接　以仙人掌或三棱箭为砧木，蟹爪莲为接穗。将培养好的砧木在其适当高度平削一刀，露出髓心部分。采集生长成熟、色泽鲜绿肥厚的蟹爪莲 2～3 节，在基部 1 cm 处两面都削去外皮，露出髓心。在砧木切面中心的髓心补位切一深度 1.5～2.0 cm 的楔形切口，立即将接穗插入挤紧，用仙人掌针刺将髓心穿透固定。还可根据需要在仙人掌四周或三棱箭的 3 个棱角处刺座上再接上 4 个或 3 个接穗，提高观赏价值。1 周内不浇水，保持一定的空气湿度，当蟹爪莲嫁接成活后移到阳光下进行正常的管理。

4. 根接

根接是以根为砧木的嫁接方法(图 2-22)。如牡丹的根接,用芍药充实的肉质根作砧木,以牡丹枝为接穗,采用劈接法将两者嫁接在一起。一般于秋季在温室内进行。

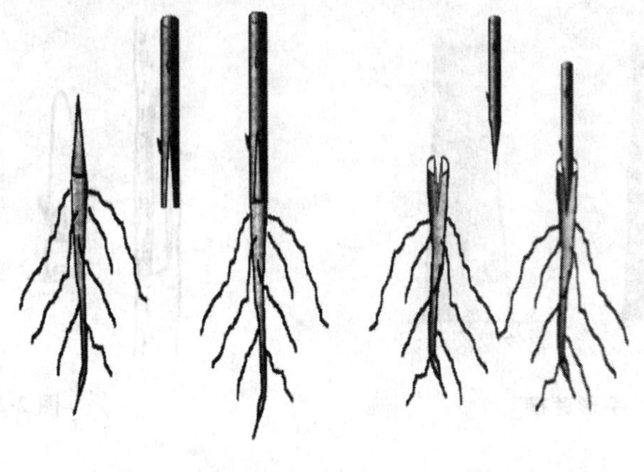

图 2-22 根接

五、嫁接后管理

(一)检查成活

芽接一般 15 d 左右即可检查成活情况。凡芽体和芽片成新鲜状态,叶柄一触即落,表示叶柄产生离层已嫁接成活;芽体变黑,叶柄不易掉落的,未成活。对未成活的应立即补接。

枝接未活的,要从砧木萌蘖条中选留一健壮枝进行培养,用作补接,其余的剪除。

(二)解除绑缚物

当确认嫁接已成活,接口愈合已牢固时,要及时解除绑缚物,避免绑缚物缢入皮层,影响生长。芽接一般 20 d 左右即可解除绑缚物,枝接最好在新梢长到 20 cm 以上时,解除绑缚物。

(三)剪砧

芽接的接芽成活后,将接芽以上的砧木枝干剪掉,叫做剪砧。夏秋季芽接的,为防止接芽当年萌发,难以越冬,应在翌春萌芽前剪砧。

春夏季早期芽接的,可在接芽成活后立即剪砧。剪砧的剪口宜在接芽以上 0.5 cm 处剪断。剪口向接芽背面稍微倾斜,有利于剪口愈合和接芽萌发生长。

(四)除萌蘖

剪砧后,从砧木基部容易发出大量萌蘖,需及时多次剪除,以免和接芽争夺养分、水分。

(五)肥水管理

嫁接苗生长前期要加强肥、水管理,中耕除草,使土壤疏松通气,促进苗木生长。为了使苗木组织充实,后期控制肥水,防止徒长,降低抗寒性。

【工作过程】

以杜鹃花嫁接繁殖为例。

杜鹃花为杜鹃花科杜鹃花属植物。其类型较多，常绿杜鹃目前都采用播种繁殖，落叶杜鹃则可用扦插、嫁接及播种繁殖。在繁殖西鹃时较多采用嫁接繁殖。其优点是接穗只需要一段嫩梢；嫩梢随时可接，不受限制；可将几个品种嫁接在同一株上，比扦插长得快，成活率高。

一、嫁接方法与时期

杜鹃花常采用嫩枝劈接法，嫁接时期最适宜在5—6月进行。

二、砧木选择

选二年生的独干毛鹃，新梢与接穗粗细相仿。

三、接穗的准备

在西鹃母株上，剪取3～14 cm的长嫩梢，去掉下部叶片，留顶端3～4片小叶，将基部削成楔形。

四、嫁接

在毛鹃当年新梢2～3 cm处截断，摘除该段叶片，再用劈接刀从横断面中心垂直下劈切口，长约1 cm，插入接穗，对齐皮层，使接穗的一侧形成层对齐，用塑料带绑缚，接口处连同接穗套入塑料袋中，扎紧袋口。

五、嫁接后管理

嫁接的杜鹃花置于阴棚下，忌阳光直射。注意袋中有无水珠，如果没有可解开喷湿接穗，重新扎紧。接穗7 d不萎蔫即可能成活，2个月后去袋，翌春解开绑扎。

【巩固训练】

嫁接繁殖技术

一、训练目的

使学生掌握花卉嫁接繁殖的基本技术。

二、训练内容

(1)材料　可供嫁接的砧木、接穗；枝剪、芽接刀、切接刀、绑扎材料、塑料袋、湿布等。

(2)场地　校内实训基地。

三、训练方法步骤

(1)选择嫁接季节和嫁接方法　根据当地实际(最好结合生产)选择嫁接季节和嫁接方法。本实训可多次安排，以保证切接、劈接、芽接和靠接这四种主要嫁接方法都得到训练。

(2)砧木、接穗处理　根据嫁接方法选择砧木、接穗及处理方法。切接、劈接时注意砧木和接穗削切面的平整；芽接时注意砧木切口和芽片的齐合。嫁接量大时，要注意接穗保鲜，防止失水。

(3)嫁接　注意砧木与接穗形成层的对接,仔细体验绑扎的松紧度,对嫁接苗及时管理。

四、训练结果

(1)实训报告　记录整理嫁接繁殖技术操作过程。

(2)调查嫁接成活率　分析嫁接成活高低的原因以及操作过程中存在的问题和注意事项。

【知识拓展】

部分可用嫁接繁殖的花卉

一、菊花

菊花是菊科菊属多年生草本宿根花卉,采用蒿作砧木嫁接菊花,培育的菊花既保持了原有品种的特性,又解决了常规扦插成活率低的问题,并且利用嫁接可以做成"什样锦"或大立菊。菊花与黄蒿(*Artemisia annua*)同属菊科,两者亲和能力较强,嫁接成活率高。嫁接时最好选嫩枝,且砧、穗老嫩基本一致,有益于愈伤组织的形成,提高成活率。秋末采蒿种,冬季在温室播种,或 3 月间在温床育苗,4 月下旬苗高 3～4 cm 时移于盆中或田间,5—6 月间在晴天进行嫁接。砧木需选择鲜嫩的植株,若砧木已露白,表示过老,不易成活,即使成活,生长也不理想。嫁接前两三天对砧木和接穗母株浇一次透水,增加接穗和砧木含水量。嫁接前 1～2 h 对砧木、接穗母株进行喷水,使母株不至于在嫁接过程中因太阳暴晒发生生理萎蔫,但应注意叶面上的水分全部蒸发后再开始嫁接。

菊花嫁接采用劈接法,砧木粗度达 3～4 mm 或略大于接穗。接穗随采随接,不要一次采得过多,以免失水影响成活;选无病虫、健壮 5～7 cm 长的菊苗顶梢作为接穗,去掉下部较大叶片,顶端留两三片叶。用双面刀片将接穗削成 1.5 cm 长的楔形,削好后放清水中或含在口中;将砧木茎秆在适当位置剪去顶部,于横切面纵切一刀,深度略长于接穗削面;将削好的接穗迅速插入砧木切口,使砧、穗密接吻合,两者形成层要对齐;接穗嵌好后,用薄膜将嫁接口严密包扎牢固,同时把接穗顶端断口封好,防止水分蒸发;套袋,为减少接穗水分蒸发,嫁接完成后,用塑料袋将嫁接部位套住或将全株罩住,防止风吹凋萎。草本花卉嫁接,技术要熟练,操作要快。

菊花嫁接后管理的关键是遮阳保湿,防止凋萎。搭棚遮光,防止暴晒、风吹,喷水维持空气湿润。接后 7～8 d 无萎蔫现象,说明基本成活,15～20 d 愈合牢固,可解膜和除袋,50 d 左右逐渐拆除阴棚。嫁接成活一段时间后,要及时解除绑缚。

二、月季

月季为蔷薇科蔷薇属常绿或落叶灌木,嫁接繁殖主要用于扦插不易生根的月季种类和品种,如大花月季、杂种茶香月季中的大部分种类。

月季的嫁接首先必须要选择适宜的嫁接砧木。现在通常所用的砧木为蔷薇及其变种,如'粉团'蔷薇、'曼尼蒂'月季、荷兰玫瑰及日本无刺蔷薇等。这些蔷薇种类根系发达、抗寒、抗旱,对于所接品种具有较强的亲和力、遗传性较稳定。选择开花后从顶部向下数第一或第二枚具有 5 小叶的腋芽作接穗,腋芽一定要饱满充实。剪掉叶片及梢端发育不充实的腋芽后,置于荫凉处备用,随采随接。

按照月季的生长习性及生长规律,在一年中任何时期均可进行嫁接,但在温度较高时会影响成活率,当气温达到33℃以上时嫁接的成活率相对降低;也可利用冬季休眠期进行嫁接,冬季低于5℃、砧木处于休眠状态时也适宜嫁接。目前生产实际采用的嫁接方法有嵌芽接、"T"字形芽接和方块形芽接。

三、蜡梅

蜡梅为蜡梅科蜡梅属落叶灌木,常用播种、分株、压条、嫁接等方法进行繁殖。嫁接是蜡梅主要的繁殖方法,一般用于繁殖优良品种。砧木用狗蝇蜡梅的分株苗或品种较差的实生苗。常用方法有切接、靠接和腹接。

蜡梅切接所用砧木为2~4年生的蜡梅实生苗或狗牙蜡梅,接穗为优良品种的1~2年生枝条。在接前1个月要在母树上选好粗壮且较长的接穗枝,并截去顶梢,使养分集中,有利于嫁接成活。蜡梅切接的最适时间为春季芽萌动有麦粒大小时,这个时间很短,只有1周左右,错过这个时间就很难嫁接成活。如果来不及切接,可将选好的接穗枝上的芽摘去使其另发新芽,或将接穗提前采下用湿沙贮藏,这样既可延长嫁接时间,又不影响嫁接成活率。

靠接在春、夏、秋三季均可,以5—6月效果最好。腹接时间宜在6—9月,6—7月嫁接最为适宜。

四、山茶

山茶为山茶科山茶属灌木或小乔木。大多采用嫁接法和扦插法。嫁接繁殖又有两种方法:一种是嫩枝劈接;一种是靠接。

嫩枝劈接:此法可充分利用繁殖材料,且生长较迅速。常选用单瓣山茶花和油茶(*Camellia oleifera*)作砧木,前者亲和力强,后者则存在后期不亲和现象。种子播于沙床后约经2个月生长,幼苗高达4~6 cm,即可挖取用劈接法进行嫁接。选择生长良好的半木质化枝条,从下至上1芽1叶,一个一个地削取。充分利用节间的长度,将接穗削成正楔形,放入湿毛巾中。挖取砧木芽苗时,在芽苗子叶上方1~1.5 cm处剪断,使其总长为6~7 cm,再顺子叶合缝线将茎纵劈一刀,深度与接穗所削的斜面一致,将楔形接穗插入砧木裂口,使两者形成层对准,再用塑料布长条自下而上缠紧,用绳扎牢。然后将接好的苗种植于苗床中。种植后的苗床要搭塑料棚保温,上盖双层帘子。一般10~15 d开始愈合,20~25 d可在夜间揭开薄膜,使其通气。其后逐步加强通风,适当增加光照,至新芽萌动以后,全部揭去薄膜。只要管理精细,当年就可长出3~4片新叶。

五、桂花

桂花为木犀科木犀属常绿阔叶乔木。嫁接是繁殖桂花苗木最常用的方法,主要用靠接和切接。嫁接砧木多用女贞、小叶女贞、水蜡、流苏和白蜡等。实践表明,女贞砧木嫁接成活率高,初期生长也快,但亲和力差,接口愈合不好,风吹容易断离;小叶女贞、水蜡等砧木,嫁接成活率高,亲和力初期表现良好,但后期却不够协调,会形成上粗下细的"小脚"现象;流苏和白蜡等砧木,亲和力初期也表现良好,但后期仍不够协调,常形成上细下粗的"大脚"现象。今后应注意培养桂花的实生苗,进行本砧嫁接,以解决亲和力差的问题。当前,桂花砧木仍以女贞和小叶女贞等应用较为广泛。如能适当深栽砧木,促使埋入地下的接穗部分本身长出根系,那么,砧木与接穗之间的不亲和问题也可以得到某种程度的缓解。

六、蟹爪兰

又称“蟹爪莲”,是仙人掌科多年生肉质植物。形态美,花色鲜艳,具有较高的观赏价值,花期从12月至翌年3月。蟹爪兰用嫁接繁殖,成型快,开花早,砧木可用三角柱或仙人掌。用三角柱作砧木成活率高,但不耐低温。用仙人掌作砧木,蟹爪兰生长迅速,开花早,抗病、抗旱、抗倒伏性能强,并能耐较低的温度。由于蟹爪兰茎节扁平,一般采用劈接法嫁接。在培育好的仙人掌上端平削一刀,然后在平面上顺维管束位置向下切一插口。选择3~6节长势旺盛的蟹爪兰,把接穗削成鸭嘴形。将削好的接穗插入砧木中,要插到切口的底部。用仙人掌刺或针将接穗固定在仙人掌上,不让其滑出。嫁接后要把嫁接苗放在有散射光的阴凉处,接后1周内不要浇水,过10 d左右,接穗鲜亮,可视为成活。此时可适当浇点水,并逐渐增加光照。砧木上长出的蘖芽应及时去掉,否则接穗不易成活。

蟹爪兰嫁接一般在春、秋两季进行。由于仙人掌、蟹爪兰都是肉质茎,因此切削刀一定要锋利。一般用手术刀、单面刀片或剃须刀,刀具事先要消毒。蟹爪兰的维管束和砧木的维管束要对准。仙人掌的维管束一般不在中间,因此在向下切仙人掌时应稍偏离中心,以保证切在维管束的位置上。蟹爪兰的维管束在中间,削时一定要对准,使得维管束露出。

七、令箭荷花

别名荷令箭、红孔雀、荷花令箭,仙人掌科令箭荷花属多年生肉质草本植物,一般采用扦插繁殖或嫁接繁殖。嫁接时间最好在5—8月。采用令箭荷花当年的嫩茎6~8 cm作接穗,以仙人掌作砧木,晴天时进行。在仙人掌的顶部深切一个1 cm的口,用刀将接穗削成楔形,顶部的楔形裂口不能开在正中,应靠在一边,这样才能使接穗和砧木的维管束接触,在两者切口均未干时,将接穗接在砧木上,并用竹针将两者固定。接后放置阴处,接活后方能见光。1周后嫁接处组织愈合,愈合后抽出竹针。在嫁接中,砧木和接穗都要用利刀切削,使接触面平滑干净。在梅雨季节或切削腐烂病株的接穗,每次切削前嫁接刀要用酒精消毒,以免感染。接好的令箭荷花每生长一个茎节,就剪去上半部,留下7~10 cm的茎节,这样会促其经常孕蕾开花。

八、绯牡丹

别名红牡丹、红球,仙人掌科多年生肉质草本,植株呈扁球形,主要用嫁接繁殖。由于球体没有叶绿素,须用绿色的量天尺、仙人球、叶仙人掌等作砧木,以用量天尺效果最佳。用量天尺作嫁接的砧木,具有操作简便、愈合率高的优点,但不耐寒,在北方地区,没有温室越冬,易冻死。嫁接时间以春季或初夏为好,愈合快、成活率高。选择晴天,从绯牡丹母球上选健壮、无病虫害、直径为1 cm左右的子球剥下作切穗。用消毒刀片,先将砧木顶部一刀削平,然后把子球球心,对准砧木中心柱,使其紧紧密接,再用细线从接穗顶心至盆底按不同角度绕3~4圈扎牢,松紧要适度,过松过紧都不易成活。因绕线时,子球易滑动,可用仙人掌的刺扎入子球内,将子球固定在砧木上,再绕线扎牢。约经半个月,如接口正常,即已成活。如接口发黑或出现裂缝,应将子球取下,再重行嫁接,一般接后2个月左右便可成活供观赏。

工作任务四 分生繁殖

【学习目标】

1. 能正确理解分生繁殖的概念、特点及意义；

2. 能熟练掌握分生繁殖的方法和时期，并能根据设施花卉种类及分生时期和应用目的，选择适宜的分生方法；

3. 具备熟练掌握各种分生繁殖技术的能力。

【任务分析】

本任务是要明确分生繁殖是借助一些花卉植物具有自然分生能力以繁殖后代的一种繁殖方法，生产上多利用这种自然现象或加以人工处理以加速其繁殖；掌握花卉的分生特性，采用适宜的方法，提高分生成活率，增加繁殖系数。

【基础知识】

一、分生繁殖概述

(一)分生繁殖的概念

分生繁殖是将植物分生出的幼小植物体(如萌蘖、珠芽、吸芽等)或变态根茎上产生的仔球与母体分割或分离，另行栽植成一个独立的植株的繁殖方法。

(二)分生繁殖的特点

(1)新植株能保持母体的遗传性；

(2)方法简单，易于成活，成苗较快；

(3)繁殖系数较低，切面较大，易感染病毒病等病害。

二、分生繁殖方法

根据分生部位不同可归纳为以下几种繁殖形式。

(一)根蘖

许多花卉，尤其是宿根花卉的根系或地下茎生长到一定阶段，可以产生大量的不定芽，当这些不定芽发出新的枝芽后，连同部分根系一起被剪离母体，成为一个独立植株，这类繁殖方式统称为根蘖繁殖，所产生的幼苗称为根蘖苗。在生产上为了提高根蘖苗的繁殖率，通常采用行间挖沟的方法，因为母株根系在受伤后更易发生根蘖。

根蘖繁殖有全分法和半分法 2 种。

全分法是在分株时先将母株挖起，抖掉泥土，在易于分开处用刀分割，将母株分割成数丛，使每一丛上有 2～3 个枝干，下面带有一部分根系，适当修剪枝、根。然后分别栽植，经 2～3 年又可重新分株(图 2-23)。

半分法是在母株一侧挖出一部分株丛，分离栽植，如果要求繁殖量不多，也可不将母本挖起，而直接分离部分株丛。

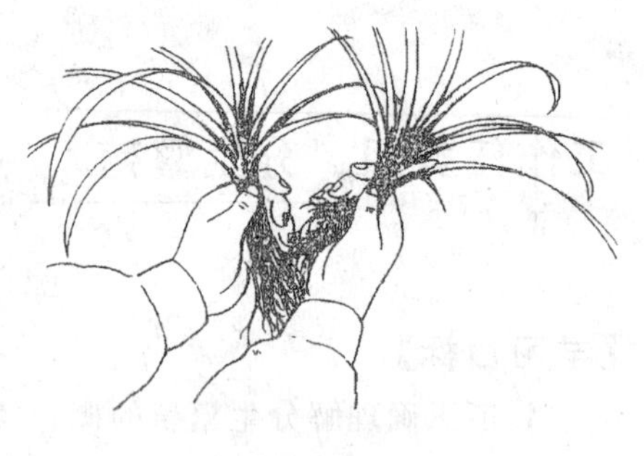

图 2-23　全分法

根蘖繁殖时间在春、秋两季。秋季开花者宜于春季萌发前进行，春季开花者宜在秋季落叶后进行，大多数树种宜在春季进行，而竹类则宜在出笋前 1 个月进行。

适用于根蘖分株繁殖的花卉如萱草、兰花、一枝黄花、南天竹、蜡梅、茉莉、短穗鱼尾葵、棕竹、天门冬、玫瑰、石榴等，也适用于丛生型竹类繁殖如佛肚竹、观音竹等，以及禾本科中一些草坪地被植物。

(二)根茎

根茎是地下茎增粗，在地表下呈水平状生长，外形似根，同时形成分支四处伸展，先端有芽，节上常形成不定根，并侧芽萌发而分枝，继而形成的株丛，株丛可分割成若干新株。一些多年生花卉的地下茎肥大呈粗而长的根状，并贮藏营养物质。将肥大根茎进行分割，每段茎上留 2～3 个芽，然后育苗或直接定植，如美人蕉类、鸢尾、紫菀、荷花、睡莲等。

美人蕉类通常采用分根茎法，通常在 3 月进行。将老根茎挖出，分割成块状，每块根茎上保留 2～3 个芽，带有根须，然后埋于室内的沙床或直接栽于花盆中，在 10～15℃的条件下催芽，并注意保持土壤湿润。20 d 左右，当芽长至 4～5 m 时，即可定植。

(三)块茎

块茎是地下变态茎的一种，在地下茎末端常膨大形成不规则的块状。块茎肥大，顶部有几个发芽点，能长出新枝，故块茎可供繁殖之用。块茎繁殖方法一般在块茎即将萌动时，将块茎自顶部纵切分成几块，每块都应带有芽眼，将切口涂以草木灰，稍微晾干后，即可分植于花盆内或苗地。

有些块茎可自然分球，如花叶芋、银莲花类等。在块茎萌芽前，将块茎周围的小块茎剥下，若块茎有伤口，则用草木灰或硫磺粉涂抹，晾干数日待伤口干燥后盆栽。为了发芽整齐，可先行催芽，将块茎排列在沙床上，覆盖 1 cm 细沙，保持沙床湿润，待发芽生根后盆栽。

(四)球茎和鳞茎

球茎常肉质膨大呈球状或扁球状，节明显，其上生有薄纸质的鳞叶，顶芽及附近的腋芽较为明显，球茎基部常生有不定根，如唐菖蒲、小苍兰等。球茎花卉开花后在老球的茎能分生出几个大小不等的球茎，小球茎则需培养 2～3 年后能开花，也可将球茎进行切球法繁殖(图 2-24)。

鳞茎有短缩而扁盘状的鳞茎盘，鳞茎中贮藏丰富的有机质和水分，以度过不利的气候条件。每年从老球的基部的茎盘部分分生出几个仔球，抱合在母球上，把这些仔球分开另栽来培养大球，有些鳞茎分化较慢、仅能分出数个新球，所以大量繁殖时对这些种类需进行人工处理，促使长出子球，如百合类可用鳞片扦插，风信子可用对鳞茎刻伤促使子球发育。

(五)块根

块根是大丽花、花毛茛等花卉植物由侧根或不定根的局部膨大而形成。它与肉质直根的来源不同，因而在一棵植株上，可以在多条侧根中或多条不定根上形成多个块根。块根繁殖是利用植物的根肥大变态成块状体进行繁殖的方法。块根上没有芽，它们的芽都着生在接近地表的根茎上，单纯栽一个块根不能萌发新株，因此分割时每一部分都必须带有根颈部分才能形成新的植株；也可将整个块根挖回贮藏，翌春催芽再分块根，另外可以采芽进行繁殖。

（六）走茎和匍匐茎

走茎是某些植物自叶丛抽生出来的节间较长的茎，茎上的节具有生叶、花和不定根的能力，可产生幼小植株（图 2-25），如虎耳草、吊兰、吉祥草等。将这类小植株剪割下来即能繁殖出很多植株。通常在植物生长季节内均能繁殖，但不同花卉利用走茎和匍匐茎繁殖的适宜时期、方法也有所不同。

匍匐茎与走茎相似，但节间稍短，横走地面并在节处着生不定根和芽，如禾本科的草坪植物狗牙根、野牛草等。

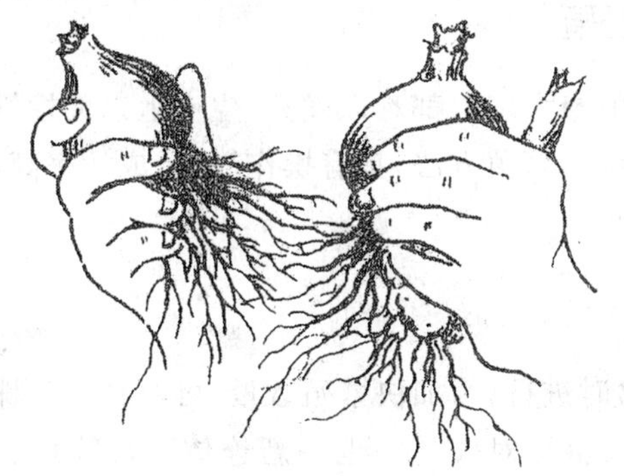

图 2-24 分球繁殖

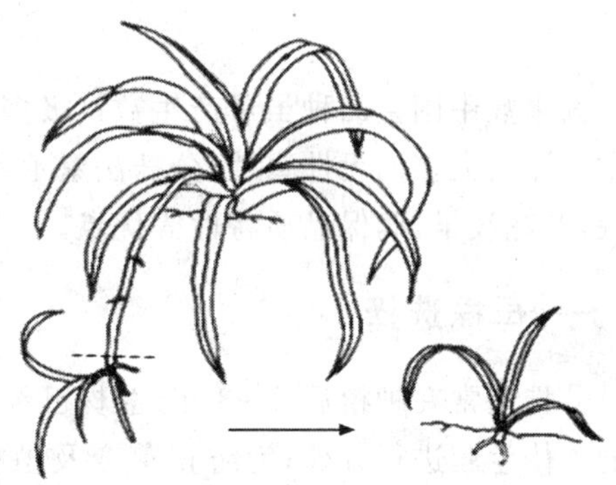

图 2-25 吊兰的走茎

（七）吸芽

吸芽是指某些花卉植物能自根际或地上茎叶腋间自然发生的短缩、肥厚呈莲座状的短枝。吸芽的下部可自然生根，因此可利用吸芽进行繁殖，如芦荟、石莲花、美人蕉等，在根际处常着生吸芽；观赏凤梨等花卉的地上茎叶腋间也易萌生吸芽。促进吸芽发生，可人为地刺激根茎，如芦荟，有时为诱发产生吸芽，可把母株的主茎切割下来重新扦插，而受伤的老根周围能萌发出很多吸芽。

常由吸芽繁殖的乔、灌木花卉种类包括苏铁、火炬树等植物；由这种方式繁殖的多浆类观赏植物有芦荟、石莲花等。

（八）珠芽及零余子

珠芽及零余子是某些植物所具有的特殊形式的芽。有的生于叶腋间，如卷丹腋间有黑色珠芽（图 2-26）；有的生于花序中，如观赏葱类花常可长成小珠芽；有的生在腋间呈块茎状，如秋海棠地上茎叶腋处能产生小块茎。这些珠芽及零余子脱离母体后，自然落地即可生根，可用做繁殖，经栽植可培育成新的植株。

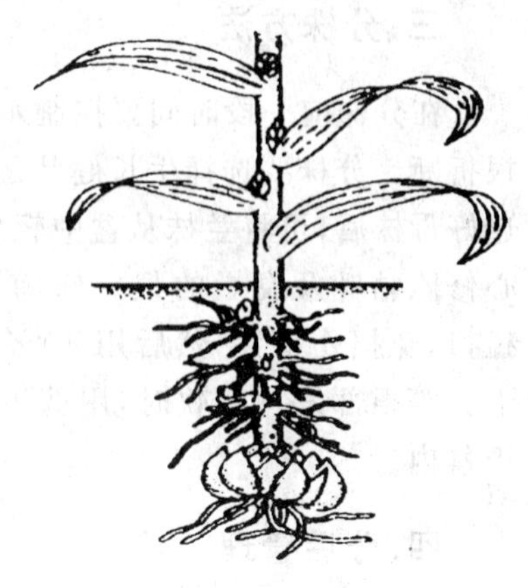

图 2-26 卷丹腋间的珠芽

三、分生后管理

从生型及根蘖类的木本花卉，分生时穴内可施用腐熟的肥料。通常分生繁殖上盆浇水后，先放在荫棚或温室蔽光处养护一段时间，如出现有凋萎现象，应向叶面和周围喷水来增加湿度。北方地区在秋季分栽，入冬前宜短截修剪后埋土防寒越冬。如春季萌动前分栽，则仅适当修剪，使其正常萌发、抽枝，但花蕾最好全部剪掉以利植株尽快恢复长势。

对一些宿根性草本花卉以及球茎、块茎、根茎类花卉，在分栽时穴底可施用适量基肥，基肥种类以含较多磷、钾肥为宜。栽后及时浇透水、松土，保持土壤适当湿润。对秋季移栽种植的种类浇水不要过多，翌年春季增加浇水次数，并追施稀薄液肥。

【工作过程】

兰花分株繁殖

大多数中国兰品种虽可产生数量极多的种子，但绝大多数都难以发芽，生产上以无性繁殖为主。洋兰大多用无性繁殖；分株法繁殖是最为传统的繁殖方法，具有操作简单，成活率高，增株快，开花较早，确保品质特性等优点。

一、母株选择

分株通常在种植后 2～3 年，兰株已经长满全盆时进行；为加快繁殖数量，可对具有 4 株以上的连体兰簇进行分株；为防止芽变及植株的退化，也可对仅是一老一新连体子母簇株进行分株。

二、分株时期

兰花分株繁殖，一般一年四季均可进行。按其生理特性，最佳时机是在花期结束时，因为此时兰株的营养生长较弱，不仅新芽尚未形成，而且连芽的生长点也尚未膨大，分株不易造成伤害。同时，花期结束，一般不会再有花芽长出，也就不存在因分株而损害花芽的问题。另外，通过分株的刺激，还可以促其营养生长的活跃，提高兰株的复壮力和萌芽率。

三、分株方法

在分株前一段时间要控制水分，分株时要保持盆土湿润，此时兰根较软，可避免出盆兰根折断。分株要选择生长健壮的母株，一般春兰每丛 7～10 筒，蕙兰每丛 10 筒以上为宜。选好母株后，可将兰株从盆中轻轻脱出，将泥坨侧放或平坐在地，除去根部泥土，用剪刀小心修除枯叶及腐烂的根。修剪好后，再以清水洗刷假鳞茎和根部的土。刷时勿用力过猛，以免损伤根芽，然后用 40% 甲基托布津或百菌清 800 倍液消毒后，放置在荫凉处晾干。等根部发白变软时，用剪刀在假鳞基间处剪开，切口处涂上木炭，以利防腐，再种植于盆内。

四、分后管理

分离后的兰株，在上盆栽植时应：避免兰花新株的创口接触到基肥，以防溃烂。在基质未变干时，不能浇水；在新根未长出时，尽量不施肥，以防发生烂根，但可每周喷施叶面肥或促根剂一次。也可将叶面肥和促根剂稀释数倍后隔天喷施。

【巩固训练】

分球繁殖技术

一、训练目的

使学生掌握分球繁殖技术的基本操作。

二、训练内容

(1)材料　晚香玉、郁金香等种球。
(2)场地　校内实训基地。

三、训练方法

(1)挖出母球　将母本株从种植地或花盆内挖掘出来，并尽可能保护其球根。
(2)分球　将母球上的仔球分离开，或用刀分割下一部分块茎，但必须带有芽和根。
(3)移栽　分球后要及时地假植或移栽。

四、训练结果

(1)实训报告　记录分球繁殖技及操作过程。
(2)分析　分析操作过程中存在的问题及注意事项。

【知识拓展】

压条繁殖

一、压条繁殖概念

压条繁殖是指枝条在母体上生根后，再从母体分离成为独立、完整的新植株的繁殖方法。自然界中也存在着压条繁殖方式，如令箭荷花属、悬钩子属的一些植物，枝条弯垂，先端与土壤接触后可生根并长出小植株。压条繁殖多用于一些茎节和节间容易生根或扦插不易生根的花卉植物。

二、压条繁殖原理

压条繁殖的原理和枝插相似，只需在茎上产生不定根即可成苗。不定根的产生原理、部位、难易等均与扦插相同，和花卉种类有密切关系。

三、压条繁殖技术

压条繁殖通常在早春发芽前进行，经过一个旺盛生长季节即可生根，但也可在生长期进行。方法较简单，只需将枝条埋入土中部分环割 1～3 cm 宽，在伤口涂上生根粉后再埋入基质中使其生根。

(一)普通压条

选用靠近地面而向外伸展的枝条，先进行扭伤或刻伤或环剥处理后，弯入土中，使枝条端部露出地面。为防止枝条弹出，可在枝条下弯部分插入小木叉等固定，再盖土压实，生根后切割分离(图 2-27 上)。如石榴、玫瑰等可用此法。

(二)波状压条

波状压条也叫多段压条(图 2-27 下)，适用于枝梢细长柔软的灌木或藤本。将藤蔓做蛇曲状，一段埋入土中，另一段露出土面，如此反复多次，一根枝梢一次可取得几株压条苗，如紫藤、铁线莲属可用。

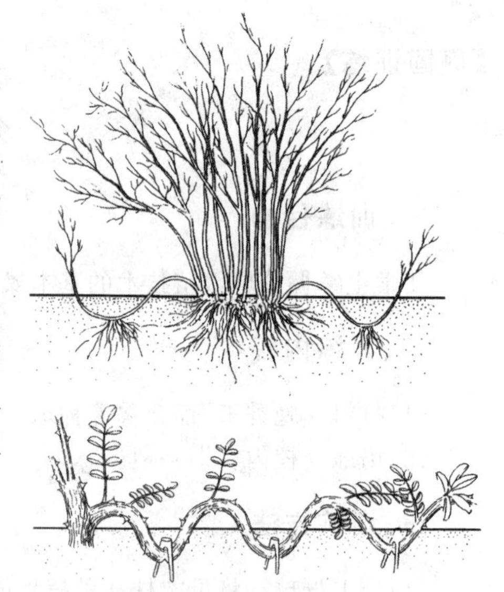

图 2-27　普通压条(上)、波状压条(下)

(三)壅土压条

壅土压条是将较幼龄母株在春季发芽前近地表处截头，促生多数萌枝。当萌枝高 10 cm 左右时将基部刻伤，并培土将基部 1/2 埋入土中，生长期中可再培土 1～2 次，培土共深 15～20 cm，以免基部露出。至休眠分出后，母株在翌年春季又可再生多数萌枝供继续压条繁殖，如贴梗海棠、日本木瓜等常用此法繁殖(图 2-28)。

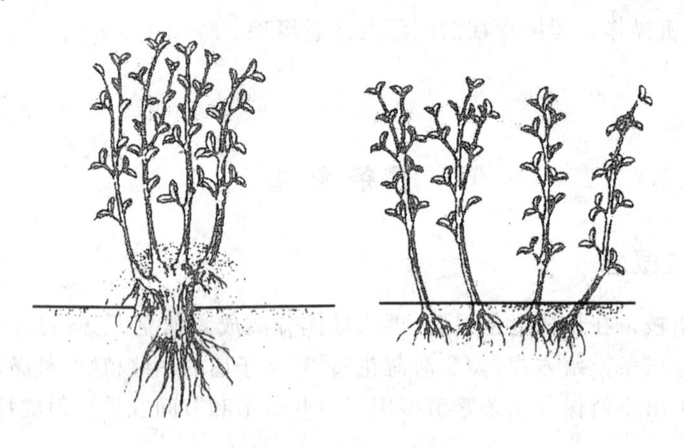

图 2-28　壅土压条

(四)高枝压条

高枝压条始于我国，故又称中国压条，适用于大树及不易弯曲埋土的情况。先在母株上选好枝梢，将基部环割并用生根粉处理，用水苔或其他保湿基质包裹，外用聚乙烯膜包密，两端扎紧即可。一般植物 2～3 个月后生根，最好在进入休眠后剪下。杜鹃花、山茶、桂花、米兰、蜡梅等均常用。

四、压条繁殖后管理

压条生根后切离母体的时间，依其生根快慢而定。有些种类生长较慢，需翌年切离，如牡丹、蜡梅、桂花等；有些种类生长较快，当年即可切离，如月季、忍冬等。切离之后即可分株栽植，移栽时尽量带土栽植，并注意保护新根。

压条时由于枝条不脱离母体，因而管理比较容易，只需检查压紧与否。而分离后必然会有一个转变、适应、独立的过程。所以开始分离后要先放在庇荫的环境，切忌烈日暴晒，以后逐步增加光照。刚分离的植株，也要剪去一部分枝叶，以减少蒸腾，保持水分平衡，有利其成活。移栽后注意水分供应，空气干燥时注意叶面喷水及室内洒水，并注意保持土壤湿润。适当施肥，保证生长需要。

工作任务五　组培快繁

【学习目标】

1. 能正确理解组培快繁的概念、特点及意义；
2. 掌握组培快繁技术的应用；
3. 明确组培快繁的程序，能利用组培快繁技术繁殖花卉种苗；
4. 能熟练进行培养基的制作；
5. 会根据花卉种类进行外植体的选择、表面灭菌与接种；
6. 会进行组培苗的驯化与移栽。

【任务分析】

组培快繁是将植物组织培养技术应用于繁殖上，种子、营养器官等均可用组织培养培育成苗，许多花卉的组培快繁已成为商品生产的主要育苗方法。近代的组织培养在花卉生产上应用最广泛，除具有快速、大量的优点外，还通过组织培养获得无病毒苗。本任务就是让学生在了解组培快繁基本原理的基础上，理解组培快繁各技术环节的实践技能的技术要求，熟练掌握花卉组培快繁技术。

【基础知识】

一、组培快繁概述

(一)组培快繁的概念

组织快繁是指在无菌条件下，采用人工培养基及人工培养条件，对植物体离体器官、组织或细胞诱导分化，使其增殖、生长、发育而形成完整植株的繁殖方法。所获得的幼苗叫试管苗。

(二)组培快繁的原理与意义

组培快繁是根据植物细胞具有全能性的理论基础发展起来的一项新技术。植物体上每个具有细胞核的细胞，都具有该植物的全部遗传信息和产生完整植株的能力。组培快繁具有以下几方面的意义。

(1)快速、大量繁殖优良植株　组织培养与传统的无性繁殖相比，工作不受季节限制，而且经过组织培养进行无性繁殖，具有用材少、繁殖系数大等特点。

(2)花卉植物的提纯复壮　运用组织培养，苗木的复壮过程很明显，对于长期运用无性方法繁殖并开始退化的花卉种类，如康乃馨采用组培方法繁殖，可使个体发育向年轻阶段转化。

(3)获得脱病毒植株　一些用无性繁殖方法来繁衍的花卉种类，如康乃馨、菊花、郁金香、水仙、百合、鸢尾等，易导致病毒积累，影响花卉的观赏效果。而植物在茎尖生长点区几乎不含病毒，可用茎尖培养来获得无病毒植株。

另外，很多无性繁殖的植物因没有种子供长期保存，其种质资源传统上只能在田间种植保存，耗费人力物力，且资源易受人为因素和环境因素而丢失。而用组培方法，可节省人力、物力，延长保存期。在花卉育种上，主要在胚胎培养、单倍体育种、体细胞杂交和植物基因工程等方面应用较多。通过组织培养，可缩短育种年限和世代，也有利于基因突变中隐性突变的分离。

二、组培快繁生产设施

组培快繁须在无菌环境下进行，应独立或与其他设施隔离，才能达到无菌环境。在独立的操作间有利于环境无菌隔离保护，生产条件包括药品贮藏间、营养液配制间、培养器皿洗涤间、培养基制作间、消毒灭菌操作间、试管苗无菌操作间；试管苗无菌培养间等。

(一)药品贮藏间

主要用于生产药品的贮存。组培快繁技术需要许多化学药品，这些药品的质量和保存直接影响到培养效果。环境温度过高、湿度过大和光照过强等不良环境条件，严重影响到药品的质量和使用期限。储藏间内还应放一台大容量的电冰箱，其冷藏室要大些，最好是分层抽屉式的，以便于用来分门别类地保存激素、抗生素和各种需低温保存的药品。

(二)药品配制间

主要用于配制各种母液，配制大量元素、微量元素、有机溶液、铁盐和各种激素、植物提取物等。配备 1/100 天平、1/1 000 电子天平，主要用于试剂的称量。配备各种玻璃器皿如容量瓶，各种型号烧杯，微量可调移液器等。

(三)培养器皿洗涤间

主要用于完成培养器皿的清洗、干燥和贮存。房间内应配备大型水槽，为防止碰坏玻璃器皿，可铺垫橡胶。备有干燥架，用于放置干燥刷净的培养器皿。

(四)培养基制作间

主要应用于培养基的制作。房间内应有大型实验台，用于培养基制备、分装、绑扎等工作。配备微波炉或光波炉，耐高温容器(搪瓷锅或不锈钢锅)，微量可调移液器，酸度计等，用于琼脂溶解、培养基酸碱度调节等。

(五)消毒灭菌操作间

主要用于培养基消毒灭菌，也用于污染瓶苗的消毒灭菌。配置高压消毒灭菌锅，生产量大可配置卧式大容量消毒锅，一次容纳 10 000 mL 培养基消毒灭菌。生产量小可配置 1 000～8 000 mL 培养基消毒灭菌锅。最好在配置一个手提式小容量消毒锅，一是及时消毒接种工具，二是拟定配方筛选少量培养基消毒使用。

（六）试管苗无菌操作间

主要用于试管苗的继代培养转接无菌操作。试管苗无菌转接操作间整个环境是无菌操作的环境，所以，在无菌操作间与外界或其他房间衔接处，用墙间隔成一个小缓冲室，工作人员进入无菌操作车间前需在缓冲室里换上无菌工作服、拖鞋、口罩、防尘帽等，也作为更衣室，房间内安装 1 盏紫外灯，用以衣服、拖鞋、工作帽等物品的消毒灭菌。

无菌操作间内配置超净工作台，主要用于试管苗继代转接无菌操作使用。超净工作台有单人操作、双人操作、水平风、垂直风等多种规格，操作无菌效果好、操作方便。无菌培养室内配置消毒紫外灯，配置数量均可达到整个房间消毒目的。无菌操作间内配置空气调节机（空调），使室内温度保持在 25℃左右，温度过高，在试管苗切割转接中，试管苗容易萎蔫，温度过低，试管苗容易受伤。

（七）试管苗无菌培养间

主要用于试管苗进行培养的场所。试管苗无菌培养间要求房间内恒温、恒湿、无尘。温度常年维持 25℃左右，相对湿度应在 65%～75%。培养室内合理设计配置培养架，架与架瓶与瓶相互不能遮光、不能影响空气流通。无菌培养室内配置消毒紫外灯，配置数量均可达到整个房间消毒目的。进入无菌培养间要穿消毒拖鞋或一次性消毒鞋套，避免带入杂菌。非工作人员不能进入无菌培养间。

（八）试管苗驯化炼苗温室

主要用于试管苗的驯化移植。试管苗在进入大田栽培之前，必须在近似自然条件的环境中经一定时间驯化锻炼，这种锻炼称驯化移植，也称炼苗。试管苗经驯化移植后，大田栽培种植成活率高。

【工作过程】

一、培养基的制备

（一）母液的配制与保存

由于组培快繁的花卉种类不同，需要配制不同的培养基，为减少工作量，可把药品配成浓缩液，一般为 10～100 倍，其中大量元素倍数略低，一般为 10～20 倍，微量元素和有机成分等一般为 50～100 倍。

以 MS 培养基为例，配制各种母液和 1 L 培养基所需各种母液的吸取量（表 2-2）。

母液的配制及保存应注意，一是药品称量应准确，尤其微量元素化合物应精确到 0.000 1 g，大量元素可精确到 0.01 g；二是配制母液的浓度应适当，倍数不宜过大，防止长时间保存产生沉淀，影响培养基精确度；三是在配好的母液容器上分别贴上标签，注明配制时间和浓度，以便定期检查。母液应保存在 2～4℃的冰箱中，如出现浑浊、沉淀及霉菌等现象，应重新配制。

表 2-2 MS 培养基母液配制与培养基合成量 mg/L

母液		成分	扩大倍数	称取量	母液量/mL	培养基吸取量/mL
序号	种类					
1	大量元素	KNO_3	10	19 000	1 000	100
		NH_4NO_3	10	16 500		
		$MgSO_4 \cdot 7H_2O$	10	3 700		
		KH_2PO_4	10	1 700		
		$CaCl_2 \cdot 2H_2O$	10	4 400		
2	微量元素	$MnSO_4 \cdot 4H_2O$	100	2 230	1 000	10
		$ZnSO_4 \cdot 7H_2O$	100	860		
		H_3BO_3	100	620		
		KI	100	83		
		Na_2MoO_4	100	25		
		$CuSO_4 \cdot 5H_2O$	100	2.5		
		$CoCl_2 \cdot 6H_2O$	100	2.5		
3	铁盐	Na_2-EDTA	100	3 730	1 000	10
		$FeSO_4 \cdot 4H_2O$	100	2 780		
4	有机物	甘氨酸	100	100	500	10
		盐酸硫酸素	100	5		
		盐酸吡哆素	100	25		
		烟酸	100	25		
		肌醇	10	5 000		

(二)培养基的制备

将用于配制培养基的容器洗净，加入培养基总量 3/4 的蒸馏水，放入所需的琼脂和糖，然后加热溶解。在加热过程中应注意不断搅拌，以避免琼脂粘锅或溢出。

培养基熬制过程中，先放入难溶解的琼脂和附加物(如马铃薯、苹果、番茄)，最后加入药剂混合液，由于混合液中的有机物遇热时间长易分解失效。待琼脂和糖溶解后，按母液顺序依次加入，如果顺序错位易出现其他反应，药剂失效。用蒸馏水定容补充由于加热蒸发所损失的体积，用 1 mol/L 的 NaOH(或 KOH)或 HCl 调整 pH 至植物组培最合适的范围，大多数植物培养基 pH 5.8～6.5。

(三)培养基的分装

通过漏斗或下口杯将培养基注入三角瓶或试管内，注入量为瓶容积的 1/3，灌装动作要迅速，且尽可能避免培养基粘在瓶壁上，应在培养基未冷却前灌装完毕。用棉塞或塑料袋封口，将瓶口或试管口封严。分装扎瓶口时，封口膜不宜过紧，否则消毒气压大易爆破。

(四)培养基的消毒

将封装好的三角瓶或试管码放在高压消毒灭菌锅内，于 1.216×10^4 Pa 压力、121℃下灭菌 20 min。培养基消毒灭菌需按要求时间操作，如超过时间，培养基成分产生变化易失效。培养基消毒灭菌后，立即取出摆平冷却，瓶内凝固平坦，接种转苗操作方便。取出过晚，凝固差，影响接种转苗质量。

对于一些受热易于分解的物质，如维生素类，可采取先过滤灭菌的方法。待培养基灭菌后，尚未冷却之前(40℃左右)，加入并摇匀。

经过高压灭菌的培养基可在室温下存放3～5 d，或在冰箱内存放10 d左右。一般尽可能在短时间内用完。

二、外植体的选择与消毒

从田间采回的准备接种的材料称为外植体，对外植体的选择与消毒是组培成功与否的重要环节。组织培养所选用的外植体，一般取自健壮无病的植株上的茎尖、侧芽、叶片、叶柄、花瓣、花萼、胚轴、鳞茎、根茎、花粉粒、花药等器官。到田间取材时，一般应准备塑料袋、锋利的刀剪、标签、笔等。取材时间应选择在晴天上午10时以后，同时，应尽量选择离开表土、老嫩适中的材料。

外植体的消毒包括预处理和接种前的消毒。首先对外植体进行初步加工，去掉多余的部分，并用软刷清除表面泥土、灰尘；然后将材料剪成小块或段，放入烧杯中，用干净纱布将杯口封住扎紧，将烧杯置于水龙头下，让流水通过纱布，冲洗杯中的材料，连续冲洗2 h以上。比较难以把握的是接种前的消毒，既要选择合适的消毒剂和浓度，又要掌握好消毒时间；既要彻底杀灭材料所携带的微生物，又不能将活材料杀死。通常的做法是，先用70%～75%的酒精浸泡材料30 s，然后再用下面三种方法之一处理：

(1)饱和漂白粉上清液浸泡10～30 min，取出后用无菌水冲洗3次。

(2)用3%～10%次氯酸钠浸泡10～30 min，取出后用无菌水冲洗3次。

(3)用0.1%升汞(氯化汞)浸泡3～10 min，取出后用无菌水反复冲洗多遍(因升汞不易洗净，故需反复冲洗。升汞剧毒，冲洗液注意回收)。

三、接种

接种是组织培养过程中最后一个易于污染的环节。接种操作必须在无菌条件下进行，操作要领如下：

(1)每次接种或继代繁殖前，应提前30 min打开接种室顶部或超净工作台上的紫外线灯，照射20 min。然后打开超净工作台风机，吹净10 min。

(2)操作人员进入接种室前，用肥皂和清水将手洗干净，换上经过消毒的工作服和拖鞋，并戴上工作帽和口罩。

(3)开始接种前，用70%的酒精棉球仔细擦拭手和超净台面。

(4)备一消过毒的培养皿，内放经过高压灭菌的滤纸片。解剖刀、医用剪子、镊子、解剖针等用具应预先浸于95%的酒精内，置于超净工作台的右侧。每个台位至少备四把解剖刀和镊子，轮流使用。

(5)接种前先点燃酒精灯，然后将解剖刀、镊子等在火焰上方灼烧后晾于架上备用。

(6)在备好的培养皿内的滤纸上切割外植体至合适的大小。

(7)将三角瓶或试管倾斜拿握，打开瓶盖前，先在酒精灯火焰上方烤一下瓶口，然后打开瓶盖，并尽快将外植体接种到培养基上。注意，材料一定要嵌入培养基，而不要只是放在培养基的表面上。盖住瓶盖之前，再在火焰上方烤一下，然后盖紧瓶盖。

(8)每切一次材料,解剖刀、镊子等都要重新放回酒精内浸泡,取出灼烧后,斜放在支架上面晾凉。

(9)无论是打开瓶盖(塞),还是接种材料,或盖紧瓶盖,所有这些操作,均应严格保持瓶口在操作台面以内,且不远离酒精灯。

除上述常规操作步骤以外,新建的组织培养室在首次使用以前必须进行彻底的擦洗和消毒。先将所有的角落擦洗干净,然后用福尔马林或高锰酸钾消毒,再用紫外灯照射。

四、培养

(一)初次培养

初次培养也称诱导培养,一般用液体培养,也可用固体培养。组培目的不同,选用的培养基成分不同,诱导分化的作用也不一样。培养初期,培养组织放到转速为 1 r/min 或 2 r/min 的摇床上晃动,首先产生愈伤组织,当愈伤组织长到 0.5～1.5 cm 时转入固体分化培养基,给光培养,再分化出不定芽。

(二)继代培养

在初次培养的基础上所获得的芽、胚状体、原球茎,数量都不多,难于种植到栽培介质中去,这些培养的材料称中间繁殖体,培养中间繁殖体的过程称继代培养。培养物在良好的环境条件、营养供应和激素调节下,排除与其他生物竞争,能够按几何级数增殖。一般情况下,1 个月内增殖 2～3 倍,如果不污染又及时转接继代,能从 1 株生长繁殖材料分接为 3 株,经过 1 个月的培养,这 3 株材料各自再分接 3 株,共 9 株,第二个月末获 27 株。依此计算,只要 6 个月即可增殖出 2 187 株。这个阶段就是快速繁殖、大量增殖的阶段。

(三)生根培养

试管苗在培养生根前需壮苗,目的是提高试管苗的健壮程度,移植后易成活。试管苗在生根培养基中,7～10 d 长出 1～5 条白色的根,逐渐伸长并长出侧根和根毛。茎上部具有 3～5 个叶片和顶芽,这时移栽最好。通常春季移栽比夏季移栽成活率要高。

五、炼苗与移植

接种材料在瓶中经过分化长出芽和根以后,便形成了完整的小植株。但此时组织培养的任务尚未完成,只有待小苗移出瓶外并移栽成活后,组培快繁的任务才算全部完成。组培苗出瓶的操作可分为两步:

(一)炼苗

在培养室内,温度和光照都维持在最适范围,各种营养物质齐备,瓶内始终保持无菌,且相对湿度稳定在 100%。如果将幼苗从这样的环境中直接移植到外界,在温度剧烈波动、湿度大大降低、营养不全且有各种菌虫的环境中,幼苗将无法成活。因此,应给予瓶中小苗过渡性的处理,使它们能够逐渐适应与瓶中不相同、比瓶中环境差的条件。通常的方法是:将瓶移出培养室,在普通室内环境中,放到有阳光的窗台或地板上,将封口材料除掉,使幼苗暴露在自然空气中,几天以后便可移植,以上过程,常称炼苗。

(二)移植

通常要求组培苗移植时的环境温度比较稳定,并尽可能接近花卉生长所需要的最适温度范围。有条件者，应以自动喷雾调节环境湿度。同时，根据花卉种类调节光照度。

移植组培苗常以蛭石、珍珠岩或两者的混合物为基质。此外，也可用干净的沙子。基质放入育苗盘或苗床后，应先喷洒多菌灵或百菌清 1 000 倍液，消毒灭菌，然后移植。

先用镊子从瓶中取出小苗，将根部附着的培养基轻轻刷洗干净，然后栽入基质中，充分浇水。有些花卉需加盖塑料薄膜。缓苗后，可配制稀薄的氮、磷、钾液肥作为追肥，也可叶面喷施，肥料总浓度不超过 0.1%。批量不大时，也可使用 MS(或 1/2 MS)培养基的大量元素水溶液根部追施或叶面喷施。经 15～20 d，根系扩大，茎叶生长后，移栽上盆置室外或温室栽培。

【巩固训练】

培养基的制备与消毒

一、训练目的

使学生掌握 MS 培养基的配制及制作技术。

二、训练内容

(1)材料 培养基药品、培养瓶、封口膜、量筒、托盘天平、不锈钢锅、电炉高压灭菌锅等。

(2)场地 校内组培中心。

三、训练方法

(1)称量与定容 分别称取大量元素、微量元素、铁盐、有机物的各种药品，按要求分别溶解定容 1 000 mL。

(2)培养基制备 将不锈钢锅内加水放在电炉上加温，水温 30～50℃时加入琼脂和糖，再加入(大量元素、微量元素、铁盐、有机物)混合液，调节适宜 pH 值。

(3)分装培养基 培养基制备后及时分装，培养基的分装量按瓶的规格不同，分别装入瓶的 1/5～1/4，扎好封口膜。

(4)消毒灭菌 放入高压灭菌锅内，于 1.216×10^4 Pa 压力、121℃下灭菌 20 min。

四、训练结果

(1)实训报告 记录 MS 培养基制备技术及操作过程。

(2)分析 分析操作过程中存在的问题及注意事项。

【知识拓展】

花卉专业组培苗生产管理技术

一、生产计划的制订

制订生产计划，虽然不是一件很复杂的事情，但是仍需要全面考虑、计划周密、谨慎工作，尽可能考虑周全。要根据组培苗的生产特点，结合市场需求和种植生产时间来制订全年花卉组织培养生产的全过程。同时，制订出计划后，实施过程中也要注意应对一些意外事件发生。所以，制订生产计划应注意：

(1)对各种植物增殖率的估算应切合实际。

(2)要有植物组织培养全过程的技术储量(包括外植体诱导、中间繁殖体增殖、生根与炼苗技术)。

(3)要掌握或熟悉各种组培苗的定植时间和生长环节。

(4)要掌握组培苗可能产生的后期效应。

一个完整生产计划的制定应包括生产设施、繁殖品种、计划数量、上市时间、销售策略等几方面。为了保证生产计划按时、按质、按量完成，并能够按市场需求进行供苗；在制订计划前要认真分析往年的销售情况，预测本年度的市场需求，及早做好生产品种的引种等准备工作。

(一)计划生产数量

根据需求确定繁殖品种，具体到每个品种生产前的预准备时间，需要多少材料作外植体等等，这些需要依据计划的生产数量来考虑，一般至少应提前在生产季节前6～8个月开始准备。减少组培生产后期不被市场接受而造成严重损失的唯一办法，就是扩大信息来源，提高对花卉产品市场走势的预测能力。

试管苗的增殖率是指植物快速繁殖中繁殖体的繁殖率。估算试管苗的繁殖量，以苗、芽或未生根嫩茎为单位，一般以苗或瓶为计算单位。年生产量(Y)决定于每瓶苗数(m)、每周期增殖倍数(x)和年增殖周期数(n)，其公式为：$Y=m\times X^n$。

如果每年增殖8次($n=8$)，每次增殖4倍($x=4$)，每瓶8株苗($m=8$)，全年可繁殖的苗是52万株。

此计算为生产理论数字，在实际生产过程中还有其他因素如污染、培养条件、发生故障等造成一些损耗，实际生产的数量可能比估算的数字要低一些。因此，组培苗的生产数量一般应比计划销售量加大20%～30%。但是，生产过程中，市场是在不断变化的，要及时反馈并进行适度调整，才能更好地促进种苗的高效生产和有效销售。

(二)安排上市时间

种苗上市时间的确定，一般根据花卉种类及品种的生长周期，并结合种植地的环境和气候条件，以及近年来产花的时间规律来确定。组培室要根据各个种类及品种的诱导时间、繁殖系数、继代增殖及生根周期、不同季节过渡培养所需的时间、估计污染率、瓶苗质量及有效成苗数、炼苗驯化成活率等因素来计划，确保一定生产量所需的繁殖苗基数，并组织实施。在实施过程中，要坚持从组培生产开始，做好各个生产环节的统计工作。

(三)购买生产设施

要将无毒、无病的优质苗木应用于生产，获得经济和社会效益，需要一定的试管苗工厂化生产的设施，在人工控制的最佳环境条件下，充分利用自然资源和社会资源，采用标准化、机械化、自动化技术，高效优质地计划批量生产健康花卉苗木。花卉组织培养苗专业生产用设施和设备应根据市场和生产任务要求来确定生产规模。在生产过程中，需要保护栽培设施，如温室、塑料大棚等。

(四)制订管理办法与销售策略

规范化的科学管理是扩大生产规模，促进专业化生产的体制保证。标准化生产首要是实行分层管理,依市场作计划层层落实,目标、责任明确。工作区要责任到人,每周1～2次定期清扫,并用高锰酸钾加甲醛熏蒸,紫外灯照射45 min,保证接种及培养所需的无菌环境。严格管理,非工作人员要在得到允许后,更换服装并进行消毒,方可进入。

销售部门应密切注视市场变化,及时将市场走势情况反馈给生产部门,以便根据需要及时调整生产计划和种苗上市时间。销售部门还要经常与生产部门进行沟通,及时统计和掌握各种可以出售种苗的动态数量,了解它们的质量状况,进行统筹销售。进行组培快繁生产花卉种苗,是一类特殊的鲜活产品,其有效商品价值期比较短暂,因此,只有较好地解决了生产品种不对路,产品数量与市场需求脱节,销苗旺季无苗可销,淡季又大量积压等问题,尽量减少不必要的成本浪费,提高产品的有效销售率,才能在市场中占有较大份额,并赢得较高的信誉,使企业产品具有竞争力。

组培苗生产是一个系统工程,它包括从品种的选择、外植体选取、灭菌消毒、初代培养、扩繁继代、生根培养、驯化炼苗、商品苗、销售、栽培等一系列过程。其中任何一个环节出现问题,都会影响到整个生产计划的完成,所以在制订计划时要充分考虑到各种可能发生的情况,同时又不能把余地留得太大,以免生产过多造成浪费和增加成本,或者不能按订单提供相应的产品。

二、产品质量的监控与售后服务体系建立

(一)产品质量标准

组培苗的质量受诸多因素的影响,但最重要的因素有两个,一是产品质量,二是生产工序质量。前者可以参照国家标准,后者可以通过控制生产标准得到保障。因此,必须针对种苗生产的瓶苗、进入生产前的出圃苗制定相应质量标准。

制订种苗质量控制方案,须对种苗质量的每一个属性,如种苗健康状况(病理和生理方面)、形态、均一性、无菌性等做出规定,以保证这些属性的复现。在这些属性确定下来后,接着是设立目标并对达到此目标的过程进行监控,从而使生产者合理生产,购买者放心购买。为此要完善管理制度,明确生产流程中各岗职能,做到各尽其职,各负其责,工作记录完备,出现问题有章可循,有记录可查。

目前,国家还没有对多数花卉组培苗质量制定统一的标准,只对部分花卉组培苗制定了国家标准,如非洲菊、满天星等。

(二)生产工序质量监控

将一个或多个母株送到实验室作为繁殖材料,母株会得到一个作物名称和品种号码,随后对该品种的第一个植株以及离体培养出来的植株的每一个无性系做编号。该编号代表作物名称、品种名、原始母株和获得的无性系。

在进行组培扩大繁殖之前,进行获得无性系的纯度鉴定,确认无误后再进行生产。在对生产过程做监控时,要制定出工作质量和数量标准,每天有专人对所有的环节进行记录,以便及时发现问题、解决问题。

(三)产品包装、运输与贮存

组培苗在销售之前,要进行产品包装。包装的原则一是要方便运输,二是要保证组培苗不受损伤。硬装穴盘苗易于远距离运输;营养袋苗包装占用时间少,且更方便包装运输,但是育

苗袋成本较高。如果是瓶苗，要尽可能地减少破裂，袋装苗不能明显受到挤压变形。瓶苗仍需要保留在组培瓶中，并用木箱或纸箱进行包装。袋装苗应用特制的木箱包装，每箱装苗数量一定，且在装箱时及运输途中，袋中土柱应较硬实，袋子完整，以防止土柱松散。

为防止品种混杂，组培苗应注明品种、数量、育苗单位、出厂日期。如一车装 2 个以上品种，应按品种分别包装、分别装车，并做出明显标志。

包装前起苗前一天，对瓶苗和袋装苗要分别进行检查，注意其湿度。特别是袋装苗，要剪掉病叶、虫叶、老叶和过长的根系，并根据需要进行消毒处理。

运输途中严防日晒、雨淋。到达目的地后立即卸苗，并置于荫棚或阴凉处，及早进行定植。

三、降低成本措施

组培苗能否进行大规模推广应用，主要取决于成本。生产成本与设备条件、经营者管理水平及操作人员熟练程度有着密切的关系。生产实践中，在这些条件比较稳定的前提下，可采取的措施有减少污染、提高“三率”(分化率.生根率、移栽成活率)、缩短周期等；另外正确使用仪器设备，延长使用寿命，提高设备利用率，减少设备投资；尽量利用自然光，充分利用空间，节约水电开支；降低器皿消耗，有效降低组培苗生产成本，应用液体培养基可在较大程度上降低培养成本。

(一)选择适合的品种

最好要选用珍稀名贵花卉品种培养销售营养钵苗。名贵花卉，开花成苗的价格很高，增值更为可观。可以控制一定的生产量，自行建立原种材料圃，接种苗、种条材料提供市场批量销售，常可获得极高的经济效益。同时，研制开发具有自主知识产权的专利品种的组培苗，采取品牌经营策略，将更有利于经济效益的稳定增长。

(二)选择适宜的培养瓶

在传统的植物组织培养中，多以玻璃三角瓶为培养容器，其优点是透光性好、轻便；其缺点是价格高、易碎、容积小，在大批量的生产中就会相应地增加生产成本。现在市场上出售的柱形塑料瓶其容积大、价格便宜、使用期长，可以弥补玻璃三角瓶易碎、价高的缺点，同时培养容器中的接种密度可适当增加，虽然透光性不如三角瓶好，但对试管苗的生长不会有太大的影响，而且显著地提高了工作效率，相应地降低了生产成本。也可以用 250 mL 的玻璃罐头瓶代替，用封口膜封口。

但是，在生产中以这两种培养瓶为培养容器时，要特别注意灭菌处理。大容积培养瓶内培养基的体积也会相应增大，按常规灭菌易造成灭菌的不彻底。因此要适当延长灭菌时间。另外，在灭菌时要注意消毒筒内培养瓶不要放得太紧，留出一定的空隙。

此外，如灭菌时要尽量采取连续操作，以保证能量的持续利用，从而减少反复的耗能。

(三)改变培养基组成

在初代增殖培养阶段，尽可能地增加繁殖系数可以降低生产成本。但是，繁殖系数增加意味着培养基内的激素含量增加，这样会降低组培苗的质量，加大玻璃化苗的比例，影响其后续生长等。因此，繁殖系数的增加要适当。在生产中，配制培养基时以食用白砂糖代替蔗糖，自来水、纯净水代替蒸馏水可以降低成本，同时对组培苗的培养不会产生较大影响。

炼苗培养基中的营养成分实际利用率均达不到 60%，所以培养基可以将营养成分减少一半，降低培养成本。

（四）减少污染

在组培苗生产中，经常碰到组培苗及培养基被细菌、霉菌、酵母菌、放线菌等污染的现象，轻者会导致组培苗生长势弱并影响下一代的生长，重者会导致组培苗的大面积死亡。污染不仅严重影响了组培苗的质量和产量，而且还大幅度提高组培苗的生产成本，造成较大的经济损失。因此，在组培苗生产中，只有尽可能减少污染，有效地防止和抑制污染、保证组培材料正常生长及分化，减少不必要的损失，也是降低生产成本的有效措施。

组培苗污染情况与环境空气中的真菌数量存在正相关的关系。定期消毒可有效控制组培环境中的污染菌，通过降低组培环境中的污染菌数，可降低组培苗生产中的污染率。

在处理真菌污染的组培苗和培养瓶时要特别小心，如果污染的数量较小或污染的材料不是特别重要时，最好不要开盖，直接进行高压灭菌。因为一旦打开培养瓶的盖子或封口膜，真菌分孢子就有可能飞出来污染周围的环境，会造成更大面积的污染。

组培苗大量转接多次难免出现细菌类污染，只需适当加以处理，还可以被利用。如刚转接的 1 周内温度尽量低，给细菌不良的生长温度，使其菌落生长慢而苗子快速生根开始生长。被细菌污染的组培苗，可处理使用，如截取茎段，先用 75％的酒精处理 2 s，再用 0.1％的升汞处理 3～4 min，多次冲洗消毒后培养。

（五）移栽及养护管理

不同植物组培苗移栽时带根与否，成活率不同。如容易生根的花卉，组培苗移栽时带根与否，在相同移栽条件下对其成活率的影响不大，完全可以省略生根培养阶段。移栽后加强对组培苗的管理是工厂化生产中提高成苗系数的主要措施之一，而成苗系数的提高会相应地降低生产成本。

水分过多会影响组培苗的生长甚至可引起植株腐烂，特别是在高湿高温条件下，易引发病害的发生。一旦病害发生，要严格控制浇水并合理喷施杀菌剂。在无病害发生时，定期使用杀菌剂喷雾也能显著提高成活率。

项目三　设施切花栽培

从栽培或野生的花卉植株上切取有观赏价值的花枝、叶片、果实等，用于插花装饰的花卉材料，统称鲜切花，简称切花，它是国际花卉生产中最重要的组成部分。鲜切花包括切花、切叶、切枝、切果等类型。

经设施或露地栽培，运用现代化栽培技术，具有单位面积产量高，生长周期短，达到规模生产化并能周年供应鲜花的栽培方式称切花栽培。切花栽培，运用现代化栽培技术，具有产量高，切花品质好，能周年生产，经济效益高等特点。

工作任务一　一二年生切花栽培

【学习目标】

1. 能识别常见的一二年生切花，并能熟悉其特点及应用；
2. 能根据一二年生切花栽培特点对设施进行调控，完成切花周年生产需要；
3. 能对一二年生切花进行标准化生产管理；
4. 能根据切花特点进行适时采收。

【任务分析】

本任务是一二年生切花花卉的设施栽培，首先必须明确一二年生切花花卉的特点及种类。又因为是设施栽培，必须明确设施环境对一二年生花卉的生长发育的影响，因此设施的环境调节是必须掌握的，包括温度、湿度、光照等。作为切花，还要保证切花质量和产量，因此一二年生切花的标准化栽培技术是重点，包括土地整理、定植栽培、水肥管理、花期控制、切花采收及分级等都是必须掌握的。

【基础知识】

一、一二年生花卉定义及特点

在当地栽培条件下，春播后当年能完成整个生长发育过程的草本观赏植物称一年生花卉；秋播后翌年完成整个生长发育过程的草本观赏植物称二年生花卉。由于各地气候及栽培条件不同，二者常无明显的界限，生产上常将二者通称为一二年生花卉，或简称草花。有时也把一些作一二年生花卉栽培的多年生花卉包括在内。繁殖方式以播种为主。

一年生花卉依其对温度的要求分为三种类型:耐寒、半耐寒和不耐寒型。耐寒型花卉苗期耐轻霜冻,不仅不受害,在低温下还可继续生长;半耐寒型花卉遇霜冻受害甚至死亡;不耐寒型花卉原产热带地区,遇霜立刻死亡,生长期要求高温。

二年生花卉耐寒力强,有的能耐0℃以下的低温,但不耐高温。苗期要求短日照,在0～10℃低温下通过春化阶段,成长过程则要求长日照,并随即在长日照下条件下开花。

总之,一二年生花卉寿命短,生长期短,根系在土层内分布浅,因此抗旱、抗涝性较弱,生长期需不断浇水。并且一二年生花卉植株低矮,生长比较整齐,花期比较一致。

作为切花,必须满足以下条件:

(1)耐水养,水养时间长。

(2)花色鲜艳,花形美观,无异味。

(3)花枝长度足够长。

常见一二年生切花有金鱼草、紫罗兰、桂竹香、香雪球、千日红、麦秆菊、矢车菊、翠菊、鸡冠花、香豌豆等。

二、一二年生切花栽培要点

(一)品种选择

一二年生花卉切花生产一般选择抗病性强、耐弱光、植株直立性好、花茎长、花色鲜艳、花形整齐、货架期长、水养时间长的品种。

(二)土壤或基质准备

一二年生切花花卉生产用地一般选择土质疏松透气、肥沃、排水良好的壤土,土层厚度要求25～30 cm以上,并做好土壤消毒处理。土壤消毒对减少病虫害的传播尤显重要,亦可选择人工配制培养土栽培。

(三)整地作畦

一二年生切花花卉生产多为设施地栽方式,土壤为常规土壤或人工配制培养土。地栽方式一般采用高、低畦栽培,畦宽1～1.2 m,畦高15～20 cm,畦的长度根据设施的大小而定。

(四)育苗

一二年生切花花卉多采用播种或扦插方式育苗。播种时间根据花期确定,一般采用穴盘育苗。扦插在生长季节进行。

(五)定植

根据切花上市时间,分期分批进行定植,不同花卉定植密度不同 。定植前根据花卉生长需求施入合适肥料。一二年生花卉生长期短,根系分布浅,一般施基肥不多。定植注意密度,不能过密,也不能过稀,按成株冠幅大小确定株行距,要求成株冠衔接而不挤压。

(六)肥水管理

1.施肥

一二年生切花花卉生产中,应根据不同花卉的需肥规律及时补充营养。选择恰当的施肥时期、适宜的施肥量与肥料种类。定植时应根据土壤状况施足基肥,生长前期视植株长势适当追肥，追肥提倡薄肥勤施，否则易造成植株徒长。当植株孕蕾后，可结合叶面施肥，每周追施一次0.1%～0.2%磷酸二氢钾溶液，花色更艳丽。

2. 灌溉

一二年生切花花卉生产中灌溉是一项经常性工作，应根据花卉种类、需水规律、花卉发育时期等灵活掌握。生育前期应控水蹲苗，生长期因根据植株生长情况适当浇水。

（七）中耕除草

一二年生切花花卉生产中，适时中耕除草，有利于土中有益微生物的繁殖与活动，促进土壤中有机质的分解，对花卉根系生长和养分吸收有益。亦可避免杂草与花卉争光、争水与争肥。

（八）张网

一二年生切花花卉生产中，随着花的发育、生长与重量的增加，造成茎秆易倒伏，影响切花品质。需设支撑网，以防倒伏。设支撑网方法：一般在苗床两头设立钢架，距床面15～20 cm高张第1层网，以后随着茎的生长而增加到2～3层。网用细铁丝拉成或用尼龙网，使植株生长在网格内，保证开花后茎秆不会弯曲。

（九）整形修剪

一二年生花卉切花生产中通过采用摘心、除芽、剥蕾、修枝与剥叶等方法进行整形修剪，以提高开花率和品质。

（十）花期调控

一二年生切花花卉生产中通过调节设施温度、光照，化学药剂的处理和调节播种期，合理整形与肥水调控等措施有效调节花期。

（十一）病虫防治

一二年生切花花卉生产中病虫害主要防治途径：植物检疫、农业措施、生物防治、人工灭除与化学防治等。

常用防治措施：

(1)清除病株残体，减少侵染源；

(2)选用抗病品种，适当增施磷、钾肥，提高植株抗病性；

(3)对土壤消毒；

(4)实行轮作；

(5)喷洒药物。

（十二）切花采收

选择适宜采收时机，不可过早采收，也不能采收过晚。采收时间以早晨或傍晚为好。

切花采收后及时预冷，分级包装后进行贮运。

【工作过程】

以切花紫罗兰栽培为例：

紫罗兰(*Matthiola incana*)，十字花科紫罗兰属，为一年生草本花卉(图3-1)，是一种小型切花，花期长，花有香味，深受插花爱好者的喜爱。

一、形态特征

图 3-1 切花紫罗兰

植株高 30～90 cm，全株被灰白色柔毛，茎直立，基部稍木质化，叶互生，长圆形至披针形，基部呈叶翼状，叶尖钝圆，全缘。总状花序，顶生或腋生。花紫红、淡红、淡蓝或白色，直径约 2 cm，花梗粗壮，萼片 4，内 2 片基部成囊状。花瓣 4 片，倒卵形，具长爪，角果，圆柱形，有短喙，内有种子 1 行。种子近圆形，棕色，有白色膜翅。

二、生态习性

原产地中海沿岸，喜温暖凉爽气候，在夏季高温高湿地区作二年生栽培，生长适温为 15～18℃，夜间 5～10℃左右，能耐－5℃低温。喜疏松肥沃，土层深厚，排水良好的沙质壤土，不耐炎热和潮湿，喜通风良好，具有一定耐旱能力，能耐轻度碱性土壤，pH 6.5～7.0。喜阳光充足，长日照促进开花。

三、品种选择

紫罗兰园艺品种甚多，有单瓣和重瓣两种品系。重瓣品系观赏价值高；单瓣品系能结种，而重瓣品系不能。一般扁平种子播种生长的植株，通常可生产大量重瓣花；而饱满充实的种子，大多数产生单瓣花的植株。花色有粉红、深红、浅紫、深紫、纯白、淡黄、鲜黄、蓝紫等。在生产中一般使用白花、粉花和紫花等品种生产切花。

主要栽培品种有白色的‘艾达’(Aida)、淡黄的‘卡门’(Carmen)、红色的‘弗朗西斯卡’(Francesca)、紫色的‘阿贝拉’(Arabella)和淡紫红的‘英卡纳’(Incana)等。

四、繁殖技术

播种繁殖为主，也可扦插繁殖。

多于秋季播种，播种后，控制在 15～22℃条件下，7～10 d 发芽，再经 30～40 d，具有 6～7 片真叶时定植。翌年春季开花。注意秋播的时间不能太晚，否则将影响植株的生长、越冬、开花的数量及质量。

五、栽培管理

(一)整地作畦

紫罗兰切花多进行温室栽培。选择富含腐殖质的沙质壤土作栽培基质，种植地忌积水。施入基肥 3 kg/m^2，不可施过多氮肥，作高 20 cm、宽 1.0 m 的高畦，在幼苗有 6～7 叶时可以定植，株行距为 12 cm×12 cm，如选用分枝系列品种，株行距为 18 cm×18 cm。选早晚或阴天较易成活，带土防伤根。紫罗兰为直根性植物，不耐移植。因此为保证成活，移栽时要多带宿土，尽量不要伤根系。定植后浇透水。

(二)温度、光照管理

幼苗期的温度控制是控制植株生长高矮与花期的主要措施，初期，夜间温度维持在 16℃，保证植株旺盛的营养生长，直到植株至少已有8～10片叶时为止。然后给予3周5～10℃的低温，植株就进行花芽分化，以后温度再回升到16℃，仍需要白天达到18℃，夜间10℃左右的温度才能正常发育，如温度过高，则不会形成花芽。

紫罗兰为长日照植物，可通过加光处理促进开花，加光必须在花芽分化后才有效。紫罗兰要求中等肥力，肥过多易引起营养生长过旺，施肥应在花前3周进行，以氮、磷、钾复合肥为佳。

(三)摘心

由于栽培品种不同，对无分枝系的不用摘心，分枝系在定植后15～20 d，真叶10片时，留6～7片摘去顶芽，促发侧枝，侧芽留3～4个，其余除去。生长达15 cm时应架网防倒伏。

(四)采收

当花穗上小花有1/2～2/3小花开放时采收，采收时间宜在傍晚，从茎基部采剪，延长花枝长度，分成10枝1束，或20枝1束，绑扎好后使之充分吸水，用软纸包好，装箱待运。

【巩固训练】

一二年生切花的识别与应用调查

一、训练要求

使学生熟练识别常见一二年生切花，了解它们的习性、花期、切花用途。了解一二年生切花的应用形式。

二、训练内容

(1)材料用具　铅笔、笔记本。

(2)调查方法　实地调查法。

(3)地点　校外实训基地、花店等。

三、训练方法

(1)识别一二年生切花　老师带领到切花生产基地，现场识别常见一二年生切花。

(2)一二年生切花的应用　参观花店，调查一二年生切花的种类以及插花应用。

四、训练结果

(1)记录一二年生切花种类、特点及栽培方式等。

(2)记录一二年切花应用内容。

(3)编写一份调查报告。

【知识拓展】

切花金鱼草

金鱼草(*Antirrhinum majus* L.)又名龙口花、龙头花、洋彩雀，为玄参科金鱼草属多年生草本植物，常作一二年生栽培。金鱼草花序长而挺直，花色艳丽多彩，是低耗能的切花种类，广泛应用于各种插花及花艺装饰（图 3-2）。

图 3-2 金鱼草

一、生物学特性

金鱼草原产地中海一带。性喜凉爽气候，较耐寒，不耐酷热及水涝。生长适温白天为 18～25℃，夜间 10℃左右。切花栽培的植株高 80～150 cm，有分枝。花序长度 35 cm 以上，花冠筒状唇形。花色有粉、红、黄、白、紫与复色多种，花色鲜艳，花由花葶基部向上逐渐开放，花期长。喜肥沃、疏松、排水良好和富含有机质的沙质壤土。

二、繁殖方式

以播种繁殖为主。种子细小，每克 6 300～7 000 粒，秋播或春播于疏松沙质混合土壤中，播后不盖土或覆盖一层非常薄的土。然后盖上透明塑料薄膜，保持潮润，但勿太湿。发芽适温 20℃。播后 7～14 d 发芽，苗期易遭猝倒病侵染，应加强通风透光，降低空气湿度。自播种到开花的生长周期为 90～110 d。

三、栽培管理

(一)定植

金鱼草切花设施栽培，应在整地时施入腐熟有机肥 3 kg/m^2，并对土壤进行消毒处理，以沙质壤土为最佳，畦高 15～20 cm，宽 80 cm，过道 50 cm，定植时要求苗高一致，无病虫害，根系完整，在 3～6 对真叶时定植较合适，如果采用单干生长，株行距为 10 cm×15 cm，如采用多干生长，株行距为 15 cm×15 cm，栽植时浇透底水，栽后 1 周内，及时扶正，浇水，并对部分缺苗处补苗。定植时，以 15 cm×15 cm 的支撑网平铺于畦面，在每一网眼栽种 1 株。幼苗定植初期应适当遮阴天。在金鱼草整个生长过程中，一般架设三层网，防止花茎弯曲或倒伏。

(二)温度

温室栽培温度保持夜温 15℃，昼温 22～28℃。温度过低，降到 2～3℃时植株虽不会受害，但花期延迟，盲花增加，切花品质下降。

(三)光照

阳光充足条件下，金鱼草植株生长整齐，高度一致，开花整齐，花色鲜艳。半荫条件下，植株生长偏高，花序伸长，花色较淡。金鱼草为长日照植物，虽然现在有许多中性品种，但冬季进行 4 h 补光，延长日照可以提早开花。

(四)肥水管理

金鱼草生长过程中，通常每 10 d 左右进行 1 次追肥。金鱼草忌土壤积水，否则根系腐烂，茎叶枯黄凋萎。但浇水不足，则影响其生长发育。应该经常保持土壤湿润，在两次灌水间宜稍干燥。另外，浇水时应尽量避免从植株上方给水，以减少叶面湿度和水滴飞溅传播病害。

(五)整形修剪

金鱼草栽培需设尼龙网扶持茎枝，用 15 cm×15 cm 网眼较合适，随生长高度逐渐向上提网，部分品种，尤其密度大时应设两层网。采用多干栽培应摘心 2 次，通常保留 4 个健壮侧枝，其余较细弱的侧枝应尽早除去。摘心植株花期比不摘心的晚 10～15 d。金鱼草萌芽力特别强，在整个生长过程中，会不断从叶腋中长出小芽，因此不论摘心或独本植株，均需及时摘除这些侧芽。

四、病虫防治

(1)茎腐病　主要为害茎和根部。发病初期，根茎部出现淡褐色的病斑，严重时植株枯死。防治方法为轮作、土壤消毒及药剂防治。发病初期向发病部位喷施 40%乙膦铝可湿性粉剂 200～400 倍液，或用 50%敌菌丹可湿性粉剂 1 000 倍液浇灌植株根茎部。

(2)苗腐病　主要为害幼苗。发病初期幼苗近土表的基部或根部呈水渍状，最后腐烂，以致全株倒伏或凋萎枯死。发病初期可喷洒 50%多菌灵可湿性粉剂 800 倍液或 75%百菌清可湿性粉剂 800 倍液。

(3)草锈病　主要为害叶片、嫩茎和花萼。发病初期，可喷洒 15%粉锈宁可湿性粉剂 2 000 倍液或 65%代森锌可湿性粉剂 500 倍液。

(4)叶枯病　主要发生于叶部和茎部。发病初期，可喷洒等量式波尔多液，或 65%代森锌可湿性粉剂 600 倍液，或 50%莱本特可湿性粉剂 2 000～2 500 倍液。

(5)灰霉病　是温室内栽培金鱼草的重要病害。植株的茎、叶和花皆可受害，以花为主。发病初期，选用 70%甲基托布津可湿性粉剂 1 000 倍液，或 50%多菌灵可湿性粉剂 800 倍液喷雾防治。每隔 10～15 d 喷 1 次，连喷 2～3 次。

(6)蚜虫、红蜘蛛、白粉虱、蓟马等，可用 3%天然除虫菊酯或 25%鱼藤稀释 800～1 000 倍液，对蚜虫有特效。40%三氯杀螨醇对水 1 000 倍，是专用杀螨剂。用黄色塑料板涂重油，诱杀白粉虱成虫。喷施对水 1 000 倍的 50%杀螟硫磷等内吸剂与土壤内施用 15%涕灭克或 3%呋喃丹，对防治蓟马均有较好效果。

五、采收

金鱼草以花序下部第 1～2 朵小花开放时为采收适期。采收后，即去除花茎下部 1/4～1/3 的叶片，并放在清水或保鲜液中吸水。干贮时应将花茎竖放，否则发生弯头现象，影响切花品质。

切花麦秆菊

麦秆菊(*Helichrysum bracteatum* Andr.)为菊科蜡菊属多年生草本植物，常作一年生栽培(图 3-3)。株高 30～100 cm。茎直立，粗壮，上部多分枝。叶互生，长椭圆状披针形，略带黏质。头状花序，顶生，总苞片多层。花瓣膜质，有光泽。花色有白、黄、红及复色等。花期 7—9 月。瘦果，短棒状。种子小，1 g 约有 1 600 粒。

图 3-3　切花麦秆菊

一、生物学特性

麦秆菊喜日照充足、通风良好的干燥环境。稍耐寒，畏酷暑，在炎热多雨的夏季常常发育不良。喜肥沃疏松沙质壤土。花于晴天开放,夜间及阴雨天闭合。从播种至开花的生长期约为 80～90 d。

二、繁殖技术

麦秆菊以种子进行繁殖,于 4—5 月播种。发芽适温 20～25℃,有光条件下 5 d 内发芽。为提早花期,也可提前于 2—3 月盆播育苗。南方秋播,春夏开花,北方地区春播,夏秋开花。采用室内育苗,不要播苗太密,有 3 片真叶时移苗,也可直播栽培。

三、栽培管理

(一)整地作畦

选择阳光充足、通风及排水良好的地势做栽培场地。施入少许基肥,以磷、钾肥为主,采用平畦或垄作,株行距 20 cm×40 cm。苗期加强水肥管理,使植株旺盛生长,分枝多。花期减少浇水,防雨淋,及时排水,中耕松土。

(二)定植

待幼苗长出 5～6 片叶时,分苗定植。定植的株行距约 30 cm。要施足腐熟的有机肥料作基肥。在生长期间,可以追施 2～3 次液态肥,但不宜施肥过多,尤其是氮肥的施用量要控制,否则花朵的色泽缺乏亮丽感。夏季高温时节,植株的生长渐缓,应停止施肥,加强抗旱和通风管理。麦秆菊在长日照条件下长势最佳,尤其能促使植株长势紧密及花芽的形成。喜中等肥力。肥力过强,反而会导致花色变淡。在高温的夏季要注意保持土壤湿润。

(三)摘心

在营养生长阶段,为了促进多开花,采用摘心促分枝,可摘 2 次,使每枝形成 6 个以上花枝,但不要太多,否则花小色淡。

四、采收

麦秆菊多作干花花材,蜡质花瓣有 30%～40%外展时连同花梗剪下,去除下部叶片后,扎成束倒挂在干燥、阴凉、通风处阴干。要经常检查、防虫,防雨淋。

切花香豌豆

香豌豆(*Lathyrus odoratus*)属豆科蝶形花亚科,山黎豆属,约有 100 种,原产意大利等地中海沿岸国家及南欧国家。香豌豆切花用栽培品种分冬花、春花、夏花(少作鲜切花栽培)3 种类型,其花姿优雅、色彩艳丽、轻盈别致、芳香馥郁,是世界上许多花卉生产国切花生产的主要花种之一。日本是世界香豌豆切花主要生产国之一,香豌豆切花生产仅次于康乃馨,而且产量有逐年上升的趋势,其中约 20%用于出口外销。日本的香豌豆品种选育与栽培技术研究水平属世界领先,目前已培育出众多不同花色、不同类型的品种在生产中应用,其中不少品种成为其他国家的主栽品种(图 3-4)。

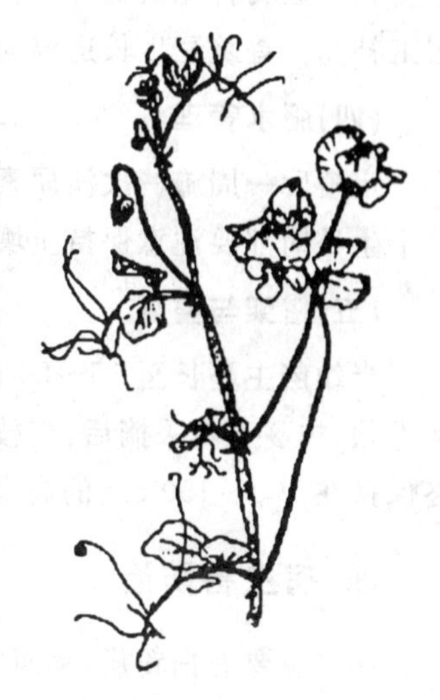

图 3-4 香豌豆

一、生物学特性

香豌豆喜冬暖夏无酷暑的气候条件，宜作二年生栽培。南方可露地越冬，可耐−5℃的低温，北方需入室越冬，低于5℃生长不良，发芽适温20℃，生长适温15℃左右，盛夏到来之前完成结实而死亡。喜日照充足，也能耐半阴，过度庇荫造成植株生长不良，生长季阴雨天多的地区观赏效果不好。要求通风良好，不良者易患虫、病害。深根性，要求疏松肥沃。湿润而排水良好的沙壤土，在干燥、瘠薄的土壤上生长不良，不耐积水。

二、繁殖技术

香豌豆一般用播种繁殖。

8月下旬至9月提前进行种子和低温春化处理，开花期提前到11月中旬至翌年3月，满足商品化生产需求。种子先用硫酸浸，再用清水浸种24 h，然后置于15～25℃的恒温箱中催芽，出芽后在低温光照培养箱中处理20～30 d，播于事先准备好的营养钵中，苗期注意控水、壮苗，苗高8～10 cm，有2～4枚真叶时移栽。

三、栽培管理

(一)整地作畦

可选用塑料大棚种植。种植地选择要求3年未种过豆科作物、地势稍高、排水良好、土层肥沃、深厚、微酸至中性土。定植前1个月按每亩施2 000～3 000 kg腐熟有机肥、过磷酸钙10～15 kg、复合肥20～30 kg，并将有机肥混合均匀，施于栽培土后，深翻深度15～20 cm，做成畦宽1.0 m，高20～25 cm，沟宽40～60 cm，畦的中心铺设微滴管，畦面铺上黑膜。

(二)定植

定植时，每穴栽一株，每畦种2行，株行距20 cm×60 cm。

(三)温度、光照管理

香豌豆属喜光植物，所以栽培期间要保证阳光充足，进行全日照管理，若连续阴雨天，应做人工补光。香豌豆生长适温为5～20℃，冬季长时间低于0℃时要进行加温，以防止植株受冻。

(四)肥水管理

定植后一周施一次淡尿素水催苗，以后每隔0.5个月追施一次以P、K肥为主的速效肥，整个生长期都要注意保持土壤湿润，忌水涝和长时间土壤过湿。

(五)搭架与整蔓

当幼苗主蔓长至15～20 cm时打顶，选留1～2个主枝让其向上伸展，随时剪去其他侧枝和卷须，枝蔓上花采摘后，当枝蔓的高度超过180 cm就要对其进行第2次引蔓，使着花部位始终保持在100～150 cm的高度上，便于采花和管理，整个采花期要进行3～4次重新引蔓。

四、病虫害防治

病害主要有白粉病、褐斑病、霜霉病。除加强通风外，要注意预防，在发病初期应及时用药防治。虫害主要有潜叶蝇、蚜虫，采用氧化乐果防治。

五、采收

切花采收宜在傍晚时进行，每个花序着生 3 朵以上才能作为商品花出售。采花适期为每个花序的第一朵花展开时，用酒精消过毒的剪刀，从花枝基部剪下或折取。

工作任务二 四大切花设施栽培

【学习目标】

1. 识别四大切花，并熟悉其习性特点与用途；
2. 熟练掌握四大切花的标准化栽培技术与花期控制技术；
3. 掌握四大切花的采收、分级与包装技术。

【任务分析】

月季、香石竹、菊花和唐菖蒲是世界四大鲜切花，也是多年来我国花卉市场上销量最大的四种鲜切花。近年来，这四种鲜切花的种植面积、销售总量和销售额都在逐年提高。本任务首先了解四大切花的特点、市场应用，熟知四大切花的习性、繁殖、栽培技术以及花期控制技术，熟练切花的采收与分级。

【基础知识】

菊　花

切花菊(*Chrysanthemum morifolium*)是菊科菊属多年生宿根花卉(图 3-5)。菊花是我国传统名花之一，因其花色丰富、清丽高雅而深受世界各国的喜爱。在国际市场上，切花菊的销售量占切花总量的比例较高，它与香石竹、切花月季、唐菖蒲合称四大鲜切花，切花菊名列榜首。

一、切花菊品种类型

切花菊品种繁多，切花生产主要是单花型品种，生产量和需求量较大。单花型主要的栽培品种有四大品系，多数是日本培育的品种。

(1)夏菊　花期在华中地区为 4—6 月，在北方寒冷地区为 5—7 月，花芽分化对日照时数不敏感，对温度反应敏感。花芽分化温度为 10℃左右。主要品种有‘金精兴’、‘白精兴’、‘夏红’、‘金碧辉煌’、‘赤壁鏖战’等。

图 3-5　切花菊

(2)夏秋菊　花期在 7—9 月，对日照时数不敏感，是积温型品种。花芽分化温度为 15℃左右，较耐高温，适宜夏季栽培。主要品种有‘精云’、‘精军’、‘白天惠’、‘宝之山'、'夏牡丹'等。

(3)秋菊　花期在10—11月，属短日照花卉，花芽分化温度为15℃左右。主要品种有'秀芳之力'、'巨宝'、'日橙'、'日本雪青'、'四季之光'，'亚运之光'、'东方睡莲'等。

(4)寒菊　花期在12月至翌年1月，属短日照花卉，花芽分化温度为6～12℃。主要品种有金御园、寒娘红、寒精峰、寒太阳、寒金城、寒紫云、寒金时等。

繁花类型也称多头辐射型或多头型，以多头小菊为主，如春季开花的早雪山、夏季开花的绿心白莲和紫心夏菊、秋冬开花的皖樱等品种。

二、切花菊生长习性

菊花属于浅根性作物，要求土壤通透性和排水性良好，且具有较好的持肥保水能力以及少有病虫侵染。需水偏多，但忌积涝，土壤适宜 pH 6.3～7.8，以弱酸性为最好。喜阳光，有的品种对日照特别敏感。生长适宜温度15～25℃，较耐低温，10℃以上可以继续生长，5℃左右生长缓慢，低于0℃易受冻害(地上部分)，根系可耐－10～－5℃。

香　石　竹

香石竹(*Dianthus caryophyllus*)又名康乃馨，为石竹科石竹属多年生宿根草本植物(图3-6)，其花朵绮丽、高雅、馨香，花色丰富，单朵花期长，应用广泛，装饰效果好，价格低廉，深受消费者欢迎，是目前世界上应用最普遍的切花花卉之一。康乃馨包括许多变种与杂交种，在温室里几乎可以连续不断地开花。1907年起，开始以粉红色康乃馨作为母亲节的象征。

图3-6　切花香石竹

一、香石竹类型

康乃馨品种极多，植株特点、花型、花色千变万化，分类方法也各不相同。

(1)按开花习性分　有一季开花型和四季开花型。

(2)按花朵大小分　大花型，小花型。

(3)按栽培方式分　露地栽培型(一季性开花)，温室栽培型(可连续开花)。

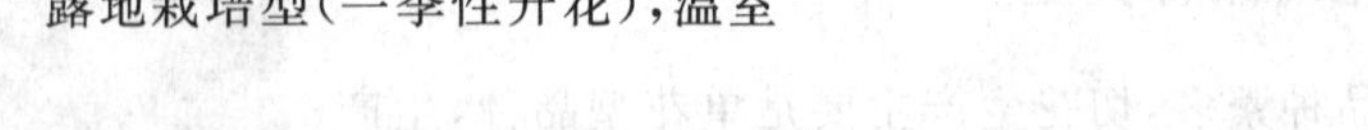

(4)按切花整枝方式分：标准型(大花型一枝一花)，射散型(小花型一枝多花)。

二、生长习性

原产地地中海沿岸，喜凉爽和阳光充足环境，不耐炎热、干燥和低温。适宜的生长温度为15～28℃，气温低于10℃，生长停滞；气温高于30℃，生长受到抑制。夏季连续高温，极易发生病害。喜富含腐殖质，排水良好的石灰质土壤，pH 6～6.5，忌连作。花期4—9月份，设施栽培四季开花。香石竹多为中日性花卉，15～16 h长日照的条件，对花芽分化和花芽的发育有促进作用，喜光照充足的生长条件。

唐 菖 蒲

唐菖蒲(*Gladiolus gandavensis*)别名剑兰、菖蒲,鸢尾科唐菖蒲属多年生球茎类球根花卉(图 3-7),为重要的鲜切花,可作花篮、花束、瓶插等。

图 3-7 唐菖蒲

一、唐菖蒲品种类型

(一)依开花习性分类

(1)春花品种 植株较矮小,球茎亦矮小,茎叶纤细,花轮小型。耐寒性强。

(2)夏花种类 植株高大,花多数,大而美丽。

(二)依花型大小分类

(1)巨花型 花冠直径 14 cm,以上,如辽宁的'龙泉'、武汉的'银光'、吉林的'含娇'等。

(2)大花型 花冠直径大于 11 cm,小于 14 cm。如甘肃临洮的'洮阳红'、荷兰的'苏格兰'。

(3)中花型 花较小,花冠直径 8～11 cm 之间,如甘肃的临洮的'蓝玉'等。

(4)小花型 花冠直径小于 7.9 cm ,一般春花类多属于此种类型。

(三)依生长期分类

(1)早花类 生长 60～65 d,有 6～7 片叶时即可开花。

(2)中花类 生长 70～75 d 后即可开花。

(3)晚花类 生长期较长,80～90 d,需 8～9 片叶时才能开花。

(四)依花色分类

唐菖蒲品种的花色十分丰富又极富变化,大致可以分为十个色系:白色系、粉色系、黄色系、橙色系、红色系、浅紫色系、蓝色系、紫色系、烟色系及复色系。

二、生长习性

唐菖蒲喜温暖凉爽气候,不耐寒,不耐酷热,生长适温白天 20～25℃,夜晚 10～15℃。球茎冬季休眠,4～5℃开始萌动。要求疏松、肥沃、湿润、排水良好的土壤。唐菖蒲喜光,为长日照植物,以每天 16 h 光照最为适宜。

月 季

切花月季又称现代月季,是指由原产我国的月季花(*Rosa chinensis*)、香水月季(*Rosa odorata*)等蔷薇属种类于 1780 年前后传入欧洲后,与原产欧洲及我国的多种蔷薇经反复杂交后形成的一个种系。现代月季栽培品种繁多,现已达 20 000 多个,而且还在不断增加。现栽培的月季品种大致分为六大类,即杂种香水月季(简称 HT 系)、丰花月季(简称 FL 系)、壮花月季(简称 Gr 系)、微型月季(简称 Min 系)、藤本月季(简称 CL 系)和灌木月季(简称 Sh 系)。月季由于四季开花,色彩鲜艳,品种繁多,芳香馥郁,因而深受各国人民的喜爱,被列为四大切花之一。

一、常见品种

随着切花月季生产的快速发展,优良的切花月季品种不断涌现,目前国内市场常见的品种中红色系的有:'红衣主教(Kardinal)'、'王威(Royalty)'、'卡尔红(Carl Red)'、'萨曼莎(Samantha)'、'卡拉米亚(Cararnia)'、'奥林匹亚(Olympiad)'等。

粉红色系的有:'索尼亚(Sonia)'、'婚礼粉(BridalPink)'、'贝拉米(Belami)'、'外交家(Diplomat)'、'唐娜小姐(Prima Donna)'、'火鹤(Flamingo)'、'甜索尼亚(Sweet Sonia)'等。

黄色系的有:'金奖章(Gold medal)'、'金徽章(Gold Emblem)'、'阿斯梅尔金(Aalsmeer-Gold)'、'黄金时代(Golden Time)'等。

白色系的有:'坦尼克(Tineke)'、'雅典娜(Althena)'、'白成功(White Success)'等。

二、生长习性

月季对气候、土壤的适应性较其他花卉为强,我国各地均有栽培。长江流域月季的自然花期为 4 月下旬至 11 月上旬,温室栽培可周年开花。

月季对土壤要求不严格,但以疏松、肥沃、富含有机质、微酸性的壤土较为适宜。性喜温暖、日照充足、空气流通、排水良好的环境。大多数品种最适温度昼温为 15～26℃,夜温为 10～15℃,冬季气温低于 5℃即进入休眠,一般能耐－15℃的低温和 35℃高温,但大多品种夏季温度持续 30℃以上时,即进入半休眠状态,植株生长不良,虽也能孕蕾,但花小瓣少,色暗淡而无光泽,失去观赏价值。

月季喜水、肥,在整个生长期中不能缺水,尤其从萌芽到放叶、开花阶段,应充分供水,土壤应经常保持湿润,才能使花大而鲜艳,进入休眠期后要适当控制水分。由于生长期不断发芽、抽梢、孕蕾、开花,必须及时施肥,防止树势衰退,使花开不断。

【工作过程】

以切花月季的设施栽培为例。

一、类型与品种

(一)生产类型

根据设施情况,我国切花月季生产有以下 3 种主要类型:

(1)周年型　适合冬季有加温设备和降温设备的温室。可以周年产花,但耗能较大,成本较高。

(2)冬季切花型　适合冬季有加温设备的温室和广东、昆明一带的露地和塑料大棚生产。此类生产以冬季为主,花期从 9 月到翌年 6 月,是目前切花生产的主要类型。

(3)夏季切花型　适合长江流域及其以北地区的露地及大棚切花生产。花期从 4—11 月,生产设施简单,成本低,也是目前普遍采用的栽培类型。

(二)品种选择

根据市场需要及切花特点,根据设施条件,选择合适的切花种类及品种。月季一般选择品种注意：

(1)植株生长强健，株型直立，茎少刺或无刺，直立粗壮，耐修剪。

(2)花枝和花梗粗长、直立、坚硬；叶片大小适中，有光泽。

(3)花色艳丽、纯正，最好具丝绒光泽。

(4)花形优美，多为高心卷边或高心翘角；花瓣多，花瓣瓣质厚实坚挺。

(5)水养寿命长，花朵开放缓慢，花颈不易弯曲。

(6)抗逆性强，应根据不同的栽培类型的需要而具有较好的抗性，如抗低温能力、抗高温能力、抗病虫害能力，尤其是抗白粉病和黑斑病能力。

(7)耐修剪，萌枝力强，产量高。

注意品种选择时花色的搭配，一般以红色为主，黄色、粉色、白色搭配种植。

二、繁殖技术

切花月季繁殖的方法主要有扦插、嫁接与组织培养3种。组培繁殖可获得大量无病毒苗。嫁接繁殖见项目三；扦插繁殖，操作简便，成活率高，应用较多。

(1)嫩枝扦插　在7—8月份选择未木质化的嫩茎作插穗。插穗一般长5～8 cm，剪去部分枝叶，留上面两片叶子，也可再剪去复叶的顶叶以减少蒸发。然后插于扦插床，20～30 d即可生根，扦插成活率可达95%以上。生根后移到培养土中培养壮苗。

(2)硬枝扦插　10月下旬至11月上旬，结合露地月季冬剪，剪取插穗。将半本质化和成熟的枝条剪成3～4节一段，上端平剪，下端斜剪，去掉叶片，然后用生根粉(200 mg/L)液浸泡枝条下端0.5～1 h。扦插深度为插穗长度的一半，株行距3 cm×3 cm。保持地温20℃以上，气温7～10℃。土壤见干就浇水，20～30 d后插条生根发芽。

三、栽培管理

(一)土壤准备

月季栽植后，要在棚内生长4～6年或更长时间，对土壤必须进行认真处理。栽前深翻土壤至少30 cm，并施入充足的有机肥改良土壤，调节土壤pH为6～6.5。可适当加入二胺、复合肥、骨粉等作为基肥。每100 m^2 施入的基肥量为：堆肥或猪粪500 kg，牛粪300 kg，鱼渣20 kg，羊粪300 kg，油渣10 kg，骨粉35 kg，过磷酸钙20 kg，草木灰25 kg。土壤整好后用蒸气或化学药品消毒。

(二)定植

一般采用两行式，行距30 cm或35 cm，株距依品种不同采用20～30 cm，直立型品种(如玛丽娜)密度(含通道)10株/m^2，扩张型品种密度6～8株/m^2。温室栽植的时间可以不受外界气候的影响，从冬到初夏均能进行，但为了节约能源，多在春季种植，以迎接夏季逐渐升高的温度。为了维持较高切花产量，4年以后需要更换新株。

栽后覆盖8 cm的腐叶、木屑之类有机物，保持地上枝叶湿润。新植的苗室内温度不可太高，以保持5℃为宜，以利于根系生长。过半个月后可升温到10～15℃，1个月后升到20℃以上。

(三)温度管理

温度是切花月季生产中一个非常重要的条件,它直接影响切花的产量和品质。

(1)夜温　一般品种要求夜温15.5～16.5℃,但'萨曼莎'等品种要求18～20℃,而'索尼亚'、'玛丽娜'、'彭彩'等低温品种只要求14～15℃,夜温过低是影响产量、延迟花期的一个重要原因,有些栽培者为节省能源,把夜温调至13℃,结果产量减少,采花期延迟了1～3周,大大地影响了经济效益。有关资料证明:'索尼亚'夜温从12℃提高到15℃时,2月份的产花量可提高40%～50%。

(2)昼温　一般阴天要求昼温比夜间温度高5.5℃,晴天要高8.3℃,如温室内人工增加二氧化碳的浓度,温度应适当提高到27.5～29.5℃,才不损伤花朵。如加钠灯照射的温室,温度应至少在18.5℃以上,以充分利用光照。在夏季高温季节,温度控制在26～27℃最好。

(3)地温　前人研究认为昼温20℃、夜温16℃条件下生长良好。当地温提高到25℃时可增产20%。但是若只提高地温,而降低气温,则会生长不良。

(四)光照调节

月季是喜光植物,在充足的阳光下,才能获得到良好的切花。温室栽培中,强光伴随着高温,必须进行遮阴。遮阴的目的是为了降温,当夏季最强光达到129 000 lx时,应遮阴降低光强的一半。有些地方3月初就开始遮阴,但遮阴度要低,避免植株短时间内在光强度上受到骤然变化,随着天气变暖可增强遮阴。若室内光强低于54 000 lx时,要清除覆盖物上的灰尘,9—10月,根据各地气候情况确定去除遮阴物。

冬季虽日照时间短,而且又有防寒保护,使室内光照量减少,但一般月季可照常开花。如果用灯光增加光照,可以提高月季产量,若用高光强电流的荧光灯和白炽灯组合的光源补光,也可明显提高花枝质量和产量。

(五)肥水管理

应做到见干见湿,原则是浇则浇透,冬季10 d浇水1次,春秋4～5 d浇水1次,夏季2～3 d浇水1次。4月初至5月初上午10时后开始遮阴,9—10月逐步减少,冬季补光。

薄肥勤施,施肥后适量减水,早春、晚秋及冬季宜施无机肥,入夏施有机肥,高温期减少或停止施肥。当幼苗长至一定高度时,设支架高1.5 m左右,在高1 m及1.4 m处搭铅丝。幼苗期及时去除所有的花蕾,培养开花母枝,剪除开花枝上的侧芽侧蕾。

(六)整枝修剪

整枝修剪是切花栽培的重要环节,其目的是控制植株高度,更新枝条,促进切花产量,控制花期。

整枝修剪结合管理分轻度修剪、中度修剪、低位重剪3种方法。每天的采花就是一种轻度修剪,当产花枝的花蕾有中等大小时,把不合格的短枝、弱枝、病枝剪除掉,对外围的产花枝只摘出花蕾而不剪枝叶,以保持植株的营养面积,增强树势,生长旺盛。中度修剪一般在立秋前后,7—8月高温期间,不修剪,只摘花蕾,保留叶片,立秋后将上部剪掉,留2～3片叶,到9月下旬就可以进入盛花期。低位重剪,就是把植株回剪到离地面60 cm左右的高度。在12月中下旬进行低位重剪,争取在清明节产出早春花,此时花价位较高,到"五一"进入盛花期,可产生较高的经济效益。如果延迟到1月份再整枝回剪，就无法赶在清明节产出早春花。新定植的月季，前2～3年都要进行低位重剪。

20世纪80年代后，日本和以色列推广应用的弯枝(折枝)整形技术也是月季栽培重要的措施之一。弯枝整形管理区别于修剪疏枝，它是在培养开花枝前把部分枝条向下折弯，在弯折顶点处发出开花枝，每次采花在开花枝基部剪切，从而在基部重新发出开花枝，减少修剪工序，保持营养平衡，开花枝整齐一致。

(七)剔芽、剥蕾

切花月季萌芽能力很强，经修剪后，当新芽的第1片真叶完全展开后进行疏芽。产花枝在生长过程中萌发的侧芽、副芽随时剔掉，集中营养供给端部主蕾发育至开花。小苗生长期随时有花蕾的形成，要及时剥蕾，以增强花枝向上生长的能力。

此外，切花月季设施栽培，应加强通风，防治病虫害，白粉病、霜霉病和黑斑病易发生，红蜘蛛、蚜虫也能造成重大损失，必须定期防治。

四、采收

红色或粉红系，当萼片角处折至水平位置，且外层1～2片花瓣开始向外松展时采收。黄色略早，白色或其他稍迟些采收。

【巩固训练】

切花月季采收与保鲜技术

一、训练目的

使学生熟悉切花月季采收标准，掌握采收方法、采后处理及采后保鲜贮藏技术。

二、训练内容

(1)材料工具　枝剪、塑料水桶、保鲜剂、打刺机、切花月季、保鲜柜、塑料袋等。

(2)场地　校内实训基地。

三、训练方法

在清早或傍晚采收，提前备好工具，用品，分组，分地点采收，保鲜。

(1)观察月季花萼是否平展，第1～2花瓣是否露色外展，留足营养枝长度，尽量延长切花枝长度25 cm以上，剪口平滑，及时用清水浸下切口。

(2)按品种色泽、长度分级，打去下部20～25 cm叶和刺，喷上保鲜液，20枝1束绑扎枝条中下部，再用塑料袋或纸袋套花朵部分，在2℃左右条件下贮藏。

四、训练结果

记录采收的过程及保鲜技术的处理。分析保鲜的原理和作用。

【知识拓展】

切 花 菊

一、繁殖技术

切花菊多用嫩枝扦插繁殖，也可采用组培脱毒苗扩繁。

(一)母株培养

秋冬季，将脱毒组培苗定植于圃地，施足基肥，株行距25 cm×25 cm，合理肥水管理，当顶芽长至15 cm时，进行1次摘心；20 d后进行第2～3次摘心，促进母株萌发较多的根蘖芽和顶芽，以获取足够的插穗。

(二)扦插繁殖

主要采用顶芽及脚芽扦插繁殖生产苗。选健壮、品系纯的母株采芽，每株采穗3～4次，次数过多会影响插穗质量。选未木质化嫩梢的顶芽，长5～8 cm，带5～7片叶，下部茎粗0.3 cm左右。用刀片去除下部叶，保留上部2～3片叶，20支1束，把下切口速蘸100～200 mg/L萘乙酸或50 mg/L生根粉2号，促进生根。用细沙或蛭石作插床，株行距3 cm×4 cm，插入沙中2～3 cm，搭盖小拱棚，保持温度15～20℃，10 d左右可生根，20 d后可移植成苗。

二、栽培管理

根据切花菊品种和栽培类型，分别介绍秋菊、电照菊栽培技术。

(一)秋菊栽培

(1)整地作畦　切花菊生长旺盛，根系强大，植株高度可达90～150 cm，要求土壤肥力高。在整地作畦前应在圃地施入腐熟有机肥或生物有机肥，一般5 kg/m²，既改善土壤物理性状、通气透水性，还增加肥力。以南北方向作高畦，高15 cm，长10～20 m，宽1～1.2 m，操作间50 cm。

(2)定植　秋菊一般在5月中下旬至6月上旬定植。选择阴天或傍晚进行定植。单花型独本菊栽培60株/m²，多本菊栽培30株/m²。以宽窄行种植为列，1畦4行，两侧留15 cm，中间留30 cm，行距10 cm。独本菊栽培的株距7～8 cm，多本栽培为10～15 cm。定植深度4～5 cm，植后压紧扶正，并随即浇透水。

(3)摘心、整枝　当菊花苗长到5～6片叶时，多本栽培的切花菊进行第1次摘心，促发侧枝后，留强去弱选留3～5个侧枝；第2次摘心，留3～5个枝，留枝过多，营养分散，切花质量下降。摘心要适时，过早分枝多，开花迟；过晚分枝少，花枝短而不齐。

(4)肥水管理　切花菊种植后，每10～15 d追肥1次，在营养生长阶段追施复合肥，生育后期增施磷钾肥，使菊花茎秆生长健壮、挺拔，达到切菊所需高度。切花菊对水分要求保持土壤湿润，土壤持水量在50%～60%，切忌过干过湿，防止积水或浇水不匀现象。

(5)立柱、架网　切花菊茎秆高，生长期长，易产生倒伏现象，在生长期确保茎干挺直，生长均匀，必须立柱架网。当菊花苗生长到30 cm高时架第1层网，网眼为10 cm×10 cm，每网眼中1枝；以后随植株生长到60 cm时，架第2层网；出现花蕾时架第3层网。立柱要稳，架网平展，起到抗倒伏的作用。

(6)剔芽、抹蕾 菊花在生长的过程中，当植株侧芽萌发后及时剔侧芽。菊花现蕾后及时去除副蕾和侧蕾，集中营养供给顶部主蕾。在栽培中如果出现“柳叶头”，要及早摘心换头补救。

(7)植株调整 为了保持菊花高度的一致性，尤其多头菊要求各枝高矮一致，栽培后期需进行人工调整，常用方法有刺茎和揉枝。在花蕾直径达到 0.6 cm 左右时，如枝条高矮不齐，可用针在高枝条的嫩部节间用针刺，以抑制其高生长，过高的多刺几次，矮的不刺，调节养分分配，使高度一致。在生长后期，对生长过高过快的枝条，在枝条柔软时，用手指轻揉枝条上部节位，使其微受伤，达到抑制生长目的。

(8)采收、包装 切花菊采收的时间，应根据气温，贮藏时间，市场和转运地点综合考虑。高温和远距离运输要在舌状花紧抱，其少量外层瓣开始伸出，花开近 5 成时采收；如温度低，短距离运输，在舌状花大部分展开，花开近八成时采收。采收时间，若是就近销售，在早晨或傍晚进行，而远销需包扎装箱的宜在中午前后进行。对于大花型品种，在花头直径达 5～6.5 cm 时，进行切枝采收，可以节约培育和运输成本。

采收剪口距地面 10 cm，切枝长 60～85 cm 以上，采收后将基部 20 cm 左右的叶片摘除，浸入清水中，按色彩、大小、长短分级放置，10 支或 20 支 1 束，外包尼龙网套或塑膜保鲜。为了保持鲜活度，摘叶处理后把花枝基部及时放到保鲜液中浸蘸，包装后再进行干藏低温保鲜。在温度 2～3℃，空气相对湿度 90%的条件下可较长时间保鲜。

(二)补光栽培

又称电照栽培，主要用于秋菊短日照的抑制栽培，通过光照抑制花芽分化，延迟开花，以达到花期调节的目的。在品种选择上要选晚熟品种，利于节约成本。常见的有‘天家园’、‘乙女樱’、‘四季之光’、‘白丽’等。

秋菊从短日照处理至开花的时间为 2 个月左右。华中地区在 8 月中下旬日长开始少于 14 h，开始花芽分化。为抑制其花芽分化，此期间应作补光处理。补光处理一般在深夜进行，深夜间歇性补光效果较好。以 8、9 月份每夜补光 2 h，10 月上旬以后每夜补光 3～4 h。补光结束后如果马上进行短日照和低温处理，舌状花瓣分化减少，上部叶变小，影响切花质量。补光结束后可采用后续补光的办法提高切花质量，即在停止补光后 11～13 d 再补光 5 d，再停止补光 4 d 后补光 3 d，可显著提高切花的质量。

菊花补光栽培与温度密切相关。一般秋菊花芽分化的临界温度为 15～16℃，低于这个温度影响花芽分化，易产生畸形花，甚至高位莲座状。所以在补光栽培过程中，从停止补光前 1 周至停止补光后 3 周这段时期内，须保持夜温 15～16℃以上，才能保持花芽分化正常进行。

菊花补光装置一般采用白炽灯、荧光灯等。近几年试用高压汞灯、高压钠灯等节能灯用于菊花补光栽培，取得了较好的效果。在补光装置配置过程中，必须保持菊花种植各处的生长点达到 50 lx 以上的光照度，才能有效抑制花芽分化。

(三)遮光栽培

主要用于短日照秋菊的促成栽培。一般用黑膜遮盖来延长短日照的时间，促进花芽分化，提早开花，以达到调节上市时间的目的。

遮光栽培应保持茎顶端光照度 5 lx 以下时，才可有效促进花芽分化；遮光后不能露光，也不能间断遮光，否则遮光无效，遮光操作以花蕾着色为止。遮光栽培中遮光的时间取决于花期控制目标及遮光时植株的高度，一般秋菊遮光时间可在开花目标期前60 d，株高35～45 cm处为宜。为保持暗处理10 h以上，一般傍晚5时开始遮光，翌晨8时左右揭幕。遮光栽培常用于夏秋季出花，但夏季高温对花芽分化影响极大，故遮光栽培类型适合在夏季凉爽地区。夏季高温地区要防止遮光后棚内温度急剧上升，影响生长发育，所以一般均采用自然黑暗后揭膜通风，天亮之前再盖膜的办法。一般品种在遮光同时要求温度在20℃左右就促进花芽分化，如果遮光同时温度达到30℃左右，反而抑制花芽分化。在温度适当，遮光良好的情况下，45～55 d后花蕾着色，90 d内开花。

此外，菊花栽培过程中对病虫害防治工作要自始至终开展，及时发现及早防治；根据市场信息和生产条件来选择品种及品种组合也是切花菊生产中重要的策略。

三、切花菊周年栽培生产安排

见表3-1。

表3-1　切花菊周年生产安排

栽培型	月份																
	5	6	7	8	9	10	11	12	1	2	3	4	5	6	7	8	9
秋菊抑制栽培		↓●	×—	✹	✹—	✹	≈≈	≈	〓〓	〓							
		↓	●×	—	✹—	✹	—✹	≈≈	≈	≈≈	≈〓	〓	〓				
			↓●	✹	✹	✹≈	✹	≈≈	✹	≈✹	≈≈	≈	〓〓	〓			
夏菊露地栽培							↓	≈↓	≈↓	●	●×	—	〓〓	〓〓	〓		
秋菊促进栽培									↓	↓●	×	—	⌃⌃	⌃	—	〓〓	
		●●	×⌃	⌃	⌃⌃	—〓	〓	〓									

注：● 定植；✹ 补光；≈ 加温；〓 开花期；↓ 扦插；⌃遮光；× 摘心；—— 日常栽培管理。

香石竹切花栽培

一、繁殖技术

香石竹生产种苗多采用组培脱毒结合扦插繁殖育苗。扦插繁殖要建立优良的品种圃、采穗圃。品种圃、采穗圃都为组培脱毒苗，应覆盖防虫网，防止虫害侵入而传染病毒。香石竹种苗的优良性状一般能维持8～12个月，在这之后就可能产生性状上的退化，造成抗性下降、插穗质量下降，影响切花质量。

二、栽培管理

香石竹多采用设施栽培，塑料大棚或温室栽培设施，能保证通风见光，防雨防病，控温控光等条件。

(一)整地作畦

香石竹属须根系植物，喜肥不耐水湿，适合于富含有机质及腐熟有机肥料砂质壤土栽培，忌连作。作畦前要彻底消毒，作畦高15～20 cm，畦宽0.8～1.0 m，长度10～20 cm。

(二)定植

定植时间主要根据预定采花期来决定，通常从定植到开花约需110～150 d。定植密度一般为 33～40 株/m^2，株行距为 10 cm×10 cm，中小花型可密度大一些，中大花型品种选用 35 株/m^2，如果只采收 1 次花的短期栽培，可加密到 60～80 株/m^2。以加强通风透光，提高切花质量。香石竹定植的种苗，根系长度为 2 cm 左右，定植时应浅栽，通常栽植深度为 2～5 cm，以扦插苗在原扦插介质中的表层部位稍露出土为度。栽植时要遮阳，及时浇水，防太阳暴晒萎蔫。

（三）肥水管理

香石竹肥水管理应做到基肥充足长效，追肥薄肥勤施，注重全面营养。氮肥以硝态氮为好，钾肥、钙肥有利于开花整齐，提高切花品质，硼素容易缺乏，会造成植株矮小，节间短缩，茎秆产生裂痕，茎基部肥大，顶芽不形成花蕾，在花蕾期出现花瓣褐变等症状。pH 值过高时易发生缺硼，土壤过干时也会缺硼，常用硼肥有硼砂、硼酸或硼镁肥。香石竹生长期需水量较多，但不能 1 次浇过多，应保证根系通气良好，水分吸收均匀，在采收时期水分忽多忽少会造成裂萼现象发生。

在栽培管理过程中要定期测量土壤 pH 和 *EC*，*EC* 是电导率的代号，利用电导率仪可以测定土壤水溶液的电导率，从而判断土壤溶液中养分的总含量和土壤盐积化的程度，土壤中盐类含量越多，电导率越高，肥料过多过少都会引发生理病害，因此要根据 *EC* 来推测土壤是否缺肥或过肥。香石竹在花期对肥水和温度非常敏感，其中 *EC* 测量是当今切花生产中重要观测指标之一，一般香石竹在幼苗期 *EC* 为 0.6 mS/cm，开花期为 0.8 mS/cm，超过 1.4 mS/cm 时，植株会发生生育障碍，一般在 0.6～1.0 mS/cm 期间生育正常。香石竹土壤最适 pH 6.0～6.5。

（四）温度、光照管理

香石竹生长适合冷凉环境，最适生长平均温度为 15～20℃，夏季降温采用遮阳网遮阴及喷雾措施；冬季的保温和升温也同等重要，尤其夜间要加强保温，使夜温在 5～12℃范围内，才能保证切花生产。

香石竹原种属长日性植物，栽培品种多为中日性，如能使日照延长到 16 h，有利于香石竹营养生长与花芽分化，提早开花，提高产量和品质。生产上常在花芽分化阶段加补人工光源，每次 50 d 左右。

（五）摘心

香石竹摘心分为 3 种类型，1 次摘心法；2 次摘心法和 1.5 次摘心法。1 次摘心法是对定植植株只进行 1 次摘心，一般在有 6～7 对叶进行，摘心后使单株萌发 3～4 个侧枝，形成开花枝开花，此种方法开花最早，时间短，出现两次采收高峰。2 次摘心法是在主茎摘心后，当侧枝生长有 5 节左右，对全部侧枝再进行 1 次摘心，使单株形成的花枝数达到 6～8 枝。此法可以在同一时期内形成较多花枝，第一批采收较集中，而第二批花较弱。2.5 次摘心法是解决了既要提早开花，又要均衡供花的矛盾，在前两种方法基础上，进行改良，在摘心 1 次后，第 2 次摘心时，只摘一半侧枝，另一半不摘，从而使开花分两期进行。

（六）张网、剥蕾剔芽

香石竹在生长的过程中，为了使茎秆直立防倒伏，应在株高 15 cm 时开始张网。张网技术与切花菊张网技术相同，可供参考。

(七)采收

单枝大花型香石竹采收应在花朵外瓣开放到水平状态,能充分表现切花品质时为最适采收期,如为了耐贮及长距离运输,可以在花瓣萼筒刚现色后采收。多头型香石竹采收通常在花枝上已有 2 朵开放,其余花蕾现色时采收。采收时要尽量延长花枝长度,同时要为下茬花抽出 2~3 个侧枝做好基础。采收后分级包装,20 支为 1 束,花头平齐,吸足水分,保鲜在 1~4℃条件下。

(八)香石竹生产栽培中需注意

(1)防裂萼　香石竹的大花品种,在开花时花萼易破裂,失去商品性,严重影响经济效益。其主要原因是在成花阶段昼夜温差大;低温期浇水施肥过多;氮、磷、钾三要素不均衡,使花瓣生长迅速超过花萼生长,过多的花瓣挤破花萼,造成花萼破裂。

(2)防花头弯曲　花芽分化期化肥用量过多,营养过剩或者日照时数短,会出现花头弯曲。

(3)防盲花　由于环境条件变化,花芽发育受阻,花器出现枯死症状,形成盲花。引起盲花的原因主要是低温和营养不良造成的生理障碍,花蕾期遭受 0℃以下的低温后又采取急速升温,容易引发花瓣畸形或败花;在花芽分化期缺硼会产生无瓣的畸形花,缺钙会造成花蕾枯死。

三、周年栽培生产安排

见表 3-2。

表 3-2　切花香石竹周年生产安排

栽培型	月份																	
	1	2	3	4	5	6	7	8	9	10	11	12	1	2	3	4	5	6
塑料大棚栽培								● ×	× —	≈	≈ ≈	≈ 〓	〓	≈ ≈	≈	≈ —	—	〓 〓
温室栽培									●	≈ ≈	×	≈ ≈	×	≈ ≈	≈	≈ —	—	〓 〓
						〓	〓 →	→	—	—	—	〓	〓 〓	〓	〓 〓			

注:● 定植;≈ 加温;〓 开花期;× 摘心;→ 回剪;—— 日常栽培管理。

唐菖蒲切花栽培

一、繁殖技术

唐菖蒲以分球繁殖为主,一个较大的商品球经栽种开花后,可形成 2 个以上的新球,新球下面还生出许多小子球。生产栽培以球茎直径大小分级:一级大球(直径大于 6 cm),二级中球(4 cm),三级小球(2.5 cm),四级子球(小于 1 cm)。一二级球用于生产,三四级球用于繁殖,经 1~2 年栽培后,可用作开花种球。

秋季将小子球挖出后,去掉泥土,在 1~2 d 内用杀菌剂浸泡 20 min,风干后贮藏于冷凉的室内。在春季栽植前,对小子球再检查 1 次,分大小包装,在杀菌液中浸泡 30 min,冲洗干净后,自然晾干,放 2~4℃条件下待播。采用垄栽,施足底肥,在垄中央开沟,深 3 cm,宽 10~

13 cm,沟底平整,将小球双行栽种,浇透水后覆土深 2～3 cm。

栽后平整地面,轻镇压,保持土壤湿润,出芽后控制水分供给,以促进根系生长,每 30 d 追施化肥 1 次,尤其在夏季地下球茎生长季节。秋季叶片枯黄后,收获小球,再进行 1 次分级,2.5 cm 以上可做商品球,1.3～2.5 cm 再培养一年,1.3 cm 以下的需培养 2 年,才可开花。

二、栽培管理

(一)整地作畦

唐菖蒲切花生产适宜选择四周空旷、无障碍物、荫蔽,无氟无氯污染,光线充足,地势高燥的田地种植。栽植前应深翻地 40 cm,施入腐熟有机肥 10 kg/m^2,并进行杀虫杀菌处理。采用东西向垄作,垄宽 0.5 m 左右,高 20～30 cm,避免连作。土壤 pH 以 6.5～7.0 为宜。

(二)种球处理

根据上市时间和品种特性确定栽植时期,一般在栽后 90 d 左右见花,在栽植前应对球茎进行消毒及催芽处理,把球茎按规格分开,以 2.5～5 cm 的球用于切花最好,先去除外皮膜及老根盘,在 50%多菌灵 500 倍液中浸泡 50 min,或 0.3%～0.5%高锰酸钾中浸泡 1 h,在 20℃左右条件下遮光催新根及幼芽,当有根露出和芽生长时可以栽植。

(三)定植

种植株距为 10～20 cm,行距 30～40 cm,根据球大小及垄宽可灵活安排,种植深度为 5～12 cm,根据球茎大小,土壤质地及气温而改变。栽植后及时浇水,待出芽后控水 2 周,以利于根系生长。

(四)肥水管理

保证充分见光,过密时必须去除弱苗,加强通风,并结合生长,防止倒伏,拉网或立支柱,多采用拉网,根据株行距大小而定网孔。生长期尤其在栽植 4～6 周后追肥,在 2 叶期施营养生长肥,4 叶期为花芽分化期,除了地下浇肥水外,还应喷叶面肥。花期不施肥,花后应施 P、K 肥,促进新球生长。

唐菖蒲应分批分期种植,采用地膜覆盖和早春支设小拱棚,可以提早开花。中耕除草措施应在 4 片叶之前进行,并结合除草向根茎处培土,可以有效防倒伏。

(五)采收

最适宜采收时期是花穗下部第 1～3 朵小花露出花色时,以清晨剪切为好,为保证地下球茎生长需要,剪切时保留植株基部 3～4 片叶,剪取后剥除花枝基部叶片,按等级花色分级包扎,20 枝 1 束。通常花枝 70 cm 以上,小花不少于 12 朵才可定级,花束存放在 4～6℃条件下,切口浸吸保鲜液,注意不能用单侧光照射太长时间,以免引起花枝弯曲现象。

三、周年设施栽培安排

见表 3-3。

表 3-3 唐菖蒲周年设施栽培安排

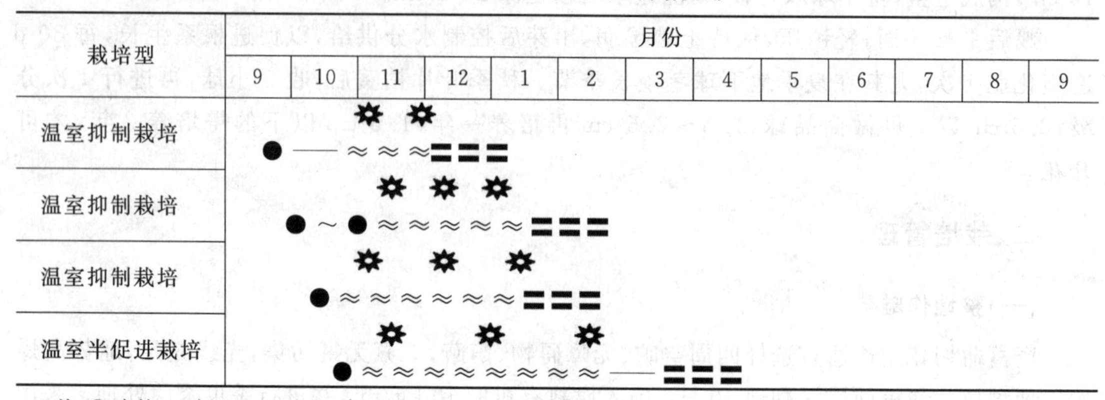

注：● 定植；≈ 加温；☰ 开花期；✲ 补光；—— 日常栽培管理。

工作任务三 新兴切花设施栽培

【学习目标】

1. 能熟练识别各类切花并知道其品种，并熟知各切花的特点、应用；
2. 熟练百合、非洲菊、丝石竹等重要切花的标准化栽培技术以及花期控制技术；
3. 熟练各切花的采收、分级。

【任务分析】

随着经济发展，人们生活水平的提高，鲜切花越来越多地被应用。在日常经济、文化生活中，除四大切花外，百合、非洲菊、红掌、丝石竹等花卉也是重要的应用切花。因此本任务是常见重要切花的标准化栽培、花期控制技术、鲜花的采收、分级等。

首先要识别常见的重要切花以及各种切花的主要栽培品种，知道各品种的特点；熟练设施内的环境调控技术，掌握百合、非洲菊、红掌、丝石竹的栽培技术、花期控制技术；熟练上述切花的采收及分级。

【基础知识】

百　合

百合(*Lilium brownie*)是百合科百合属多年生鳞茎类球根花卉，在西方，百合多用于纪念圣母玛利亚，象征民族独立与国家繁荣。在中国，百合有百年好合之意。切花百合是适合做切花的百合的总称。一般表现为花梗长，瓶插时间长，花型优雅，美丽大方，能够设施栽培，温室栽培能周年开花。

一、品种类型

现在我们栽培的切花百合主要有东方白合、亚洲百合、铁炮百合(麝香百合)等品系。

(一)亚洲百合杂种系

花朵向上开放,花色鲜艳,生长期从定植到开花一般需 12 周。生长前期和花芽分化期适温为白天 18℃左右,夜间 10℃,土温 12~15℃。花芽分化后温度需升高,白天适温 23~25℃,夜间 12℃。适用于冬春季生产,夏季生产时需遮光 50%。该杂种系对弱光敏感性很强,冬季在设施中需每日增加光照,以利开花。若没有补光系统则不能生产。

(二)麝香百合杂种系

花为喇叭筒形、平伸,花色较单调,主要为白色。属高温性百合,白天适温 25~28℃,夜间 18~20℃,生长前期适当低温有利于生根和花芽分化。夏季生产时需遮光 50%,冬季在设施中增加光照对开花有利。从定植到开花一般需 16~17 周,生长期较长,有些品种生长期短,仅 10 周。

(三)东方百合杂种系

花型姿态多样,有花萼花朵平伸形、碗花形等;花色较丰富,花瓣质感好,有香气。生长期长,从定植到开花一般需 16 周,个别品种达 20 周。要求温度较高,生长前期和花芽分化期为白天,20℃左右,夜间 15℃。夏季生产时需遮光 60%~70%,冬季在设施中栽培对光照敏感度较低,但对温度要求较高,特别是夜温。

二、生长习性

百合耐寒性强,耐热性差,喜凉爽湿润气候,忌干冷与强烈阳光。生长适温白天 20~25℃,最适相对湿度 80%~85%,喜阳光充足;百合类为长日照植物,低温短日照会抑制花芽分化,冬季在设施中应每日增加光照,保持 16~18℃可加速开花。对土壤要求不严,适应性较强,但以疏松、肥沃、排水良好的沙壤土为好,pH 5.5~7。无需大量施肥,整个栽培过程中避免施用含氯和氟元素的无机肥料。

非 洲 菊

非洲菊(*Gerbera jamesonii* Bolus)又名扶郎花,菊科大丁草属多年生草本,根系庞大,头状花序单生,高出叶面 20~40 cm,花径 10~12 cm,总苞盘状,钟形,舌状花瓣 1~2 或多轮呈重瓣状,花色有大红、橙红、淡红、黄色等。通常四季有花,以春、秋两季最盛。适宜温室栽培。非洲菊花色丰富,花朵清秀挺拔、潇洒俊逸,花艳而不妖,姣美高雅,给人以温馨、祥和、热情之感,是礼品花束、花篮和艺术插花的理想材料,因而备受人们喜爱。

一、品种类型

非洲菊的品种可分为三个类别:窄花瓣形、宽花瓣形和重瓣花形。

(1)窄花瓣形　舌状花瓣宽 4~4.5 mm,长约 50 mm,排列成 1~2 轮,花序直径为 12~13 cm,花形优雅,花梗粗 5~6 mm,长 50 cm,但花梗易弯曲。主要品种有'佛罗里达'、'检阅'等。

(2)宽花瓣形　舌状花瓣宽 5~7 mm,花序直径为 11~13 cm,花梗粗壮,长 10 cm,株型高大,观赏价值高,保鲜期长,是市场流行品种,尤其以黑心品种最流行,市场销路好。主要品种有'白明蒂'、'白雪'、'基姆'、'声誉'等。

(3)重瓣花形　舌状花多层，外层花瓣大，向中心渐短，形成丰满浓密的头状花序，花径达10～14 cm。主要品种有'考姆比'、'地铁'、'粉后'等。

二、生长习性

喜冬暖夏凉、空气流通、阳光充足的环境，不耐寒，忌炎热。喜肥沃疏松、排水良好、富含腐殖质的沙质壤土，忌黏重土壤，宜微酸性土壤，生长最适 pH 6.0～7.0。生长适温 20～25℃，冬季适温 12～15℃，低于 10℃时则停止生长，属半耐寒性花卉，可忍受短期的 0℃低温。

红　掌

红掌(*Anthurium andraeanum* Lind)为天南星科花烛属多年生宿根草本花卉，原产于南美热带雨林地区。株高 30～70 cm，叶自短茎中抽生，革质，长心脏形，全绿，叶柄坚硬细长。花顶生，佛焰苞具有明亮蜡质光泽，肉穗花序圆柱形，花姿奇特美妍，初看似假花。切花寿命长达 30 d 以上，为高级插花材料，姿态优美，周年开花。栽培品种花色繁多，花期持久。

一、品种类型

红掌类型很多，一般按照开花后佛焰苞的大小分为以下类型：

(1)小花型　佛焰苞直径小于 6 cm。

(2)大花型　佛焰苞直径大于 6 cm。

二、生长习性

红掌原产于南美洲的热带雨林中。性喜温暖、潮湿和半阴的环境，但不耐阴，喜阳光而忌阳光直射，不耐寒，喜肥而忌盐碱。最适生长温度为 20～30℃，最高温度不宜超过 35℃，最低温度为 14℃，低于 10℃随时有冻害的可能。最适空气相对湿度为 70%～80%，不宜低于 50%，基质 pH 5.5～6。

丝　石　竹

丝石竹(*Gypsophila paniculata*)又名满天星、霞草等，属石竹科丝石竹属多年生宿根性草本植物，原产亚洲北部及欧洲。丝石竹洁白的小花如繁星点点，具素雅、圣洁、朦胧的美感，是世界鲜切花族中重要一员。

一、主要栽培品种

目前国内引进栽培的丝石竹切花品种有 6 个，其中白花品种有仙女、完美、钻石；红花品种有火烈鸟、红海洋、粉星。

仙女因花朵小而又多，被称为小花品种。该品种适应性较强，栽培较易，产量高，但花茎较软，保鲜能力差。

完美花朵较大，茎秆粗壮，俗称大花品种。其主要优点是切花茎秆挺拔，花朵洁白晶莹，保鲜能力强，但栽培易受气候因素制约。

钻石花型大小介于二者之间，俗称中花品种，兼有二者优点，将成为今后雕花生产中的主要品种。

火烈鸟淡粉红色，花茎细长，花色易褪。

红海洋呈桃红色，花大茎硬，花色艳丽，不易褪色，深受消费者喜爱。

二、生长习性

喜温暖湿润和阳光充足环境，较耐阴，耐寒，在排水良好、肥沃和疏松的壤土中生长最好。栽培土质以微碱性的石灰质壤土为佳，排水、日照需良好。植株高度已有 20 cm 以上，灌水量酌量减少，稍干旱能促进开花，尤其开花后排水不良或长期淋雨，根部容易腐烂。性喜温暖，忌高温多湿，生育适温 10～25℃。

【工作过程】

以设施红掌切花栽培为例。

一、设施环境

人工种植生长在高温高湿较阴暗环境中的红掌切花，应根据其生物学特性，结合当地的实际气候条件选择适宜的栽培设施和辅助设备，只要保持适宜的种植条件，可实现周年产花。目前，我国红掌切花的生产大多集中在现代化程度较高的智能化温室。

(一)对温室的基本要求

种植红掌切花的温室要有较大的空间，因为温室空间越大，对温、湿度的调节缓冲性能越好，小气候环境更趋于稳定。同时温室要有足够的高度和良好的通风透气性能，以最大限度地满足红掌生长发育所需的最适环境条件。适宜的温室高度为 5～5.5 m，一般要求最低高度不低于 4 m。在温室栽培条件下，冬季光照不足是植株生长的限制因素，因此，温室内应尽可能多地采光，同时要设有顶部加温系统，防止冬季温室屋面产生冷凝水。生产中一般以 1 hm^2 的现代化大型温室为一个种植单元。

(二)温室辅助设施

(1)加温系统　红掌是喜温植物，对热量的需求较大。生产中要根据温室面积和当地的气候条件安装加温设备，以保证冬季红掌切花正常生长发育。

(2)湿帘风机降温系统　利用蒸发降温原理实现温室内空气温度的降低，同时相应地增加了空气湿度。这种系统降温效果比较好，但运行成本高。

(3)喷雾装置　温室棚内安装雾喷装置，一般降温可达到 3～5℃，同时能够增加湿度，缺点是耗水量大。喷雾系统产生的雾滴越细，使用效果越好。最佳效果可以做到既能保持植株干燥又能增湿降温，缺点是对水压的要求较高，运行费用较高。

(4)遮阳系统　夏天过强的光照，使植株生长迟缓，生长发育不良，温室需配备可移动的内外遮阳系统。有些温室没有外遮阳系统，可使用遮阳降温涂料或在玻璃上喷洒石灰，能够起到很好的降温和遮阳效果。

(5)灌溉系统　对灌溉系统而言最重要的是要使水分布均匀。经常检查以确保水分布均匀是必要的，水分缺乏或水分过多造成分布不均，阻碍生长与发育，植株矮小。对某些敏感的品种，甚至造成芽脱水。喷灌系统比较理想，它可使水分分布均匀，并有可能清洗掉植株上的尘土。此外，在相对湿度低时，喷灌系统还有降温的作用。

(6)雨水收集池或水处理系统　红掌种植对水质要求十分严格，一般要求水源 *EC* 值在 0.5 mS/cm 以下。雨水是最佳的种植用水，每公顷温室可设置一个 2 000 m^3 的雨水收集池。在雨水较少和水质不符合红掌生产的地区可使用水处理设备。1 hm^2 的温室需一台 3 t 的水处理机器。经过处理的水可用于灌溉和喷雾系统，既解决了水质问题同时又保持了叶片和花的洁净。

(7)计算机和检测仪器设备　温室环境自动控制系统和计算机连接，同时配备相关的 *EC*、pH、温度、光照等检测仪器。

此外，1 hm^2 温室一般需要 600 m^2 的附属建筑设施，包括办公区、工人房、仓库、包装车间，同时至少有 300 m^2 的加工区，具备有空调的储藏室和运输的保温车。

二、品种选择

对红掌切花栽培来说，品种直接关系到切花的产量与品质。理想的切花品种应具备如下的特性：市场受欢迎、畅销，产量高、抗逆性强、花瓶期长、花型花色漂亮。

红掌切花栽培品种很多，目前种苗大多来自荷兰。常见品种有 Evita（爱复多）、Tropical（热情）、Alex（阿里克丝）、Joy（欢乐）、Gloria（光辉）等。其中以红色的品种最为畅销，红色品种以 Tropical 和 Evita 最受市场欢迎。

红掌切花种苗有大、中、小苗之分。大苗指株高在 30～40 cm 之间的植株，中苗指株高在 20～30 cm 之间的植株，小苗指株高在 10～20 cm 之间的植株。生产中除非具备良好设施条件和丰富的经验，否则应选用中苗和大苗栽培。大苗能较早开花，但成本高，在种植和运输过程中容易伤根，缓苗慢。

三、栽培系统与栽培基质

（一）栽培系统

智能化温室栽培红掌切花通常采用床栽、槽栽和盆栽等方式。

(1)床栽　栽培床的设置取决于温室布局，过宽不利于操作，过窄浪费温室空间，生产中应根据温室的布局来设计栽培床的长度和宽度。通常床宽为 1.2 m，过道 0.8 m，栽培床深度为 25 cm，可在地下挖 20 cm 的土坑，高出地面 5 cm，四周用硬质材料围起来，材料可用砖块、PVC 板、水泥板等。栽培床用塑料薄膜衬底，准备好的栽培床在铺膜之前要进行消毒处理。栽培床需挖 5 cm 深，4 cm 宽的沟，安装排水管，倾斜度为 0.03%，周围铺 2～3 cm 大小的鹅卵石。床底部应从两边向中间呈“V”字状倾斜，利于多余的水分流向排水管。床栽是目前使用最广泛的栽培方式。

(2)槽栽　主要使用聚苯乙烯栽培槽替代床栽。沟内铺塑料薄膜，放入排水管，然后槽内装栽培基质。常用“V”和“W”字形两种栽培槽。槽栽使用基质较床栽少，保温性能好，但投资较大。

(3)盆栽　使用容积 6～10 L 的塑料盆作为栽培容器，盆底要有 60%排水孔，上盆前花盆用 500 倍高锰酸钾溶液浸泡 30 min。盆栽能较好的避免病害的传播，基质用量少，可迅速对营养进行控制，但需滴灌系统，投资比较大，缓冲能力差，切花的寿命较床栽短。

(二)栽培基质

红掌为附生植物,通常生长于树干、岩石或地表,喜欢阴暗、潮湿、温暖的环境,因此,栽培基质一定要有较强的保水保肥力,排水良好,有一定的支撑能力,不含有毒成分,具有良好的通气性,水气比例大致为1∶1。常用的基质有花泥、椰子壳、草炭、蛭石、岩棉等。

选用种植基质取决于品种的需水量、种植的方法、灌溉方式、栽培时间长短等因素。红掌经济寿命一般6～8年,所以应选择结构比较稳定的材料作栽培基质,花泥是目前最常用的栽培基质。

四、定植

(一)定植前的准备

种苗定植前1周进行温室消毒,可用敌敌畏或百菌清烟雾剂密闭熏棚,同时在温室内要仔细喷洒广谱性杀虫剂,拔除杂草,彻底清洁温室和各种工具。

根据温室栽培床的容积购买花泥,静置5 d以上释放有毒气体,将花泥切成3～4 cm大小的立方体放入栽培床中,加水浸泡24 h以上。浸泡时,采用间隔方式,先泡一定时间后停止浸泡,然后继续,如此多次。另外,种植前,最好用营养液浸泡,否则定植后再施营养液很难吸收。排水后检查花泥的*EC*和pH, pH 5.2～6.0,*EC*控制在1.0 mS/cm以下。

(二)定植时期

红掌可周年种植,但要避免极热或极冷的季节,在气候比较温和的季节栽种。在华北地区(以北京为例)每年3—4月和9—10月定植为最佳,此时温度、光照最适宜红掌幼苗生长。

(三)定植密度

定植密度要根据种植的品种和气候条件的不同而不同,通常定植密度12～14株/m^2,株行距依栽培床的情况合理设定。定植深度以种苗颈部与栽培基质的表面持平为准,不可将心叶埋在花泥下。

(四)定植方式

红掌切花的定植方式一般为单株栽培。定植时,可根据每次定植的种苗数量,安排合理的人工,将人员进行分组,两人一组栽种一个栽培床。定植前用600倍的普力克蘸根,防止根部病害,同时又能刺激根系生长。定植过程中要尽快将苗种到栽培床上,同时要注意避免工具和人为的交叉感染。

(五)定植后管理

红掌切花定植后,前20～30 d不要使用营养液灌溉,每天采用人工喷水或是用喷雾系统喷雾保持花泥表面微湿和植株叶片湿润。用600倍的普力克每周灌根1次,连续3次。白天温度控制在20～25℃,30℃以上要加强通风,晚上20℃左右。光照在5 000 lx以下,相对湿度70%～80%。

五、栽培管理

(一)温湿度管理

红掌是喜阴植物,生长需要20℃以上的温度和80%左右的相对湿度。通常白天温度保持在20～28℃，相对湿度在70%～80%；夜间温度保持在18～20℃，相对湿度70%左右。总之，红掌生长温度应保持低于30℃，相对湿度要高于50%。

红掌能够忍受14℃低温和35℃高温，温度与湿度的相互作用对红掌生长发育的影响更大，如相对湿度80%、温度35℃时没有大的影响，而相同温度下相对湿度20%时即对其带来损伤，所以在高温时要保持较高的空气湿度。高温季节可通过开启环流风机等通风设备进行降温，也可通过喷雾系统来降低温度，既可增加湿度又可以保持植株干燥，降低病害的侵染机会。当温度降到14℃时，要用热风炉等加温设备降温的保持在16～20℃以上。

(二)光照管理

红掌切花通常按“叶—花—叶—花”的顺序循环生长，花叶产量相同，光照是影响红掌切花产量的最重要因素。温室中光照保持在15 000～25 000 lx之间，以20 000 lx左右最为适宜，光照强度不宜长时间超过25 000 lx，光照过强会使植株生长缓慢，发育不良，导致某些品种褪色，同时引起温室内温度升高，引起花芽早衰，盲花数量增加。光照过强必须进行遮光，以免造成花苞变色或灼伤。

在冬天或阴天，应尽可能增加光照。同时清洗塑料薄膜或玻璃屋面，也能有效地增加光照，或者通过补光增加光照。

(三)水肥管理

红掌对盐分比较敏感，因此栽培时应尽量使基质pH控制在5.2～6.2之间，以pH 5.7最为理想。由于植株对营养元素的选择性吸收，在很大程度上影响了基质的pH，所以，栽培要经常检测并适时调整基质或营养液的pH。

如果采用雨水灌溉，灌溉水*EC*控制在1.0～1.5 mS/cm之间，秋冬季节*EC*可适当高一些，可达1.3～1.5 mS/cm之间。春夏低一些，1.0～1.2 mS/cm为宜，*EC*过高会导致花变小、产量降低以及花茎变短的现象。

(1)定期检测花泥的*EC*和pH　每2周进行一次，在不同的苗床取样，每次取样不少于20个点。采样时不同的苗床需要更换橡胶手套，防止相互感染，取样深度应为表层50 m以下中间部位，同时检测排水中的*EC*和pH情况。每月应将所取样品进行营养液成分分析，根据情况适时调整营养液配方。

(2)水质　水质的好坏在很大程度上取决于钠离子、氯离子和碳酸氢根的含量。一般钠离子和氯离子的浓度必须低于3 mmoL/L，碳酸氢根的浓度也要低于0.5 mmoL/L，如果后者的浓度太高，则可用酸中和。中和最好用硝酸，不要用硫酸和磷酸，否则易造成硫和磷元素的过量，溶液浓度过高会引起花朵缩小、产量降低和茎秆矮小。水质太差的水源可以使用水处理设备进行脱盐。定期使用洁净灌溉水淋洗栽培床，可以降低盐分在基质中的积累。

(3)营养液灌溉　红掌根部施肥比叶面施肥效果好，主要是因为红掌叶表面有一层蜡质，叶片不能对养分进行很好的吸收，而且这种方法能保持叶片和花朵的清洁。

红掌的营养供给量与基质、季节和植株的生长发育时期有关。一般要求每立方米每天喷灌3 L或滴灌2 L，每升肥料溶液所含的营养量应不少于1 g。在温室栽培条件下，供水量一般为冬季每周7 L，夏季每周21 L。也可通过排水控制灌溉量，夏天排水量为40%左右，冬天为25%～30%。另外，如果基质中的*EC*偏高，应加大灌溉量来冲洗过多的盐分。

(4)CO_2施肥　自然条件下，空气中CO_2浓度为330 μL/L左右，在温室中补充至

800 μL/L，在其他环境因子都适宜的情况下，能显著提高红掌切花的质量和产量。

（四）植株管理

植株管理主要有剪叶，除草、拉线、去除残花败叶等。

根据红掌植株的生长情况，要定期剪除老叶，叶片太多花芽很难露出或产生盲花，茎弯曲，损伤花芽和花朵。剪除老叶有利于促进植株间通风和增加光照，同时控制病虫害的发生。不同的品种剪叶次数和保留的叶片数量不同，大叶或水平叶较多的品种一般保留 1.5 片叶（0.5 片指刚长出的新叶），其他品种保留 2～2.5 片叶。剪叶视植株生长情况和密度，有时还要考虑天气情况。每个栽培床各自使用一把小刀或剪刀，定期消毒以防病害传播。

植株生长到一定高度的时候，需要在栽培床两边拉线，防止植株向两边倒伏，使走道足够宽敞，减少工人操作对花和叶的伤害。定期拔除栽培床和地面的杂草，减少病原物的寄主，避免和红掌争水争肥。切忌使用除草剂，否则红掌的生长会受到抑制。在生产过程中，一些切花会受到损害，应及时地去掉，以利于下部花的生长。同时要密切观察植株的长势和温室设施运行情况。

（五）病虫害防治

红掌切花病虫害防治应以预防为主，综合防治。温室要严格管理，非生产人员进出须按要求进行消毒。生产过程中严格按操作规程，避免交叉感染。

红掌主要病害有根腐病、细菌性枯萎病、炭疽病等。根腐病可用 50%多菌灵 600 倍液喷施防治；细菌性枯萎病可用硫酸链霉素、土霉素等防治；炭疽病可用甲基托布津等药剂防治。主要虫害有蚜虫、螨类、蛞蝓等，可用抗蚜威、三杀螨醇、溴氰菊酯等进行防治。有些红掌切花品种对农药比较敏感，使用时要慎重。

六、采收

红掌肉穗花序的雌蕊首先成熟，成熟开始于花序的底部，收获时雄蕊部分还没成熟，当花序 2/3～3/4 着色时即可采收。不同品种采收适期不同，生产中还要结合市场情况和运输距离长短，适当调整采切时间和采切量以创造良好的经济效益。

红掌切花易受机械损伤而降低商品性，因此采收时要小心进行。采切时尽量将花茎切至最长，但注意切花时植株上应保留 3 cm 的茎，以防烂茎。剪切下来的花枝应尽快放入盛有清水的塑料水桶中。在放入桶中和运送的过程中也要十分小心，不要对花朵造成伤害，同时注意运花的水桶必须每天清洗并每周消毒。

【巩固训练】

红掌切花采收、分级技术

一、训练要求

掌握主要切花的栽培管理技术与切花的采收、分级技术。

二、训练内容

（1）材料用具　剪刀、水桶、聚乙烯袋、包装盒、塑料胶带等。

(2)场地　校内或校外实训基地红掌切花生产温室。

三、训练步骤

(1)采收标准　红掌肉穗花序的雌蕊首先成熟,成熟开始于花序的底部,收获时雄蕊部分还没成熟,当花序 3/4 着色时即可采收。

(2)采收　切花时一只手剪切,另一只手握采收好的切花,花枝在手上交错分布,避免相互碰伤。一般情况下,一只手最多拿 8～10 枝花。采切时尽量将花茎切至最长,但注意切花时植株上应保留 3 cm 的茎,以防烂茎。剪切下来的花枝应尽快放入盛有净水的带分隔的水桶中。在放入桶中和运送的过程中要十分小心,不要对花朵造成伤害,同时注意运花的水桶必须每天清洗并每周消毒。

(3)分级　分级前需要清洗不干净的花朵,同时挑选出有病斑或有伤害的花朵。分级时,操作熟练的工人能够目测估计出每枝花的级别。一般以花茎的长度和佛焰苞的大小作为分级标准。佛焰苞直径大小,通常以通过肉穗基部位置花的宽度为标准来衡量。

一级花的花形较大,佛焰苞直径 13 cm 以上。

二级花的花形中等,佛焰苞直径 9～13 cm。

三级花的花形较小,佛焰苞直径 9 cm 以下。

(4)包装　按等级进行包装。不同的等级每盒包装不同数量的花朵。同一盒装同一个品种或颜色。用聚乙烯袋包在花的外面;在花茎下端套装有 10～20 mL 新鲜水的小塑料瓶;在花的下面铺设聚苯乙烯泡沫片;包装箱四周垫上潮湿的碎纸;用塑料胶带将花茎固定在包装盒中。

四、训练结果

实训报告:准确记录红掌采收与分级操作过程,并分析在操作过程中出现的问题,分析其原因。

【知识拓展】

百合切花栽培

一、土壤准备

种植之前严格检验土壤情况。一般通过腐质土和珍珠岩来改良土壤的透气性和透水性;选地时还要考虑种植地的气候条件,百合切花生长的最适温度 15～22℃,适宜的 pH 5～5.5。

二、整地

一般整成 1.1 m 宽,30 cm 高的高畦,沟宽 40 cm;整地前每亩施 3 000～4 000 kg 充分腐熟有机肥或腐殖土,混匀;种植前 1～2 d 保持土壤湿润,并在苗床上均匀撒上复合肥(450 kg/hm^2)和杀地下害虫的农药。

种植地要排水良好,水源充足,土壤透水透气性好。

三、百合球种植

(一)种球处理

种植前将种球从种球箱中拣出,应轻拿轻放,防止将芽碰断;同时检查种球质量,剔除芽折断或腐烂,鳞片或基盘腐烂等不合格的种球;用杀菌剂 1 000 倍液浸泡种球 20 min。

(二)种植

种球从杀菌剂中捞出后即可种植,种植时应将芽保持垂直向上;种植完一条苗床后应立即浇透水,并装好滴灌系统和遮阴网,做好插牌,并注明品种、规格、种植日期等。

(1)在种植前,土壤应预先预冷。种植前最好通过遮阳、通风和冷水灌溉来降低土壤温度。

(2)在温度较高的气候条件下,只能在早上和傍晚进行种球种植。气温较高时,最好推迟 1～2 d 种植。

(3)出库的种球应尽快种植。种球在 2～7℃低温下贮藏。已经解冻的种球应在 2 d 内种植完,尚未解冻的种球应把塑料袋打开后放在 10～15℃下进行缓慢解冻。种球一旦解冻,就不能再冷冻;为了防止种球失水变干,一次种植量不要太大,尽量缩短种球在露地放置的时间。

(4)把握好种球的种植密度和深度。种植深度约为种球高度的 3～5 倍,根据种植期间的温度,种植深度还需作适当调整。一般冬季的种植深度为芽点以上 6～8 cm,夏季种植深度为芽点以上 8～10 cm。为避免根系损伤,种植时不要压得太紧。

(5)种植密度因品种类型和种球大小而异。一般株距 10 cm,行距为种球围径的 1.5 倍。种植密度受季节、气候条件、土壤类型的影响。在温度较高和光照强度较大的月份,种植密度应大一些。而在光照较弱的季节(冬季)或在弱光照条件下,种植密度应小一些。

(6)小苗长出地面 2 cm 后,应及时将长得不正的小苗扶正,必须严格把握此关键时期,若错过这个时机再扶苗就会伤到根系,不扶苗将严重影响切花质量。

(7)当 10%的植株现蕾时应及时揭去遮阴网,增加光照,提高切花质量,防止落蕾。

四、栽培管理

(一)温度控制

夏季温室内栽培百合切花,温度不能超过 30℃,温度过高就得采取相应的降温措施,如打开天窗,揭开四周棚膜或喷雾降温等。

冬季栽培百合切花,温度不得低于 5℃,温度过低就得采取相应的加温措施。

(二)光照调节

充足的光照对于百合的生长是必需的。冬季光照不足的情况下,花芽会变白凋落。可以使用人工光照来补充百合所需的光,通常在第一个花苞 1～2 cm 时开始补光,每 10 m^2 配用一盏 400 W 的高压钠灯来补光。

在夏季光照强烈的情况下,需采取遮阴措施,遮去 50%～70%的光照。

日照长度影响百合的开花,在短日照期间,人工延长日照长度对一些东方百合品种能提前开花上市。一般人工延长光照只适用于春天栽培的新鳞茎百合。从叶片完全展开到收获整个栽培期间,使用灯泡以 20 W/m^2 每天补光至 16 h。

(三)水肥管理

种植后应随时保持土壤湿润,避免过干过涝,发根期和采收期需水量较大,尤其不能太干。采用滴灌浇水和施肥,小苗长到 15 cm 时开始施第一次肥,以后每周施一次,坚持“薄肥勤施”的原则。前两次偏重于氮肥和钙肥,以利于催苗和发根,后两次偏重于氮肥和钾肥,以利于增加枝条硬度。

施肥时严禁将肥料浇到叶片,如果不小心叶片上浇了肥料,应尽快用清水冲洗。

(四)病虫害防治

种球开始出苗时用敌克松混农用链霉素粉剂 800～1 000 倍液灌根预防茎腐病和疫病,发现病株时应立即连种球清除。

切花叶烧敏感期(切花现蕾前 2 周)避免温室中温度和相对湿度有较大的变化,开门窗坚持“慢开慢关少开”,并保持足够的土壤湿度,以防叶烧和缺铁症,此时如果持续高温,切花枝条会变软,应及时拉支撑网防止倒伏。

切花现蕾期(种植后 5～8 周)及时去除遮阳网,增加光照和加强通风,防止落蕾和花芽干缩。

五、采收

采收标准:5～10 朵花的必须有 2 个花苞着色,有 5 朵花以下的至少有一个花苞着色之后才能采收。

采收时间最好是在早上,这样可以减少水分的丧失,花苞不容易萎蔫;采收的切花在空气中暴露的时间不得超过 30 min,采收后应尽快插入装有保鲜剂的清水中吸水,吸水 30～60 min 后开始分级捆扎。

丝石竹切花栽培

一、繁殖技术

丝石竹的种苗繁殖主要有扦插法和组织培养法两种。扦插繁殖是中小规模生产自繁种苗的常用方法,但大面积生产多采用组培育苗。

扦插法首先应保证采穗母株品种纯,株形健壮,无病虫害,花茎未伸长展开过,应先摘心促发侧枝,再用于采条。在母株上切取长约 5 cm、有 4～5 个节的侧芽枝作插穗,去除下部叶,10～30 枝为 1 束,在萘乙酸 5 mg/L 的溶液中浸泡 1 h,待插。扦插基质选用珍珠岩或蛭石,株行距 3 cm×3 cm,设喷雾、保湿、遮阳设施,在全光喷雾条件下催根,15～20 d 能生根。此期间应保湿,控温,又不能积水。

二、栽培管理

(一)整地作畦

丝石竹栽培采用高畦。选择地势高,土质疏松,排水良好的场所。先深翻地达 40 cm,施入腐熟有机肥 10 kg/m^2,如土质太黏应施入细沙。如果雨季过于集中,应设有排水沟。栽植前用甲醛消毒,杀灭病虫微生物。细致整地,畦面平整疏松。

(二)定植

定植时间根据品种和采收时间来定,当苗长到 6 节左右时,即可起苗定植。采用双行栽植,株距 35～50 cm,行距 50 cm。定植前给苗床灌足水,定植后浇透水,使根系与土壤密接,并在第一周遮阳,缓苗后逐渐全光照,并保证水分供应,促进根系生长。

(三)摘心、立柱

定植后 1 个月左右摘心,或苗长到 8 节左右时开始摘心,摘掉顶部 4～5 节,以促发侧芽生长。标准大花型切花,仅留 3～4 个分枝,提高切花品质。一般栽培留 5～7 个分枝,摘心后侧枝生长迅速,半个月后还要去劣存优,把弱枝抹除,一般为 10～15 枝/m^2 做切花枝培养。在进入抽生花枝阶段要在主侧枝枝旁插一根长约 60 cm 的竹竿,随着花枝生长及时绑缚在竹竿上,防止倒伏。

(四)光温调节

通气良好也是保证丝石竹切花品质的一个条件,夏季室内温度高,应开大通风口换气,带走水分和热量,利于茎秆硬化。

丝石竹生长期喜光,但怕夏季强光照射,强光高温也会引起莲座现象,花期强光高温造成花色变锈。冬季光弱温度低也能诱导莲座现象发生,开花率低,因此,秋季开始要见全光,促发侧枝及形成花芽。

当丝石竹出现莲座或 10 月中旬仍未抽穗,可采用 100～200 mg/L 的赤霉素喷洒株顶,5 d 后喷第 2 遍,直到抽穗为止,可以促发花枝。丝石竹在温度过高过低,湿度过大过小时都会造成生理病害,同时也易感染浸染病害,因此,除了控制温湿度外,也要进行人工喷施农药,防治病虫危害。

(五)肥水管理

丝石竹根系深,对肥料要求也较多,基肥必须深厚、长效,在中耕过程中还要施入追肥,薄肥勤施仍是基本原则。施入肥料前期以豆饼水、尿素、硝酸铵为主,10 d 浇灌 1 次,定植 40 d 后,开始施入以磷、钾为主的肥料;如果氮肥过多,会引起徒长、倒伏,染病现象严重,并不利于形成花枝,影响花的产量和品质。必须在生长期施入复合肥料,使营养生长转入生殖生长。在开花前半个月,要停止施肥,尤其是氮肥,若开花期施肥,丝石竹花梗虽碧绿,但茎秆变软,花不挺拔。但在后期可采用叶面肥喷施 0.2%磷酸二氢钾,以及 5 mg/L 的硼酸,有利于开花。

此外,施肥与浇水要配合进行,并定期松土透气,除杂草,促根系生长。当开始现蕾时,就应注意控水,多采用叶面喷肥和叶面喷水。在雨季,还应加强排水避雨,防干旱及防涝。适当控水可以使花枝坚硬挺拔。当第 1 次采花后,下部叶大部枯死,根系粗壮,但特别怕高温高湿,很容易死亡,应采取措施防雨。

(六)采收

采收适期为有 50%花已开放时,小花蕾也已分化完毕,先开的花未变色前采收。边采收边浸水,一般每枝花要求不低于 25 g,每枝花有 3 个分杈,10 枝 1 束,下切口用塑料小杯及棉花球含保鲜液套住。放在 2～3℃冰箱保鲜或外运。

非洲菊切花栽培

一、繁殖技术

非洲菊切花生产,优良品种多采用分株和组培快繁技术育苗,组培育苗是最佳方案,在大面积种植时,组培育苗繁殖快,种苗质量优秀、整齐、脱毒,栽培生产产花早、产花多,品质好。对于小面积栽培可采用分株扩繁。

分株繁殖,适应于一些分蘖力较强的非洲菊品种,分株在3—5月进行,小苗经过4～5个月的精心养护后,10月份即可上市。新分植株必须带有芽和根,因此不能太小。操作方法是先将待分母株纵切成几株,等伤口愈合后,再将各个分株起出,每个新株带4～5片叶,剪去下部多余叶片,去掉黑褐色老根、过长根。把各新植株根系浸入含有杀菌剂、发根剂的溶液中30 min待栽。

二、栽培管理

(一)整地作畦

非洲菊根系发达,栽植床至少需要有25 cm以上的深厚土层,土质应疏松肥沃、富含有机质,以微酸性为好,定植前施足基肥,深耕细整,拌入消毒杀菌剂。特别是以前已种过非洲菊的地块更应进行土壤消毒。常用0.5%福尔马林,或50%多菌灵粉剂,或65%代森锌粉剂与土壤混匀后覆膜3～5 d,揭去薄膜待药味挥发后再种植。常规栽培时,作高畦或宽垄,畦宽1～1.2 m,畦高或垄高25 cm,垄宽40 cm,床面平整、疏松。

(二)定植

种植密度为每畦定植3行,中行与边行交错定植,株距30～35 cm。如果是垄作,则采用双行交错定植,株距25 cm。除炎热夏季外,其余时间均可定植。

非洲菊的定植应以浅栽为原则,因为非洲菊的根系有收缩老根的特点,在生长过程中,并有把植株向下拉的能力。因此,定植时,要求根颈露于土表面1～1.5 cm,用手将根部压实,并且不要怕第1次浇水有倒伏现象发生,如有倒伏,可在倒后3～4 d扶正,日后就能正常生长了。如栽种深了,植株随生长向下沉,生长点埋入土中,花蕾也长不出地面,影响开花。非洲菊产花能力在新苗栽后的第2年最强,质量也好。以后逐渐衰退,最好在栽培3年后更新种苗。

(三)肥水管理

在生长期应充分供水,冬季应少浇水,浇水时要注意叶丛中不要积水,尽量从侧方给水,使株心保持干燥。非洲菊切花栽培最好使用滴灌浇水。非洲菊为喜肥花卉,要求肥料量大,氮、磷、钾比例为2∶1∶3,因此应特别注意加施钾肥,生长季应每周施1次肥,温度低时应减少施肥。

非洲菊喜充足的阳光照射,但又忌夏季强光,因而栽培过程中冬季要有充足日光照射,而在夏季要适当遮阳,并加强通风降温。

(四)疏叶

当叶片生长过旺时,花枝会减少,花梗会变短,故需要适当剥叶,先剥病残叶,剥叶时应各枝均匀剥,每枝留3～4片功能叶。过多叶密集生长时,应从中去除小叶,使花蕾暴露出来。在幼苗生长初期,应摘除早期形成的花蕾。在开花时期,过多花蕾也应疏去。一般不能让3枝花蕾同时发育,疏去1～2个才能保证花的品质。一般每年单株在盛花期有健康叶15～20片,可月产5～6朵花。

(五)病虫害防治

非洲菊易感染茎腐病,使植株茎基部腐烂,尤其是在小苗定植过晚、浇水漫灌、低温多湿的情况下容易发生。栽培中应注意棚内温度,降低空气湿度,加强通风透光,增强植株的抗病能力。发病时可喷洒70%的托布津可湿性粉剂800倍液,每周1次,连续3次。非洲菊易受白粉虱的危害,在栽培中要及时防治,可喷洒2.5%溴氰菊酯乳油3 000～4 000倍液,或10%扑虱灵1 000～1 500倍液,或20%速灭杀丁乳油3 000～4 000倍液,每10 d 1次,连喷3次。

三、采收

非洲菊采收适宜时期在花梗挺直、外围花瓣展平、中部花心外围的管状花有2～3轮开放、雄蕊出现花粉时。采收通常在清晨与傍晚,此时植株挺拔,花茎直立,含水量高,保鲜时间长。

非洲菊采收不用刀切,用手就可折断花茎基部,分级包装前再切去下部切口1～2 cm,浸入水中吸足水分及保鲜液。长途运输时用特制包装盒,各株单孔插放,并用胶带固定,在2～4℃条件下保存,并保湿。

工作任务四 切叶花卉设施栽培

【学习目标】

1. 识别常见的切叶类植物,熟悉其品种的类型、习性特点;
2. 熟知散尾葵、美丽针葵、鱼尾葵、肾蕨、龟背竹等切叶植物的栽培技术;
3. 熟知切叶植物的采收技术。

【任务分析】

切叶是插花的重要素材之一,在鲜切花应用中起装饰或陪衬作用。本任务首先要识别常见的切叶植物,了解其习性、作用,在此基础上,掌握常见切叶植物的设施栽培技术。

【基础知识】

美丽针葵

美丽针葵(*Phoenix roebelenii*)别名软叶刺葵,为棕榈科刺葵属常绿木本植物。原产东南亚地区,老挝分布最多。我国有引种栽培,全国各地均有栽培。

美丽针葵叶羽状全裂,长1 m,常下垂,裂片长条形,柔软,2排,近对生,长20～30 cm,宽1 cm,顶端渐尖而成一长尖头,背面沿叶脉被灰白色鳞粃,下部的叶片退化成细长的刺。

性喜温暖湿润、半阴且通风良好的环境,不耐寒,较耐阴,畏烈日,适宜生长在疏松、排水良好、富含腐殖质的土壤,越冬最低温要在10℃以上。抗风,原产地可高达3～8 m。

鱼尾葵

鱼尾葵(*Caryota ochlandra*)为棕榈科鱼尾葵属多年生常绿乔木。茎干直立不分枝,叶大型,羽状二回羽状全裂,叶片厚,革质,大而粗壮,上部有不规则齿状缺刻,先端下垂,酷似鱼尾。

喜疏松、肥沃、富含腐殖质的中性土壤,不耐盐碱,也不耐干旱,也不耐水涝。喜温暖,不耐寒,生长适温为25～30℃,越冬温度要在10℃以上。耐阴性强,忌阳光直射,叶面会变成黑褐色,并逐渐枯黄;夏季荫棚下养护,生长良好。喜湿,在干旱的环境中叶面粗糙,并失去光泽,生长期每2 d浇水1次,并向叶面喷水。

龟背竹

龟背竹(*Monstera deliciosa*)又名蓬莱蕉、电线兰、龟背芋,为天南星科龟背竹属植物。叶形奇特,孔裂纹状,极像龟背。茎节粗壮又似罗汉竹,深褐色气生根,纵横交差,形如电线。其叶常年碧绿,极为耐阴,是有名的室内大型盆栽观叶植物。

龟背竹常附生于热带雨林中的高大树木上。喜温暖湿润环境,切忌强光暴晒和干燥。生长适温20～25℃,冬季夜间温度幼苗期不低于10℃,成熟植株短时间可耐5℃,低于5℃易发生冻害。当温度升到32℃以上时,生长停止。夏季需经常喷水,保持较高的空气湿度,叶片经常保持清洁,以利于进行光合作用。生长期间,植株生长迅速,栽培空间要宽敞,否则会影响茎叶的伸展,显示不出叶形的秀美。土壤要求肥沃疏松、吸水量大、保水性好的微酸性壤土。

肾蕨

肾蕨(*Nephrolepis cordifolia* L.)是目前广泛应用的观赏蕨类。其叶片可作切花、插瓶的陪衬材料。近年来,欧美将肾蕨加工成干叶并染色,成为新型的室内装饰材料。若以石斛为主材,配上肾蕨、棕竹、蓬莱松,简洁明快,充满时代气息。如用非洲菊为主花,壁插,配以肾蕨、棕竹,有较强的视觉装饰效果。

生长一般适温3—9月为16～24℃,9月至翌年3月为13～16℃。冬季温度不低于8℃,但短时间能耐0℃低温。也能忍耐30℃以上高温。肾蕨喜湿润土壤和较高的空气湿度。春秋季需充足浇水,保持盆土不干,但浇水不宜太多,否则叶片易枯黄脱落。夏季除浇水外,每天还需喷水数次,特别悬挂栽培需空气湿度更大些,否则空气干燥,羽状小叶易发生卷边、焦枯现象。肾蕨喜明亮的散射光,但也能耐较低的光照,切忌阳光直射。规模性栽培应设遮阳网,以50%～60%的遮光率为合适。

文竹

文竹(*Asparagus plumosus* Baker)又称云片松、刺天冬、云竹,为百合科天门冬属多年生常绿藤本观茎植物。文竹根部稍肉质,茎柔软丛生,叶退化成鳞片状,淡褐色,着生于叶状枝的基部;叶状枝有小枝,绿色。主茎上的鳞片多呈刺状。花小,两性,白绿色,花期春季。浆果球形,成熟后紫黑色。适生于排水良好、富含腐殖质的沙质壤土。生长适温为15～25℃,越冬温度为5℃。原产南非,在中国有广泛栽培。以盆栽观叶为主,又为重要切叶材料。

其性喜温暖湿润和半阴环境，不耐严寒，不耐干旱，忌阳光直射。适生于排水良好、富含腐殖质的沙质壤土。生长适温为15～25℃，越冬温度为5℃。

富 贵 竹

富贵竹(*Dracaena sanderiana*)为百合科龙血树属多年生观叶植物。其茎干直立，株态玲珑，茎干粗壮，高达2 m以上，叶长披针形，叶片浓绿，生长强健，水栽易活。

其品种有绿叶、绿叶白边(称银边)、绿叶黄边(称金边)、绿叶银心(称银心)。绿叶富贵竹又称万年竹，其叶片浓绿色，长势旺，栽培较为广泛。一般多用于家庭瓶插或盆栽护养，特别是从台湾流传而来的“塔状”造型，又名“开运竹”，观赏价值高，颇受国际市场欢迎。

富贵竹粗生粗长，茎干挺拔，叶色浓绿，冬夏常青，不论盘栽或剪取茎干瓶插或加工“开运竹”、“弯竹”，均显得疏挺高洁，茎叶纤秀，柔美优雅，姿态潇洒，富有竹韵，观赏价值特高。

富贵竹性喜阴湿高温，耐阴、耐涝，耐肥力强，抗寒力强；喜半荫的环境。适宜生长于排水良好的沙质土或半泥沙及冲积层黏土中，适宜生长温度20～28℃，可耐2～3℃低温，但冬季要防霜冻。夏秋季高温多湿季节，对富贵竹生长十分有利，是其生长最佳时期。它对光照要求不严，适宜在明亮散射光下生长，光照过强、暴晒会引起叶片变黄、褪绿、生长慢等现象。

【工作过程】

以切叶天门冬设施栽培为例。

一、品种选择

切叶花卉品种应选择受市场欢迎、植株健壮、产量高、抗逆性强、适应性强、适宜本地区栽培的品种。选择品种前，应详细了解市场营销的主流切叶品种。

二、繁殖技术

采用播种和分株繁殖，种子在15～20℃条件下约1个月可发芽，待苗长到4 cm以上时移入营养钵中培养。2年以上的母株可进行分株繁殖，将母株挖出，从株丛中央用利刀自上而下把它们切成2～4份，将根团撕开，抖掉切伤的纺锤状肉质根，分别栽种，极易成活。待新根长出后，可抽生出许多新的茎蔓，这时再把老茎蔓从基部剪掉，重发新枝。

每年9—10月采种，堆积发酵后，选粒大饱满种子，秋播或翌年3—4月春播育苗。

三、栽培管理

(一)土壤或基质准备

天门冬喜欢疏松、肥沃、排水良好的砂质土壤中，种植前土地深翻25～30 cm，结合整地施入充分腐熟有机肥。并用土壤处理剂进行土壤消毒。人工配制基质要求结构疏松，通气透水，保水保肥性能好，富含腐殖质，酸碱度适宜，无有害微生物和其他有害物质的混入。

(二)整地作畦

天门冬切叶生产多为温室地栽方式，采用高畦或低畦栽培。畦宽1～1.5 m，畦高10～20 cm，畦长可视温室规格而定。

(三)定植

根据切叶上市时间,分期分批进行定植。定植密度据品种特性、栽培水平等因素确定。一般选阴天或下午进行定植。

(四)肥水管理

天门冬是一种耐肥植物,生产中除需施足基肥外,生长期需多次追肥。天门冬喜湿润土壤环境,但若土壤积水,排水不畅,植株会烂根坏死。

(五)病虫防治

天门冬易受红蜘蛛危害。防治措施:冬季清园,将枯枝落叶深埋或烧毁;喷 0.2~0.3 波美度石硫合剂或用 25%杀虫脒水剂 500~1 000 倍液喷雾,每周 1 次,连续 2~3 次。

四、采收

采收的最佳时期是当叶片完全展开,叶生长刚好达到充实时,剪叶时,尽量保留较长的叶柄。剪下的叶片,应及时将其基部放入清洁水中(水中可添加杀菌剂)吸水,以防萎蔫。

【巩固训练】

孢子繁殖技术

一、训练要求

熟悉蕨类植物孢子繁殖方法,掌握其繁殖技术。

二、训练内容

(1)材料用具　肾蕨、放大镜、薄纸袋、镊子、水苔、珍珠岩、浅盘、玻璃或塑料薄膜等。
(2)场地　校内生产基地温室或塑料大棚内。

三、训练步骤

1. 孢子囊群的选取

选择孢子成熟但尚未开裂的孢子囊群,用放大镜检查,未成熟地囊群呈白色或浅褐色,选取囊群已变褐色但尚未开裂地叶片,置于薄纸袋内。

2. 孢子收集

将收集地孢子囊群置于室温(21℃)下干燥 1 周,孢子便自行从孢子囊中散出,去除杂物后移入密封玻璃瓶中冷藏,以备播种用。

3. 播种基质

播种基质以保湿性强又排水良好的人工基质为好,取水苔与珍珠岩以 2∶1 地比例混合作为播种基质。

4. 装盘

将基质放在浅盘中,刮平,稍加镇压,基质不能装地太满,留下一定地空间,以备覆膜。

5. 播种

撒播法，将孢子均匀地撒播在基质上，以浸盆法灌水，保持清洁并覆膜或盖上玻璃片。

6. 播后管理

将浅盘置于20～30℃庇荫处，经常喷水保湿，约3～4周“发芽”并产生原叶体进行第一次移植。

四、训练结果

实训报告，记录孢子繁殖操作步骤，观察孢子“发芽”情况。

【知识拓展】

美丽针葵切叶栽培

一、栽植

适宜春、夏季栽植。栽植时无论小苗或大苗，都要尽量多带宿根土或土球，减少伤根。栽培土壤宜肥沃，排水良好。南部地区气温高，可露地栽培；北部地区气温低，需室内地栽或盆栽。美丽针葵生长快，栽植时应留密度不宜过大。

二、光照与温度

美丽针葵在1～3年生时应进行人工遮阴。对于3年生以上的植株，应加强光照。北部地区，气候干燥，春天应遮阴，否则阳光直射下叶面变黄。适宜生长温度为25～30℃，但在35℃以上的高温条件下也能正常生长。冬季室温应保持在10℃以上，最低温度不能低于4℃，并且保持充足光照。

三、水肥管理

除栽植时施入适量基肥外，在生长期应每月施3～4次稀薄液肥，并应经常浇水，保持土壤湿润。春季北部地区空气干燥，除浇水外，还要向叶面喷水。特别是夏季温度高、植株生长快，需水量大，应每天浇1～2次水。美丽针葵虽然有较强的抗旱能力，即使几天不浇水，植株下面的叶片干枯，也不会被旱死，但在气候温暖、土壤湿润的环境下会长得更快、更健壮。冬季应减少浇水和停止施肥，长期土壤过湿植株烂根死亡。

四、采收

叶片充分展开，年轻叶片作为采收对象，采收时间为上午6:00—10:00，下午4:30—6:30。注意阴雨天不采收。将采收好的叶片置于包装车间，叶柄浸于水中，等待分级包装。

鱼尾葵的切叶栽培

一、繁殖技术

用播种法繁殖。种子采收后即播，约经2～4个月后发芽，生根后，可移植于排水良好的沙质泥炭土中。栽培基质保持23～32℃的温度。维持土壤和空气一定的湿度，遮阴养护，避免阳光直射。

二、栽培与养护

需选择湿润、肥沃且排水良好的中性土壤，但在酸性、微碱性土中亦能生长良好。对光照要求不严，春、冬季全光照下可生长良好；也较耐阴，能长期适应室内栽培。夏天小苗稍加遮阴即可。耐肥力强，生长季节应多供给水肥。盛夏每天浇水2次，秋天以后浇水稍加控制。肥料以氮肥为好，4—8月每月施1次稀薄液肥。对寒冷有着较强的抵抗力，只要不结冰就不会冻死。

三、采收

当植株进入旺盛生长期，羽片长度达50 cm以上时即可采收。采收选择叶色鲜绿，有光泽，无病斑、无残缺，处于株丛中上部叶片的成熟叶片。采收时要注意每个茎秆保留3～5片展叶，避免将所有叶片剪光。

龟背竹切叶栽培

一、繁殖技术

龟背竹常用播种、扦插和分株繁殖。

(一)播种繁殖

龟背竹夏季开花，为了提高种子的结实率，需人工授粉，授粉至种子成熟需要15个月。播种前先将种子放40℃温水中浸泡10 h，播种土应高温消毒。龟背竹种子较大，可采用点播，播后室温保持20～25℃，箱口盖上塑料薄膜，保持80%以上相对湿度，播后一般20～25 d发芽。播种过程中如温度过低，不仅影响出苗，甚至种子发生水渍状腐烂。

(二)扦插繁殖

春、秋两季都能采用茎节扦插，以春季4—5月和秋季9—10月扦插效果最好。因此期气温适宜茎节切口愈合生根，成活快。插条选取茎组织充实、生长健壮的当年生侧枝，插条长20～25 cm，剪去基部的叶片，保留上端的小叶，剪除长的气生根，保留短的气生根，以吸收水分，利于发根。插床用粗沙和泥炭或腐叶土的混合基质，插后保持25～27℃和较高的空气湿度，插后1个月左右才开始生根。插条生根后，茎节上的腋芽也开始萌动展叶，为了加速幼苗生长，保持10℃以上，加强肥水管理，插后第二年幼苗成型可定植。

(三)分株繁殖

在夏秋进行，将大型的龟背竹的侧枝整段劈下，带部分气生根，直接栽植于木桶或钵内，不仅成活率高，而且成型效果快。

(四)组培繁殖

用龟背竹的茎顶和腋芽作外植体进行采用MS培养基加上10 ng/L 6-苄氨基腺嘌呤和2 mg/L吲哚乙酸，在30℃条件下，6周开始长出愈伤组织和不定芽。再将不定芽转移到MS培养基加2 mg/L的吲哚乙酸的三角瓶中，4～6周诱导生根。

二、栽培管理

龟背竹栽培容易，为了缩短生长周期，提高叶片产量，养护上应注意以下几点：

(一)光照调节

龟背竹是典型的耐阴植物，怕强光暴晒，规模性生产须设遮阴设施，可用50%遮阳网，尤其播种幼苗和刚扦插成活苗，切忌阳光直射，以免叶片灼伤。成型植株盛夏期间也要注意遮阴，否则叶片老化，缺乏自然光泽，影响观赏价值。

(二)湿度调节

龟背竹自然生长于热带雨林中，喜湿润，畏空气干燥，但土壤积水同样会烂根，使植株停止生长，叶子下垂，失去光泽，叶片凹凸不平。浇水应掌握宁湿不干的原则，经常保持土壤潮湿，但不积水，春秋季每2～3天浇水1次。盛夏季节除浇水外，需喷水多次，以保持叶面清新。冬季叶片蒸发量减弱，浇水量要减少。

(三)施肥

龟背竹是比较耐肥的观叶植物，为使多发新叶，叶色碧绿有自然光泽，生长期要薄肥勤施，每2周施1次肥，施肥时注意不要让肥液沾污叶面。同时，龟背竹的根比较柔嫩，忌施生肥和浓肥，以免烧根。

(四)绑扎整形

龟背竹为大型植物，茎粗叶大，特别成年植株，要设架绑扎，以免倒伏变型。

(五)病虫害防治

介壳虫是龟背竹最常见的虫害，少量时可用旧牙刷清洗后用40%氧化乐果乳油1 000倍液喷杀。常见病害有叶斑病、灰斑病和茎枯病，可用65%代森锌可湿性粉剂600倍液喷洒。

三、采收

实生苗具7～8片叶，叶宽大于20 cm，叶柄长于30 cm，叶片成熟且形成有规律裂孔时，即可采收。采收时选取叶片整齐，裂孔均匀，无残缺、无病斑、无畸形、深绿色叶片。采收从心叶倒数第3～4片叶。

项目四　设施盆栽花卉

设施盆栽花卉是指在设施保护的条件下，以各种花盆为容器进行栽培的花卉植物，盆栽花卉生产在花卉业中占据着十分重要位置。由于盆花的种类繁多，其栽培和应用也各不相同，根据其形态特征和生态习性可分为盆栽一二年生花卉、盆栽宿根花卉、盆栽球根花卉、盆栽木本花卉、盆栽兰科花卉、盆栽观叶植物等。

工作任务一　盆栽一二年生花卉

【学习目标】

1. 了解一二年生盆栽花卉的定义与特点；
2. 掌握常见一二年生盆栽花卉的生态习性和繁殖要点；
3. 掌握一二年生花卉的环境调控及盆栽技术。

【任务分析】

本任务主要是在识别常见一二年花卉的基础上，了解设施盆栽花卉对环境的要求，掌握盆栽花卉的繁殖方法和栽培技术。

【基础知识】

一、盆栽一二年生花卉的含义

(一)一年生盆栽花卉

以各种花盆为容器，在一个生长季节内完成全部生活史或多年生作一年生花卉。如鸡冠花、百日草、半枝莲、翠菊等。

(二)二年生盆栽花卉

以各种花盆为容器，在两个生长季完成生活史的花卉。如须苞石竹、紫罗兰、毛地黄、四季报春、雏菊等。

二、生态习性

(1)对温度的要求　一年生花卉喜温暖，不耐冬季严寒，大多不能忍受0℃以下的低温；二年生花卉喜欢冷凉，耐寒性强，可耐0℃以下的低温，要求春化作用，不耐夏季炎热。

(2)对光照的要求 大多数一二年生花卉喜欢阳光充足，仅少数喜欢半阴的环境条件，如夏堇、醉蝶花、三色堇等。

(3)对土壤的要求 对土壤的适应性较强，一般花卉盆土要求团粒结构良好，疏松透气，不含虫卵和杂草种子，酸碱度符合花卉要求。

(4)对水分的要求 盆栽一二年花卉一般不耐干旱，浇水的原则是“见干见湿，不干不浇，浇必浇透”。目的是既使盆花根系吸收到水分，又使盆土有充足的氧气。此外，还应根据花卉的不同种类、不同生育期和不同生长季节而采取不同的浇水措施。

【工作过程】

一、培养土的配制

将不同的培养土准备好，按照腐叶土(或泥炭土)：园土：河沙：骨粉＝7：6：6：1，或腐叶土(或泥炭土)：河沙：腐熟有机肥料：过磷酸钙＝10：7：2：1，混合过筛后使用。

二、上盆

选择大小合适的花盆，用瓦片盖在花盆的排水孔上，将培养土的粗粒加入盆底，粗粒上放入细的培养土，再栽花苗。

三、浇水

浇水时水量要足，一次浇水后，待土壤吸干再浇第二次，使水溢出。对于盆栽花卉，浇水量的多少要根据植物种类、生长阶段、盆的大小、天气、季节等各个方面来做判断。随着植物生长开花对水的需要量也逐渐加大。结实期要少浇水。休眠期少浇。浇水要求“浇则浇透”，“见干见湿”，不能浇“拦腰水”。

四、施肥

施肥要在晴天进行，施肥前先松土，待盆土稍干再施肥。施肥后立即浇水。温暖季节，施肥次数可多些，每月2～3次；天气寒冷时可以少施，每月1～2次；夏天生长旺季，可5～7 d施薄肥一次。

还可以配合根外追肥，生长前期尿素、后期磷酸二氢钾进行根外追肥，浓度0.2%～0.3%，根外追肥不要在低温时进行。如在追肥时混以微量元素的肥料或混以其他杀虫、杀菌药剂，则可兼收双重效果。

五、修剪与换盆

对于一二年生盆栽花卉，剪梢与摘心是将植株正在生长的枝梢去掉顶部，其作用是使枝条组织充实，调节生长，增加侧芽发生，增多开花枝数和朵数，或使植株矮化，株形丰满，开花整齐等。

剪根多在移植、换盆时进行。播种苗主根太长时，可于移栽时剪短。换盆时，去除腐烂的根，冗长的根。

整枝包括支缚、绑扎等工作。通过整枝可使枝条匀称,固定茎干,改善通风透光条件,还可通过造型增加观赏价值。随着花苗的日渐长大,或要进行分株繁殖、更换新的培养土时,就要进行换盆。

【巩固训练】

培养土的配制技术

一、训练目的

使学生熟悉培养土的要求,掌握培养土的配制技术及培养土的消毒技术。

二、训练内容

(1)材料用具 铁锹、土筐、有机肥、园土、腐叶土、草炭土、河沙、珍珠岩、花盆、喷壶、酸度计、筛子。

(2)场地 校内实训基地。

三、训练方法

(1)熟悉各种类型的培养土,并将各种土料粉碎、过筛后备用。

(2)按照要求配制不同类型的培养土。如普通培养土、加肥培养土和酸性培养土等。

(3)测定酸性培养土的酸碱度。

(4)对培养土进行药物消毒。

四、训练结果

实训报告,记录各类培养土配制的过程和培养土药物消毒的方法。

【知识拓展】

瓜叶菊(*Senecio*×*hybridus*)

一、形态特征

菊科瓜叶菊属多年生草本,通常做一二年生花卉栽培。茎直立,植株高矮不一,矮者仅 20 cm,高者可达 90 cm。叶大,心型,似瓜类植物的叶片。瓜叶菊的头状花序簇生成伞房状,花序周围是舌状花,中央为筒状花,花色、花形多变。花色丰富,有蓝、紫、红、粉、白各色或具有不同色彩的环纹和斑点。花期从 12 月到翌年 4 月。种子 5 月下旬成熟。

二、种类与品种

瓜叶菊园艺品种极多。大致可分为大花型、星形、中间型和多花型四类,不同类型中又有不同重瓣和高度不一的品种。目前市场上瓜叶菊的主要品种是国产的'浓情'、'勋章'、'激情'、'早花激情'以及进口的'完美'和 F1 代品种'小丑'。其中,4 个国产品种每个品种约有

18个花色，且‘浓情’、‘勋章’花瓣具锯齿；‘激情’花瓣竖立，各具特色。

三、生态习性

原产地中海加纳列群岛。喜凉爽气候，生长适温10～15℃，温度过高时易徒长。生长期宜阳光充足，并保持适当干燥。通常在温室中作一二年盆栽，冬季夜温最好保持10℃，小苗能经受1℃的低温。

四、繁殖方法

(一)播种繁殖

瓜叶菊的繁殖以播种为主。一般在7月下旬进行，春节开花，从播种到开花约半年时间。播种盆土由园土1份、腐叶土2份、砻糠灰2份，加少量腐熟基肥和过磷酸钙混合配成。播种可用浅盆或播种木箱。将种子与少量细沙混合均匀后撒播在浅盆中，播后覆盖一层细土，以不见种子为度。发芽的最适温度为21℃，约1周发芽出苗。出苗后逐步撤去遮阴物，使幼苗逐渐接受阳光照射，2周后可进行全光照。

(二)扦插繁殖

对于重瓣品种为防止自然杂交或品质退化，可采用扦插或分株法繁殖。瓜叶菊开花后在5—6月间，常于基部叶腋间生出侧芽，可将侧芽除去，在清洁河沙中扦插。插时可适当疏除叶片，插后浇足水并遮阴防晒。若母株没有侧芽长出，可将茎高10 cm以上部分全部剪去，以促使侧芽发生。亦可用根部嫩芽分株繁殖。

五、栽培管理

(一)培养土的配制

盆栽用腐叶土、泥炭土加1/4左右的河沙和少量从分腐熟的基肥作培养土，也可用细沙土盆栽。

(二)移苗及换盆

播种后2周，长出第一片真叶时进行第一次移栽，通常移栽到大浅盆里，株距2～3 cm，恢复4～5 d后，可每隔1周施一次稀薄的液体肥料，促进生长。待长出3～4片小叶时，分栽到6 cm左右的小花盆中，以后逐步换盆，11月中下旬左右，最后定植在直径18～22 cm的花盆中。

(三)温度管理

瓜叶菊性喜凉爽气候，不耐炎热，生长适温15～20℃，如夏季的持续高温，对瓜叶菊的生长十分不利，注意在荫棚下进行养护，并注意通风，勿着雨淋，可向地面洒水降温。另外，可以通过改变温度的办法控制花期，植株现蕾后立即送到温度20～25℃的温室中栽培，促其提前开花；在植株含苞或初开时，将室温降至4～10℃，则可延缓开花，延长花期。

(四)光照调节

瓜叶菊喜光照充足的环境，但不耐夏季强光。在冬季，由于覆盖保温，光照强度会降低，基本能满足植物需要。因长日照可促进花芽发育而提前开花，早花品种在8月播种，11月以后增加人工光照，给予 15～16 h 长日照条件，12 月可以开花。夏季光照过强，对 5 月播种的植株或 3 月播种的植株应注意遮光，一般遮光 60%，同时也可起到降低温度的作用。遮光时间从 5 月下旬至 6 月初开始，直至 10 月初。

(五)肥水管理

定植后每月施 2～3 次以氮肥为主的追肥，至花芽分化前 2 周停止施肥，并适当控制浇水，以利花芽分化。现蕾后可加大肥水供应，可结合浇水每周施一次以磷钾肥为主的肥料，并可用 0.2%～0.5%的磷酸二氢钾辅助进行叶面施肥。

六、病虫害防治

(一)瓜叶菊白粉病

瓜叶菊在幼苗期和开花期如室温高、空气湿度大，叶片上最容易发生白粉病，严重时侵染叶柄、嫩枝、花蕾等。植株受害后，叶片、嫩梢扭曲萎蔫，生长衰弱，导致叶枯，有的完全不能开花，甚至整株死亡。

防治方法：经常保持良好的通风条件，增加光照；控制浇水，适当降低空气湿度；发病后立即摘除病叶，并及时用 50%的多菌灵 1 000 倍液，或喷加水 800～1 000 倍的托布津液防止蔓延。

(二)虫害

瓜叶菊幼苗期往往发生潜叶蛾，常用 1 500 倍 40%乐果稀释液防治；生长期若植株拥挤、通风不良和管理不善，时常会发生蚜虫或红蜘蛛危害，虫害严重时喷 40%乐果 1 500～2 000 倍液进行防治。

四季报春(*Primula obconica*)

一、形态特征

多年生草本花卉，常作二年生花卉栽培。株高 30 cm，茎较短为褐色。叶为长圆形至卵圆形，叶缘有浅波状裂或缺刻，叶面较光滑，叶背密生白色柔毛，具长叶柄。花梗从叶中抽生，伞形花序，花萼漏斗状，裂齿三角状。花有白色、粉红、洋红、紫红色、蓝色、淡紫色、至淡红色。花期 1—5 月。

二、种类与品种

报春花属(*Primula* L.)植物早春开花，花色丰富，具有很高的观赏价值。该属植物全世界约有 500 种，主要分布在北半球温带和高山地区，仅有极少数种类分布于南半球。我国共有 293 种 21 亚种和 18 变种，主产于西南诸省区，其他地区仅有少数种类分布。常见栽培种如下：

(一)藏报春(*Primula sinensis*)

多年生草本。全株被腺毛。叶基生；叶柄长 2～15 cm，叶薄膜质，阔卵圆形至椭圆状卵形或近圆形，长 3～13 cm，宽 2～10 cm，先端钝尖，基部心形，边缘不整齐的羽状深裂。花葶 2～4 枝，高 4～15 cm，绿色或淡紫红色，被腺体刚毛，具伞形花序 1～2 轮，每轮有花 3～14 朵。花两型，蒴果卵球形，直径 9～10 mm。花期 12 月至翌年 3 月，果期 2—4 月。

(二)欧洲报春(*Primula vulgalis*)

欧洲报春花为丛生植株，作一二年生栽培。株高约 20 cm。叶基生，叶长 10～15 cm，长椭圆形，叶脉深凹。叶绿色。伞状花序，花色艳丽丰富，有大红、粉红、紫、蓝、黄、橙、白等色，一般花心为黄色。

(三)报春花(*Primula malacoides*)

多年生，作温室一二年生栽培。株高 45 cm，叶卵圆形，基部心脏形，边缘有锯齿，叶长 6～10 cm，叶背有白粉，叶具长柄。花色白、淡紫、粉红以至深红色；径 1.3 cm 左右，伞形花序，多轮重出，3～10 轮；有香气；花梗高出叶面。原产我国云南和贵州。

三、生态习性

多分布于北温带和亚热带高山地区。喜温暖湿润气候，春季以 15℃为宜，夏季怕高温，须遮阴，冬季室温 7～10℃为好，需置向阳处。适宜栽种于肥沃疏松，富含腐殖质，排水良好的沙质酸性土壤中。

四、繁殖方法

(一)播种繁殖

播种繁殖为主，种子采后在室内晾干，用塑料袋密封并在冰箱内保存。需春季开花的要在 8 月中下旬播种。四季报春是需光种子，有光照的条件下种子容易萌发，也可以通过赤霉素处理提高种子的萌发率。温度 15～20℃，土壤湿润，1～2 周可以发芽。

(二)分株繁殖

为保持优良品种及重瓣品种的性状，可行分株，一般在秋季进行。

五、栽培管理

(一)培养土的配制

四季报春种植需选用排水良好的栽培基质，有机质丰富，呈微酸性。可用腐叶土 3 份、厩肥土 1 份、河沙 1 份配成，也可用泥炭土 3 份、珍珠岩 1 份加充足的基肥配成。

(二)温度控制

四季报春比较耐寒，喜凉爽而湿润的环境条件。移植初期仍可保持 18～20℃，以后可降至 16～18℃。当根系开始恢复生长后，温度需降至 15～18℃，夜温 10～13℃，白天温度 16～21℃。当后期的温度过高出现叶片变大，花量减少，因此低一些的温度有利形成良好的株形，增加花量，提高盆花的质量。

(三)光照调节

四季报春喜欢光照充足，但温度过高时的小苗防止直射阳光非常重要。

(四)肥水管理

四季报春忌浓肥，施肥浓度在 100～150 mg/L，氮肥有利于营养生长，但当氨态氮肥过高，温度又高时会出现徒长。应保证排水良好的条件，四季报春对水分的需求量很高，因此生长期供水应充分。

六、病虫防治

(一)病害

(1)茎腐病　主要发生在靠近基质的叶柄上；发病后立即喷施50%代森锰锌1 000倍液，可防止病情扩大。

(2)灰霉病　冬季和常见早春的病害，主要是由低温、高湿所引起的，可用稀释1 000倍的速克霉、灰霉克防治。

(二)虫害

(1)潜叶蝇　主要危害的是叶片，它在潜入叶肉层后啃食叶肉，从而降低了观赏性；发病初期喷施稀释1 000倍的潜克或乐斯本，平时也要预防。

(2)蚜虫　可用稀释1 000倍的一遍净，效果很好。

蒲包花(*Calceolaria herbeohybrida*)

一、形态特征

为多年生草本植物，多作二年生栽培花卉，株高多30 cm，全株茎、枝、叶上有细小茸毛，叶片卵形对生。花形别致，花冠囊形，似蒲包状。花色变化丰富，单色品种有黄、白、红等 深浅不同的花色，复色则在各底色上着生橙、粉、褐红等斑点。蒴果，种子细小多粒。

二、种类与品种

本种经培育多分为三种类型：大花系蒲包花的花径3～4 cm，花色丰富，多为有色斑的复色花；多花矮蒲包花的花径2～3 cm，植株低矮，耐寒；另有多花矮性大花蒲包花，其性状介于前两者之间，为常见品种。除此外还有很多固定的杂交F_1代。

三、生态习性

原产墨西哥、智利等地。性喜凉爽湿润、通风的气候环境，惧高热、忌寒冷、喜光照，但栽培时需避免夏季烈日暴晒，需蔽荫，在7～15℃条件下生长良好。要求肥沃、排水良好的微酸性土壤，忌土湿。长日照植物，15℃以下进行花芽分化。

四、繁殖方法

一般以播种繁殖为主，少量进行扦插，播种多于8月底9月初进行，此时气候渐凉。培养土以6份腐叶土加4份河沙配制而成，于“浅盆”或“苗浅”内直接撒播，不覆土，用“盆底浸水法”给水，播后盖上玻璃或塑料薄膜封口，维持13～15℃，1周后出苗，出苗后及时去除玻璃、塑料薄膜，以利通风，防止摔倒病发生。逐渐见光，使幼苗生长茁壮，室温维持20℃以下。当幼苗长出2片真叶时进行分盆。

五、栽培管理

播种出苗后 20 d、苗高 2.5 cm 时带土移苗一次。土壤以肥沃、疏松和排水良好的沙质壤土为好。常用培养土、腐叶土和细沙组成的混合基质，pH 6.0～6.5。移苗后 30 d，苗高 5 cm 时定植在 10～15 cm 盆。室温以 10～12℃为好。如促成栽培，每天补充光照 6～8 h，可提早开花。生长期注意通风和遮阴，防止虫害发生和灼伤叶片。每半个月施肥 1 次。氮肥不能过量，否则易引起茎叶徒长和严重皱缩。当抽出花枝时，增施 1～2 次磷钾肥。同时，对叶腋间的侧芽应及时摘除，否则侧生花枝过多，不仅影响主花枝的发育，还造成株形不正，缺乏商品价值。

盛花期，严格控制浇水，室温维持在 8～10℃，并进行人工授粉，可提高结实率。结实期气温渐高，采取通风、遮阴等降温措施，使果实充分成熟，否则高温多湿，未等果实成熟，植株已枯萎死亡。盆栽蒲包花对水分比较敏感，盆土必须保持湿润，特别茎叶生长期若盆土稍干，叶片很快萎蔫。但盆土过湿再遇室温过低，根系容易腐烂。浇水切忌洒在叶片上，否则极易造成烂叶。抽出花枝后，盆土可稍干燥，但不能脱水，有助于防止茎叶徒长。

蒲包花属长日照花卉，对光照的反应比较敏感。幼苗期需明亮光照，叶片发育健壮，抗病性强，但强光时适当遮阴保护。如需提前开花，以 14 h 的日照可促进形成花芽，缩短生长期，提早开花。

六、病害防治

蒲包花易发生病虫害，种植中应采取措施，幼苗期易发生猝倒病，应进行土壤消毒，拨出病株，或使盆土稍干，空气过于干燥，温度过高，易发生红蜘蛛、蚜虫等，可喷药，增加空气湿度或降低气温。

彩叶草(*Coleus blumei*)

一、形态特征

唇形科鞘蕊花属多年生草本植物，老株可长成亚灌木状，观赏价值低，故多作一二年生栽培。株高 50～80 cm，栽培苗多控制在 30 cm 以下。全株有毛，茎为四棱，基部木质化，单叶对生，卵圆形，先端长渐尖，缘具钝齿牙，叶可长 15 cm，叶面绿色，有淡黄、桃红、朱红、紫等色彩鲜艳的斑纹。顶生总状花序，花小，浅蓝色或浅紫色。小坚果平滑有光泽。

二、生态习性

喜温性植物，适应性强，冬季温度不低于 10℃，夏季高温时稍加遮阴，喜充足阳光，光线充足能使叶色鲜艳。土壤要求疏松肥沃。

三、繁殖方法

(一)播种繁殖

设施条件下四季均可盆播，一般在 3 月于温室中进行。用充分腐熟的腐殖土与素面沙土各半掺匀装入苗盆,然后将育苗盆放于水中浸透,按照小粒种子的播种方法下种,微覆薄土,以玻璃板或塑料薄膜覆盖,保持盆土湿润。发芽适温25～30℃,10 d左右发芽。出苗后间苗1～2次,再分苗上盆。播种的小苗,叶面色彩各异,此时可择优汰劣。

(二)扦插繁殖

扦插一年四季均可进行,极易成活。也可结合植株摘心和修剪进行嫩枝扦插,剪取生长充实饱满枝条,截取7～8 cm,插入干净消毒的河沙中,扦插后遮阴养护,保持盆土湿润。温度较高时,生根较快,期间切忌盆土过湿,以免烂根。15 d左右即可发根成活。也可水插,插穗选取生长充实的枝条中上部2～3节,去掉下部叶片,置于水中,待有白色水根长至5～10 mm时即可栽入盆中。

四、栽培管理

彩叶草盆栽以小型为好,一般成苗上内径10 cm筒盆,经20～30 d养护,株高达15 cm即可摆放观赏。彩叶草喜富含腐殖质、排水良好的沙质壤土。盆栽施以骨粉或复合肥作基肥。生长期隔10～15 d施一次有机液肥(盛夏时节停止施用)。施肥时,切忌将肥水洒至叶面,以免灼伤腐烂,全年可追施稀薄液肥3次。

彩叶草喜光,过荫易导致叶面颜色变浅,植株生长细弱,室外养护,入夏应放疏阴环境。除保持盆土湿润外,应经常用清水喷洒叶面,冲除叶面所蓄积尘土,保持叶片色彩鲜艳。幼苗期应多次摘心,以促发侧枝,使之株形饱满。花后,可保留下部分枝2～3节,其余部分剪去,重发新枝。

彩叶草生长适温为20℃左右,寒露前后移至室内,冬季室温不宜低于10℃,此时浇水应做到见干见湿,保持盆土湿润即可,否则易烂根。

五、病虫防治

苗期易发生猝倒病,幼苗猝倒病是播种繁殖瓜叶菊常遇到的一种病害,常可见到幼苗叶色翠绿即倒伏死亡,或腐烂或干枯,该病主要由瓜果腐霉菌和立枯丝核菌引起,病菌在土壤中或病残体上越冬,由种子或水滴喷溅传播,应注意播种土壤的消毒。生长期有叶斑病危害,用50%托布津可湿性粉剂500倍液喷洒。

温室栽培时,易发生介壳虫、红蜘蛛和白粉虱危害,可用40%氧化乐果乳油1 000倍液喷雾防治。

工作任务二　盆栽宿根花卉

【学习目标】

1. 了解盆栽宿根花卉的含义与特点;
2. 掌握常见盆栽宿根花卉生态习性和繁殖要点;
3. 掌握宿根花卉的盆栽技术及园林应用。

【任务分析】

本任务主要是在识别常见宿根花卉的基础上，了解盆栽宿根花卉对环境的要求，掌握盆栽花卉的繁殖方法、栽培技术及应用。

【基础知识】

一、设施盆栽宿根花卉的含义

指植株越冬温度在5℃或10℃以上，在我国长江流域以北地区需温室栽培的宿根花卉。这类花卉冬季茎叶仍为绿色，但温度低时停止生长，呈半休眠状态，温度适宜则休眠不明显，耐寒力弱，在北方寒冷地区不能越冬，而在华南地区可以露地栽培。主要原产于温带的温暖地区及热带、亚热带。如秋海棠、鹤望兰、网纹草、竹芋、火鹤等。

二、盆栽宿根花卉的生态习性

盆栽宿根花卉由于种类繁多，原产地不同，生态习性差异较大，依花卉种类有很大不同。大多温室宿根花卉原产热带和亚热带，对温度要求较高，另外由于不适应北方强烈的阳光，春天移至室外栽培需搭设荫棚。根据需要，遮光率一般控制在40%～60%。原产热带及亚热带地区的常绿宿根花卉，通常只要温度适宜即可周年开花，但夏季温度过高可导致半休眠，如鹤望兰等。

三、盆栽花卉对环境的要求

(一)温度对盆栽花卉生长发育的影响

1.生长的温度三基点

不同种或品种的花卉生长发育对温度都有一定的要求，都有温度三基点：即最低温度、最适温度和最高温度。花卉种类不同，原产地气候不同，温度的三基点也不同。以生长最低温为例，原产于热带、亚热带及温带的花卉，在10～5℃。生长最适温，热带、亚热带植物30～35℃，温带植物25～30℃。生长最高温，热带、亚热带植物45℃左右，温带植物35～40℃。

此外，同一花卉的不同生长阶段对温度也有不同要求。土壤温度也影响花卉的生长，特别是许多温室花卉的种子及扦插繁殖常与秋末至早春在温室或温床进行，此时温室气温高而土温很低，使一些种子难以发芽，一些插穗则只萌芽而不发根，结果水分、养分很快消耗而使插穗干萎死亡。因此，提高土温才能促进种子萌发及插穗生根。

2.花芽分化与温度的关系

花芽分化对温度的要求大致分为两类：

(1)高温下花芽分化　原产热带地区的宿根花卉如热带兰、火鹤花等；原产亚热带南部或热带的木本花卉如一品红、三角梅等。

(2)低温下花芽分化　温带、寒温带及高山地区的一些花木，春、秋两季均在偏低温度下花芽分化，如瓜叶菊、蒲包花、报春等。

3. 温度胁迫对花卉的伤害

(1)低温胁迫　主要有冷害、冻害、霜害、生理干旱等。热带、亚热带花卉北移,遇到暂时的零上低温还能恢复生长,若持续时间长,则会发生冷害,主要影响叶色和花色。

(2)高温胁迫　高温胁迫下通常会引起及,饥饿、氨中毒、蛋白质变性等生理生化变化而使观赏植物受害。通常植物在35～40℃下生长缓慢甚至停滞,45～50℃以上,除少数原产热带干旱地区的仙人掌科及多浆植物外,大多数种类会受伤甚至死亡。高温胁迫使观花植物花期缩短、花瓣焦萎、花蕾不能开放。叶片高温日灼下边缘易焦黄枯死。通常耐寒的球根、宿根及二年生花卉,夏季高温时地上部或全株枯死,而以地下部分休眠越夏。

(二)光照对盆栽花卉的影响

1. 光照强度对盆栽花卉生长发育的影响

光强与植物生长发育状况密切相关,表现在:

(1)光强影响组织器官形态的建成。在适宜光强下,栅栏组织发达、叶绿素完整,叶片、花瓣发育良好,外观大而厚。

(2)光强抑制细胞及茎、根的伸长,但使生长健壮。充足的光照下花卉节间变短,花茎木质化程度增加、根冠比增加。

(3)光强通过不同碳同化途径如C_3、C_4途径和景天科酸代谢(CAM)途径直接影响光合强度及光合效率。观赏植物多为C_3途径,但其中也有不少光合效率高的C_4类型,存在于禾本科、藜科、苋科、灯台草科和菊科等。观赏植物中具CAM途径的有凤梨科(光萼凤梨、姬凤梨、果子蔓)、百合科(芦荟、虎尾兰等)、龙舌兰科(如丝兰)、兰科(卡特兰、蝴蝶兰、石斛兰等)、景天科(如长寿花)及仙人掌科的大部分。

一般植物的最适需光量大约为全日照的50%～70%(夏季正午全光照约为10万lx)。在一定范围内,光合速率随光照强度的增加而增加。当光强度增加至光合速率与呼吸速率相等时,此时的光强度称为该植物的光补偿点,而光强度增加到某一特定值,即光合速率不再增加时,此时的光强度称为该植物的光饱和点。不同观赏植物光补偿点与光饱和点不同,这与其叶片厚薄、解剖结构、生理特性及生态习性有关,也与对原产地生态环境的长期适应结果有关。栽培条件下光强度大小直接影响到观赏植物的质量。

光强还影响叶色、花色。光照充足可促进叶绿素的合成,使叶片浓绿,反之叶片变淡及黄化。许多红、紫色花的花青素必须在强光下才能产生。

2. 盆栽花卉对光照适应性的类型

(1)阳性花卉　通常在全光下才能正常生长的原产热带、暖温带、高原的花卉均属此类。通常具有较高的光补偿点和光饱和点,不耐荫蔽。大部分的宿根花卉属于此类。

(2)中性花卉　较为喜光,在微荫下也生长良好。生长期,特别是夏季光照过强时,适当遮阴有利于其生长。多原产热带、亚热带。如仙客来、八仙花、比利时杜鹃等。

(3)阴性花卉　也称喜荫花卉。需光量少,喜漫射光,不能忍受强光直射。如蕨类、兰科、苦苣苔科、凤梨科、秋海棠科(如四季秋海棠)、天南星科(广东万年青、花叶芋)等。

3. 光周期对盆栽花卉生长发育的影响

日照长度与开花密切相关,根据花芽分化对日照长度的反应,通常可以将花卉分成以下类型:

(1)长日花卉　大于某一临界日长(或小于某一临界夜长)才能开花的花卉,即长日照花卉,通常要求 14～16 h 的日照。属于长日照植物的花卉大多分布于暖温带和寒温带,自然花期多在春末和夏初,许多春花卉如:大岩桐、瓜叶菊、蒲包花、报春花等均属于此类。

(2)短日花卉　小于某一临界日长(或大于某一临界夜长)才能开花的花卉,通常要求 8～12 h 的日照。多分布于热带、亚热带、自然花期在秋冬季,如一品红、长寿花、蟹爪兰等。它们在超过其临界日长的夏季只进行营养生长,随秋季来临,日照缩短至小于临界日长后,才开始花芽分化。生产上可以通过补光来延迟一品红等短日花卉的花期,或通过遮光来促进提前开花,达到周年供应的目的。

(3)日中性花卉　对日照不敏感,只要温度适合,一年四季的任何日长均能正常开花。常见的种类有凤仙、天竺葵、火鹤等。

4. 光质对盆栽花卉的影响

光质对盆花生长发育也有影响,紫外光可以抑制茎的伸长,紫外光还可促进花青素的形成,如热带及高山植物,因受较强紫外线照射,通常花色艳丽。

(三)水分对盆栽花卉的影响

水是植物体的重要组成部分,由于不同生境下植物可利用水源的匮乏程度不同,以及不同观赏植物对生境的适应性不同,形成对水分适应性的不同类群。

1. 盆栽花卉对水分适应性的类型

依据盆栽花卉对水分的需求不同,可大致分为旱生花卉、半耐旱花卉、中生花卉、湿生花卉、水生花卉五种类型。盆栽花卉大多以中生花卉为主,土壤水分要求干湿适中。但也有一些喜欢中性偏湿的环境,如兰科花卉、秋海棠类要求空气湿度大,但要求基质排水良好;另一些喜中性偏干环境,如大多数宿根盆栽花卉,这一类花卉通常需保持 60%左右的土壤含水量。也有部分宿根盆栽花卉属于湿生花卉,如蕨类植物等。

2. 水分与盆栽花卉的发育

浇水次数、浇水时间和浇水量应根据花卉种类、不同生育阶段、气象因子和栽培基质等条件灵活掌握。兰科植物、天南星科、秋海棠类等喜湿花卉要多浇,从休眠期转入生长期,浇水量须组建增加;生长旺盛期要多浇,开花期前和结果期少浇,疏松土壤多浇,黏重土壤少浇。夏季浇水以清晨和傍晚为宜,冬季以上午 10 时以后为宜。浇水的原则是盆土变干才浇水,浇时应浇透,不能浇“拦腰水”。

【工作过程】

盆栽宿根花卉的栽培管理

一、上盆与换盆

选择适宜的花盆,应掌握小苗用小盆,大苗用大盆的原则。用瓦片盖住盆底的排水孔。然后向盆底填入培养土约厚 3 cm,将植株放入盆中央,向根系四周填入培养土直至将根完全埋住。轻提植株使根系舒展,用手轻压根部盆土,使土与根系密切接触,再加培养土至离盆口 3 cm 处。上盆后第一次浇水要浇足浇透,以利于花卉成活。幼苗上盆后,随着枝叶的生长,在开花前通常要进行多次换盆。换盆前应停水,使盆土达到一定的干燥程度。然后将花盆倾倒,轻击盆壁，用手指插入排水孔推出盆土，将植株根部带土脱盆取出。剪除老根和烂根，重新将植株栽入新的大花盆中。缓苗期约4～5 d。

二、浇水

要选用水质优良、微酸性至中性的水。水温应与植物生长环境温度一致，不要直接浇温度过低的水。井水或自来水，应放入贮水池中贮放1～2 d再用。浇水量因宿根花卉的种类、生长发育期和季节的变化而定。如旱生、处于休眠期或生长缓慢期的花卉，需水量相对较少，湿生或处于生长旺盛期的花卉，需水量相对较多。春季气温升高、多风、空气相对湿度低，要增加浇水量，可1～2 d浇一次；夏季气温高，蒸发量大，也应增加浇水次数，早晚各一次，发现萎蔫现象，中午可补水一次；秋季气温渐低，植物生长缓慢，可减至2～3 d一次；冬季，不同种类花卉需水量差异大，要区别对待。入冷室越冬者，可5～10 d浇水一次；入温室栽培者，需每天或隔天浇水一次。

三、施肥

基肥多选用畜禽粪等有机肥，混入部分磷、钾肥。盆栽花卉的盆土量有限，植株所需营养还要靠追肥补充。为防止肥料发酵产生热量危害根系，多将饼肥、畜禽粪等发酵后，以液肥的方式追施。碱性土宜选用酸性肥料，如氮肥可选用铵态氮（硫酸铵、氯化铵）；磷肥可选磷酸钙或磷酸铵等水溶性肥。酸性土可选用碱性肥料，氮肥可用硝态氮；磷、钾肥可用磷矿粉、草木灰等。开始追肥时液肥宜淡不宜浓，一般2周一次。旺长期可5～7 d一次，浓度也可稍微增加。追肥时也常用粉末状有机肥或化肥施于盆面上，但用量不可过多，否则会伤害根系，影响吸收，甚至造成植株死亡。

四、遮阴

温室内栽培的宿根花卉接受的多为散射光，对外界强光照射敏感。春季移到室外需搭阴棚，遮光率在40%～60%左右。

【巩固训练】

盆栽宿根花卉肥水管理技术

一、训练目的

使学生熟悉宿根盆花施肥、浇水原则，正确掌握施肥、浇水技术。

二、训练内容

(1)材料　沤肥水、有机复合肥、无机肥、喷雾器、喷壶、移植铲、盆花。

(2)场地　校内生产基地温室或塑料大棚。

三、训练方法

教师指导常规栽培管理中的施肥、浇水工作。

(1)盆花施肥 用0.2%的尿素稀释液喷洒花卉叶片。盆中施入有机复合肥颗粒。

(2)根据不同的宿根盆花种类,掌握花盆按见干见湿、宁干勿湿、宁湿勿干、间干间湿的浇水原则浇水。

四、训练结果

记录施肥及浇水的方法,如何掌握花盆按见干见湿、宁干勿湿、宁湿勿干、间干间湿的浇水原则浇水。

【知识拓展】

大花君子兰(*Clivia miniata*)

一、形态特征

石蒜科、君子兰属,多年生常绿草本。株高30～40 cm,根呈肉质。叶深绿油亮互生,呈宽带状,叶脉较清晰。花葶从叶丛中抽出,直立,一花葶上着生1～4簇伞房花序,数朵小花聚生排列;花萼开张6瓣,呈漏斗形,每个花序有小花7～30朵,花色由黄至橘黄色。浆果球形,初绿后红,内含种子1～6粒,种子百粒重80～90 g。花期3—4月。

二、品种选择

大花君子兰依品种不同,大致可分为凸显脉型、平显脉型和隐显脉型等三种类型。同属栽培种有垂笑君子兰,叶片细窄,花葶直立,但花序不是直立向上,而是下垂似低头含笑,姿态优美含蓄,故名之。花期长达30～50 d。

三、生态习性

君子兰性原产非洲南部,喜温暖凉爽的环境,不耐寒,忌高温酷暑,生长适温是20～25℃,冬季室温低于5℃时,生长就会受到抑制。怕日光暴晒,喜半阴。夏季高温时,君子兰则处于半休眠状态。对土壤要求土壤湿润、疏松并富含腐殖质的土壤,忌盐碱。

君子兰属于中光性植物,怕日光暴晒,喜半阴,生长过程中不需强光,尤其是夏季,切忌阳光直射。强光照射会缩短花期,影响观赏价值,弱光照则可延长花期。冬季缩短光照,花期可提早。

四、繁殖技术

(一)播种繁殖

君子兰开花期正值冬春季,又在室内,为得到种子需进行人工授粉。果实八九月可以成熟,成熟时果实为暗红色,果实采后即播,一般4～8 d后出苗。小苗长出1～2个叶片时,可栽植在直径10 cm的小盆中,以后根据情况每半年换一次较大的盆。2～3年可以开花。

(二)分株繁殖

分株繁殖宜在3—4月换盆时进行,当母株基部产生的蘖芽长出3～5枚叶片时,其下部已有根2～3条。这时将植株从盆中倒出,去掉培养土,露出根系和蘖芽。从芽的基部与母株相连的部分用利刀切开。稍晾干伤口,用不加基肥的培养土盆栽。伤口愈合后,按正常植株管理。分株繁殖宜在春季花后气温不太高时进行。

五、栽培管理

(一)土壤管理

君子兰适宜用含腐殖质丰富的微酸性土壤,用土为腐叶土 5 份、壤土 2 份、河沙 2 份、饼肥 1 份混合而成。栽培时用盆随植株生长时逐渐加大,栽培一年生苗时,适用 10 cm 盆。第二年换 16 cm 盆,以后每过 1～2 年换入大一号的花盆,换盆可在春、秋两季进行。

(二)浇水

君子兰具有较发达的肉质根,根内存蓄着一定的水分,经常注意盆土干湿情况,出现半干就要浇一次,但浇的量不宜多,需保持盆土湿润。

一般情况下,春天每天浇 1 次;夏季浇水,可用细喷水壶将叶面及周围地面一起浇,晴天每天浇 2 次;秋季隔天浇 1 次;冬季每星期浇一次或更少。但必须注意,这里指的是“一般情况”。必须随着各种不同的具体情况,灵活掌握。比如说,晴天要多浇;阴天要少浇,连续阴天则隔几天浇一回;雨天则不浇。气温高、空气干燥时一天要浇几次;花盆大的,因土内储水量大而不易风干,可少浇;花盆小,水分容易蒸发掉,则应适量多浇。花盆放置在通风好、容易蒸发的地方,宜适量多浇;通气差、蒸发慢、空气湿度大的地方则应少浇。苗期可以少浇;开花期需多浇。总之,要视具体情况而定,以保证盆土柔润,不使太干、太潮为原则。

六、病虫防治

(一)枯萎病

发生部位为嫩叶尖端,症状由上向下发展,严重时整个叶片变黄枯萎。该病害主要是过量施肥或浇水过多而造成的生理病害。

防治方法:肥量过大时换盆更土,根下垫 1 层细沙,盆土宜用疏松腐叶土,酸碱度以中性为宜。要控制水量,不得浇水过多。浇水过多时要马上控水,将黄叶摘除,植株仍能恢复正常生长。

(二)叶斑病

叶斑病症状类型有两种,一种是叶片上发生黄色的小斑点,病斑增大,直径可达 3～5 mm,圆形,病斑蔓延一片,叶片枯黄;另一种是叶片上病斑大,形状无规则,黄褐色至灰褐色,稍有轮纹,后期病斑背面出现黑色小点。这些都是由于通风不良,介壳虫寄生,致使植株生长衰弱而发生的。

防治方法:用 0.5%高锰酸钾液涂抹病斑,或用 50%多菌灵 1 000 倍液进行喷雾。若病害严重时,须摘去被害叶片,伤口用无菌脱脂棉吸干。

(三)细菌性腐烂病

该病害的发生是因机械损伤或介壳虫的危害造成病菌侵入引起的,主要是叶鞘叶心。病斑呈水渍状斑,后变为褐色,病害部分有菌脓溢出。

防治方法：切除腐烂部分，用脱脂棉吸干伤口，再用0.02%链霉素涂抹即可治愈。

秋海棠类(*Begonia evansiana*)

一、形态特征

秋海棠类为多年生草本或木本。茎绿色，节部膨大多汁。有的有根茎，有的有状块茎。叶互生，有圆形或两侧不等的斜心脏形，有的叶片形似象耳，色红或绿，或有白色斑纹，背面红色，有的叶片有突起。花顶生或腋生，聚伞花序，花有白、粉、红等色。秋海棠类有400种以上，而园艺品种近千。分球根秋海棠、根茎秋海棠及须根秋海棠三大类。

二、生态习性

原产南美洲和亚洲的热带、亚热带地区。喜温暖湿润的气候，喜半阴和富含腐殖质、疏松、透气性好的沙质壤土环境条件，忌强烈的日光暴晒。适宜的生长温度是20℃左右，夏天气温高达30℃时，植株生长就受到影响，35℃以上时，必须采取遮阴措施，才能安全度夏。冬季怕冷，气温维持在10℃时才能较好越冬，气温下降到5℃时就停止生长，几乎进入休眠状态。

三、繁殖技术

(一)播种繁殖

播种一般在早春或秋季气温不太高时进行。由于种子细小，播种工作要求细致。播种前先将盆土高温消毒 ，然后将种子均匀撒入，压平，再将盆浸入水，由盆底透水将盆土湿润。在温度20℃的下约7～10 d发芽。待出现2片真叶时，及时间苗；4片真叶时，将多棵幼苗分别移植在口径6 cm的盆内。春季播种的冬季可开花，秋播的翌年3—4月开花。

(二)扦插繁殖

此法最适宜四季海棠重瓣优良品种的繁殖，可四季进行，但以春、秋两季为最好。因为夏季高温多湿，插穗容易腐烂，成活率低。插穗宜选择基部生长健壮枝的顶端嫩枝，长约8～10 cm。扦插时，将大部叶片摘去，插于清洁的沙盆中，保持湿润，并注意遮阴，15～20 d即生根。生根后早晚可让其接受阳光，根长至2～3 cm长时，即可上盆培养。也可以在春秋季气温不太高的时候，剪取嫩枝8～10 cm长，将基部浸在洁净的清水中生根，发根后再栽植在盆中养护。

(三)分株繁殖

宜在春季换盆时进行，将一植株的根分成几份，切口处涂以草木灰(以防伤口腐烂)，然后分别定植在施足基肥的花盆中。分植后不宜多浇水。

四、栽培管理

养好四季秋海棠水肥管理是关键。浇水工作的要求是“二多二少”，即春秋季节是生长开花期。水分要适当多一些；盆土稍微湿润一些；在夏季和冬季是四季秋海棠的半休眠或休眠期，水分可以少些，盆土稍干些，特别是冬季更要少浇水，盆土要始终保持稍干状态。浇水的时间在不同的季节也要注意，冬季浇水在中午前后阳光下进行，夏季浇水要在早晨或傍晚进行为好，这样气温和盆土的温差较小，对植株的生长有利。浇水的原则为“不干不浇，干则浇透”。

四季秋海棠在生长期每隔10～15 d施1次腐熟发酵过的20%豆饼水，菜籽饼水，鸡、鸽粪水或人粪尿液肥即可。施肥时，要掌握“薄肥多施”的原则。如果肥液过浓或施以未完全发酵的生肥，会造成肥害，轻者叶片发焦，重则植株枯死。施肥后要用喷壶在植株上喷水，以防止肥液粘在叶片上而引起黄叶。生长缓慢的夏季和冬季，少施或停止施肥，可避免因茎叶发嫩和减弱抗热及抗寒能力而发生腐烂病症。

四季秋海棠养护的另一特性就是摘心，它同茉莉花、月季等花卉一样，秋海棠当花谢后，一定要及时修剪残花、摘心，才能促使多分枝、多开花。如果忽略摘心修剪工作，植株容易长得瘦长，株形不很美观，开花也较少。

清明后，盆栽的可移到室外荫棚下养护。华东地区4—10月都要在全日遮阴的条件下养护，但在早晨和傍晚最好稍见阳光；若发现叶片卷缩并出现焦斑，这是受日光灼伤后的症状。到了霜降之后，就要移入室内防冻保暖，否则遭受霜冻，就会冻死；室内摆设应放在向阳处。若室温持续在15℃以上，施以追肥，它仍能继续开花。

五、病虫害防治

病害主要有叶斑病，还有细菌性病害的危害，应采用托布津、百菌清等防治。虫害主要是危害叶、茎的各类害虫，有蚜蝓、蓟马、潜叶蝇等，应针对性用药。

新几内亚凤仙（*Impatiens linearifolia*）

新几内亚凤仙花色丰富，色泽艳丽欢快，株型丰满圆整，四季开花，花期特长，叶色叶型独特，广泛用于花坛布置、悬垂栽植等，特别是作为周年供应的盆花，在欧美市场颇为流行，市场销售量迅速增加，每年都有新品种出现，不仅花色更加丰富，而且在植株抗逆行、抗病性等方面都有改善。

一、形态特征

新几内亚凤仙，株高25～30 cm，茎肉质粗壮，分枝多而略开张，暗红色。叶色黄绿至深绿色或古铜色，叶脉明显。花单生或成对着生于叶腋，或数朵单花呈聚伞房花序。花色与叶脉颜色或茎色有相关性，有白色、粉色、桃红、朱红、玫红、橘红、深红、古铜等色。花被由2枚侧生小萼片、1枚大萼片（延伸距）及5枚花瓣组成。

二、种类与品种

新几内亚凤仙花品种繁多，当今流行者以矮生的大花品种为主，其中有花大而密、枝叶紧凑的多色系列品种“和谐”；早花和多花型的矮生品种“佳薇”；花大色艳的多色系列品种“美少女”；以及高大型的大花品种“探戈”等。

三、生态习性

原产非洲热带山地，凤仙花科凤仙花属多年生常绿草本花卉，属温室凤仙类。喜温和环境，在10℃以下、30℃以上温度下生长受到影响，5℃以下温度时易出现落叶，35℃以上高温时生长停滞,以 20～25℃为最适生长温度。喜湿润,不耐干燥。喜光,但夏季应遮阴,以降低光照强度和温度。

四、繁殖方法

新几内亚凤仙一般采用扦插繁殖。

(一)插穗选择

选择生长良好,无病虫害的植株作为母株,专门用于剪切插穗。2～2.5 cm 的带顶芽插条是最佳的繁殖材料,要求带有不超过 2 片完全展开的叶片和 3～4 片未完全展开的叶片。最下部叶片以下留 1.0～1.3 cm 茎段,以便往基质扦插。扦插密度以插穗叶片不相互覆盖为宜。若切穗已经出现花蕾,应将所有花蕾摘除,或弃置不用。

插穗应随剪随插,若不能及时扦插,则应放在开口袋中,连续喷雾。新几内亚凤仙插穗生根率接近 100%,一般不需使用生根素处理。

(二)扦插基质

可以采用多种扦插基质,如泥炭土、蛭石、珍珠岩、素沙等,但所有基质必须排水良好,具有较高的透气性。实践证明泥炭土与蛭石按 1∶1 的体积比混合非常适宜新几内亚凤仙插穗生根。

五、栽培管理

(一)栽培基质

新几内亚凤仙栽培基质要求排水与通气情况良好,但其保水性要稍微好于其他花卉的栽培基质,因其所有品种均需要大量水分,不能使其产生萎蔫,保水性较高的基质可以为其正常生长提供充足的水分。生产过程中一般采用泥炭土和珍珠岩按(2～3)∶1 的混合作为栽培基质,也可根据实际情况加适量蛭石、发酵树皮、锯木屑或岩棉等。在配制栽培基质时,用石灰将 pH 调至 5.8～6.2,每立方米基质可加入过磷酸盐 2 kg,并加入少量微量元素复合肥。栽培基质的 pH 不能低于 5.8,否则容易引起微量元素中毒。

(二)肥水管理

条件较好的温室最好以滴灌的方式提供肥水。在植株冠幅达到栽培容器的边缘以前不要施肥或仅少量施肥,施肥时氮肥与钾肥的浓度大体相当。管理过程中应以使用硝态氮为主。如果不能每次浇水时都施肥,则应该保证每三次浇水以后施一次营养液,浓度为:N 300～350 mg/L、P 100 mg/L、K 300～350 mg/L。新几内亚凤仙喜欢较低浓度肥料,基质盐度太高,叶片窄小而卷曲,不伸展,根系生长受抑制,甚至腐烂,但若肥料缺乏叶色斑驳。新几内亚凤仙对微量元素比较敏感,微量元素过量导致中毒,使下部叶片或叶缘出现坏死斑、顶梢枯死或腐烂、顶部叶片发育障碍。新几内亚凤仙镁缺乏症非常常见,可每月施加一次硫酸镁加以治疗,浓度为每 100 L 水加硫酸镁 600 g。肥水管理条件好的情况下,新几内亚凤仙植株叶片鲜亮厚实,硬挺开展,叶面积大,否则叶片薄而皱缩,植株生长缓慢。

六、病虫防治

红蜘蛛、粉虱、蚜虫是新几内亚凤仙温室栽培最常见的害虫。害虫的大量滋生一方面对植株造成直接伤害,另一方面也增加了病毒传播的可能性,如凤仙斑叶腐烂病毒即可通过具有刺吸式口器的害虫进行传播,对植株造成严重伤害。调查发现在新几内亚凤仙栽培过程中,有蚜虫、白粉虱、粉蚧。新几内亚凤仙病虫害均可采用常规方法进行预防与治疗,无须其他特殊措施。

天竺葵(*Pelargonium hortorum*)

一、形态特征

天竺葵,多年生草本花卉。叶掌状有长柄,叶缘多锯齿,叶面有较深的环状斑纹。花冠通常五瓣,伞形花序顶生,长在挺直的花梗顶端,花蕾下垂,花冠有红、白、淡红、橙黄等色,还有单瓣、半重瓣、重瓣和四倍体品种。由于群花密集如球,故又有洋绣球之称。花色红、白、粉、紫变化很多。花期由初冬开始直至翌年夏初。

二、品种选择

常见的品种有'真爱(TrueLove)',花单瓣,红色。'幻想曲(Fantasia)',大花型,花半重瓣,红色。'口香糖(BubbleGum)',双色种,花深红色,花心粉红。'探戈紫(Tango Violet)',大花种,花纯紫色。'美洛多(Meloda)',大花种,花半重瓣,鲜红色。'贾纳(Jana)',大花、双色种,花深粉红,花心洋红。'萨姆巴(Samba)',大花种,花深红色。'阿拉瓦(Arava)',花半重瓣,淡橙红色。'葡萄设计师(Designer Grape)',花半重瓣,紫红色,具白眼。'迷途白(Maverick White)',花纯白色。

三、生态习性

天竺葵原产非洲南部。喜温暖、湿润和阳光充足环境。耐寒性差,怕水湿和高温。生长适温3—9月13~19℃,冬季温度10~12℃。6—7月间呈半休眠状态,应严格控制浇水。宜肥沃、疏松和排水良好的沙质壤土。冬季温度不低于10℃,短时间能耐5℃低温。单瓣品种需人工授粉,才能提高结实率。花后40~50 d种子成熟。

四、繁殖技术

(一)播种繁殖

春、秋季均可进行,以春季室内盆播为好。发芽适温20~25℃。天竺葵种子不大,播后覆土不宜深,2~5 d发芽。秋播第二年夏季开花。经播种繁殖的实生苗,可选育出优良的中间型品种。

(二)扦插繁殖

以春秋季为好。选用插条长10 cm,以顶端部最好,生长势旺,生根快。剪取插条后,让切口干燥数日,形成薄膜后再插入泥炭和珍珠岩的混合基质中,注意勿伤插条茎皮,否则伤口易腐烂。插后放半阴处,保持室温13~18℃,插后14~21 d生根,根长3~4 cm时可盆栽。扦插过程中用0.01%吲哚丁酸液浸泡插条基部2秒,可提高扦插成活率和生根率。一般扦插苗培育6个月开花,即1月扦插,6月开花;10月扦插,翌年2—3月开花。

五、栽培管理

盆栽选用腐叶土、园土和沙混合的培养土。根系不要与基肥直接接触。除夏季遮阴或放于室内，避免阳光直射外，其他时间均应该接受充足的日光照射，每日至少要有 4 h 的光照，这样才能保持终年开花。若光照不足，长期生长在庇荫的地方，植株易徒长，减少花芽分化。适宜生长温度 16～24℃，以春秋季气候凉爽生长最为旺盛。冬季温度应保持白天 15℃左右，夜间不低于 8℃，并且保证有充足的光照，仍可继续生长开花。

生长期要加强水肥管理。每月施 2～3 次稀薄液肥，在花芽分化后，应增加施入磷、钾肥。土壤要经常保持湿润偏干状态，不能缺水干旱，否则叶片发黄脱落，影响生长和观赏价值；但土壤过湿，会使植株徒长，影响花芽分化，开花少，甚至使根部腐烂死亡。浇水应掌握不干不浇、浇要浇透的原则。夏季气温高，植株进入休眠，应控制浇水，停止施肥。

为使植株冠形丰满紧凑，应从小苗开始进行整形修剪。一般苗高 10 cm 时摘心，促发新枝。待新枝长出后还要摘心 1～2 次，直到形成满意的株形。花开于枝顶端，每次开花后都要及时摘花修剪，促发新枝不断、开花不绝，一般在早春、初复和秋后进行修剪 3 次。天竺葵花、叶兼赏，是室内观赏地好材料。由于它生长迅速，每年都要修剪整形。一般每年至少对植株修剪 3 次。第一次在 3 月份，主要是疏枝；第二次在 5 月份，剪除已谢花朵及过密枝条；立秋后进行第三次修剪，主要是整形。

六、病虫防治

主要有细菌性叶斑病。防治：植株间要通风透光，避免湿度过高；不直接对植株喷浇水，以免飞溅的水滴传病；不在病株上选取插条摘除所有病叶、病枝，避免带菌土壤污染叶片。病土要集中处理，必要时对土壤、花盆进行灭菌处理。病菌能在繁殖床上的土中存活，应避免将病土溅到健株上。每隔 10～15 d，喷 1 次 1%波尔多液进行预防；或另换新土，采用无病种苗。

工作任务三 盆栽球根花卉

【学习目标】

1. 了解盆栽球根花卉定义与特点；
2. 掌握常见球根花卉的生态习性和繁殖要点；
3. 掌握球根花卉的栽培技术及病虫害防治。

【任务分析】

本任务主要在识别常见室内球根花卉的基础上，了解各种球根花卉的生态习性，并进一步掌握各种各种球根花卉的繁殖方法及栽培技术及病虫害防治措施。

【基础知识】

一、球根花卉的含义

植株地下部分器官变态膨大，有的在地下形成球状、块状、根状、大量贮藏养分的多年生草本花卉。

二、球根花卉的类型

(一)按球根的形态和变态部位分类

(1)鳞茎类　鳞茎类是在短缩的盘状茎上，着生着许多肥厚多肉的鳞片，鳞片抱合而成鳞茎。鳞茎类中，有一部分在生长开花过程中，消耗了鳞片中的全部物质而萎缩干枯，然后在其旁边形成新的鳞茎，如郁金香。还有一部分鳞茎类，在生长开花的过程中，部分鳞片养分被消耗、萎缩，部分鳞片继续贮积养分，球根继续膨大，如百合、风信子、水仙等。

鳞茎类又分为有皮鳞茎及无皮鳞茎两类。属于有皮鳞茎类的花卉有：风信子、郁金香、朱顶红等。属于无皮鳞茎类的，常见的如百合。

(2)球茎类　此类地下茎一般呈球形，有膜质的外皮，剥去外皮可以看到着生的大、小芽。属于此类的有唐菖蒲、射干等。

(3)块茎类　地下茎一般呈球形，扁平不整齐形，如仙客来、大岩桐、白头翁等。

(4)根茎类　地下茎肥大多肉，芽着生于节上，属此类的主要球根花卉有美人蕉、姜花等。

(5)块根类　根部肥大，根内贮藏大量养分，如大丽花。

(二)按栽植时间分类

(1)春植球根　春季栽球，秋季收球，冬季休眠，此类为春植球根花卉。如美人蕉、唐菖蒲等。

(2)秋植球根　秋季栽球，第二年的夏季收获球，然后休眠，此类花卉称为秋植球根花卉，如郁金香、风信子等。

(三)按栽植场所分类

(1)露地球根花卉　从栽植到收获种球，在露地完成，称为露地球根花卉，如唐菖蒲、美人蕉等(促成栽培除外)。

(2)温室球根花卉　从栽植到收获种球，大部分时间必须在温室完成，称为温室球根花卉，如仙客来、球根秋海棠、朱顶红、大岩桐等。

三、生态习性

球根花卉大多要求日照充足、不耐水湿(水生和湿生者除外)，喜疏松肥沃、排水良好的砂质壤土。球根花卉有两个主要原产地区。

秋植球根花卉是以地中海沿岸为代表的冬雨地区，包括小亚细亚、好望角和美国加利福尼亚等地，这些地区秋、冬、春降雨，夏季干旱，从秋至春是生长季，是秋植球根花卉的主要原产地区。秋天栽植，秋冬生长，春季开花，夏季休眠。这类球根花卉较耐寒、喜凉爽气候而不耐炎热，如郁金香、水仙、百合、风信子等。秋植球根花卉多在休眠期(夏季)进行花芽分化，此时提供适宜的环境条件，是提高开花数量和品质的重要措施。

春植球根花卉是以南非(好望角除外)为代表的夏雨地区,包括中南美洲和北半球温带,夏季雨量充沛,冬季干旱或寒冷,由春至秋为生长季。春季栽植,夏季开花,冬季休眠。此类球根花卉生长期要求较高温度,不耐寒。春植球根花卉一般在生长期(夏季)进行花芽分化。

球根栽植后,经过生长发育,到新球根形成、原有球根死亡的过程,称为球根演替。有些球根花卉的球根一年或跨年更新一次,如郁金香、唐菖蒲等;另一些球根花卉需连续数年才能实现球根演替,如水仙、风信子等。

四、繁殖技术

球根类花卉繁殖的方法很多,以自然分球法最为常用,可以采用分栽自然增殖球,如郁金香、唐菖蒲等;也可以利用人工增殖的球,如大丽花、美人蕉等;也可鳞片扦插及珠芽繁殖,如百合;还有常用播种繁殖,如仙客来、大岩桐、球根秋海棠、朱顶红等;大规模生产可以采用组织培养。

五、采收

球根花卉停止生长后叶片呈现萎黄时,即可采球茎。采收要适时,过早球根不充实;过晚地上部分枯落,采收时易遗漏子球,以叶变黄1/2～2/3时为采收适期。采收应选晴天,土壤湿度适当时进行。采收中要防止人为的品种混杂,并剔除病球、伤球。掘出的球根,去掉附土,表面晾干后贮藏。在贮藏中通风要求不高,但对需保持适度湿润的种类,如美人蕉、大丽花等多混入湿润沙土堆藏;对要求通风干燥贮藏的种类,如唐菖蒲、郁金香、水仙及风信子等,宜摊放于底为粗铁丝网的球根贮藏箱内。

六、病虫害防治

对球根花卉常见的病、虫为害,除在生长期喷洒药剂防治外,要选用无病虫感染的球根和种子;栽植或播种前,进行土壤消毒,对球根或种子进行处理,以杀灭病菌、虫卵(还可加入解除球根休眠的药剂,使球根迅速而整齐地萌芽);球根采收后,贮藏之前要进行药剂处理。

【工作过程】

球根花卉的栽培管理

一、培养土的配制

盆栽基质选用深厚的沙质土壤,可以使用草炭土∶粗沙砾∶壤土=2∶3∶2。

二、上盆

栽植时宜选充分成熟的球根,并在盆底施入腐熟基肥。球根栽植深度,取决于花卉种类、土壤质地和种植目的。相同的花卉,土壤疏松宜深,土壤黏重宜浅;养球宜深,观花宜浅。大多数球根花卉栽植深度是球高的2～3倍,间距是球根直径的2～3倍。但葱兰以球根顶部与地面相平为宜;朱顶红、仙客来、大岩桐应将球根1/4～1/3露出土面之上;虎眼万年青则只将不定根栽入土中,百合类的要深栽,栽植深度为球根的4倍以上。种植好后放于光线明亮而无直射光的地方。

三、常规管理

注意保护根叶，生长期间不宜移植。由于球根花卉常常是一次性发根，栽后在生长期尽量不要移栽，花后剪去残花，利于养球，有利于翌年开花。花后浇水量逐渐减少，仍要加强肥水管理，此时是地下器官膨大的时期。生长期经常保持土壤湿润，不能过度干旱后浇水，不能长期处于积水状态。休眠期应保持适当干燥。球根花卉喜磷肥，对钾肥需求量中等，对氮肥要求较少，追肥时要注意肥料的比例，以免造成徒长和花期延迟。施用有机肥必须充分腐熟，否则会导致球根腐烂。夏季应放在阴凉通风处，避免阳光直射和干热风吹拂。

四、采收

球根花卉休眠后，叶片呈现萎黄时，即可采收球根并贮藏。一般叶 1/2～2/3 变黄时为适宜采收期。采收过早，球根不充实；过迟，地上部分枯落，不易确定土中球根的位置。

【巩固训练】

球根花卉的栽培管理技术

一、训练目的

使学生熟练掌握球根花卉的上盆及常规管理技术。

二、训练内容

(1)材料　营养土(园土、草木灰或椰糠、草炭、珍珠岩、腐熟鸡粪或其他腐熟有机肥)、花盆、温度计、湿度计、喷壶、喷雾器、杀菌剂(多菌灵、百菌清、甲基托布津等)、球根花卉(百合、球根秋海棠、朱顶红等)。

(2)场地　校内生产基地温室或塑料大棚。

三、训练方法

(1)按要求配制球根花卉培养土。

(2)选择大小适宜的花盆，垫瓦片，填盆底沙、底肥，填培养土，将球根栽入培养土中，要注意不同球根坏栽植的深度。

(3)浇透水，并把种植好的球根花卉放于温室光线明亮而无直射光的地方。

(4)后期常规管理，注意土壤湿润，不积水，注意磷钾肥的施入。

四、训练结果

实训报告，记录技术操作步骤和注意事项。

【知识拓展】

仙客来(*Cyclamen persicum*)

仙客来为报春花科仙客来属半耐寒性球根花卉。其花形别致、色泽艳丽，花期长又适逢元旦、春节等重大节日，因此，深受人们喜爱。

一、形态特征

仙客来为多年生草本，球形或扁球形肉质块茎，外被木栓质；顶部抽生叶片，叶丛生，有心脏状、卵形、肾形、短剑形等，边缘具有大小不等的圆齿牙，表面深绿色，具白色斑纹；叶柄肉质，褐红色；叶背面暗红色；花梗着生于球茎叶腋间，花大型、单生上垂，伸出叶面。开花时花瓣向上反卷而扭曲，形如兔耳；花色有白、粉、桃红、玫红、紫红、大红、复色等，基部常有深红色斑；受精后花梗下弯，蒴果球形，种子扁平红褐色。

二、生态习性

仙客来原产于地中海沿岸东南部的低山林地带，性喜凉爽、湿润及阳光充足的环境。秋冬春三季为仙客来生长期，生长适温 18～20℃，花芽分化适温 15～18℃，10℃以下生长不良，花色暗淡，容易凋谢；气温达 30℃，植株进入休眠。在我国夏季炎热的地区，仙客来处于休眠或半休眠状态。当气温超过 35℃，植株易受害而腐烂死亡；夜温也不宜过高，15℃以上易使植株软弱徒长，花、叶倒伏，花蕾停止发育，进入休眠状态。昼夜温差以 10℃最为理想。

仙客来生长期间相对湿度以 70%～75%为宜，夏季休眠期 45%左右为适。仙客来虽喜光却不需强光直射，夏季一般都需适当遮阴，遮光率以 40%为宜。冬季栽培要求良好的光照。仙客来对日照长短要求不严，影响花芽分化的主要环境因子是温度，其适温为 15～18℃。要求疏松、肥沃、排水良好而富含腐殖质的土壤，以沙土为好，pH 6 左右。仙客来对二氧化硫抗性较强。

仙客来常自花授粉，易常出现生命力降低、品种退化现象，如植株矮化、花与叶变小、生育缓慢等。花后 3～4 个月果实成熟，在干燥条件下贮藏种子，发芽力可保持 3 年。

三、品种类型

仙客来园艺品种极为丰富，按花型可分为：

(1)大花型　花大，花瓣全缘，平展，开花时花瓣反卷。有单瓣、重瓣、银叶、镶边、芳香等品种。叶缘锯齿较浅或不显著，是仙客来的代表花型。

(2)平瓣型　花瓣平展，边缘具细缺刻和波皱，花瓣较大花型窄，花蕾尖形，叶缘锯齿显著。

(3)钟型　又名洛可可型，花蕾端部圆形，花呈下垂半开状态，花瓣不反卷。花瓣宽，顶部扇形，边缘波皱有细缺刻。花具浓香。叶缘锯齿显著。有人将平瓣型和本型合称缘饰型。

(4)皱边型　是平瓣型和钟型的改进花型，花大，花瓣边缘有波皱和细缺刻，开花时花瓣反卷。

近年来，利用杂种优势，育出许多杂种一代(F_1)品种，性状非常优良，如有的花朵大，生长势强；有的株丛紧凑，生长均一，多花性；有的花期早，最早花的品种，播种后 8 个月即可开花。另外，目前世界上“迷你型”仙客来(即小型仙客来)极为盛行，各国仙客来生产者都育出许多性状优异的品种。

四、播种繁殖

仙客来块茎不能自然分生子球，一般采用播种繁殖。

(一)播种时期

大花系仙客来播种期在9—10月,播后13～15个月开花;中小花1—2月播种,播种后10～12个月开花。

(二)播种基质

由腐叶土、河沙、牛马粪等配制而成,pH 5.8～6.5为佳,常用播种土配方如下:

配方一　沙:腐叶土:干牛粪=4:4:2,适当加入一些稻壳灰。

配方二　腐叶土:干牛粪:田土:泥炭:河沙=3:3:1:1:2。

(三)种子处理

用冷水浸种24 h或30℃温水浸泡2～3 h,然后洗掉种子表面的黏着物,包在湿布中催芽,温度25℃,放置1～2 d,种子稍有萌动即可取出播种。催芽后一般要对种子进行消毒,用多菌灵或0.1%硫酸铜溶液浸泡30 min,消毒后晾干再行播种。注意播种箱也需消毒处理。

(四)播种

在播种箱底先用塑料窗纱覆盖排水孔,以利于排水和防虫,然后填一层瓦片或粗沙等透水良好的材料,厚度约为1～2 cm,再填入播种用土,厚约4～5 cm,用木板刮平,浇透水,以1.5～2.0 cm的距离打孔,把种子逐粒播入,覆盖0.5～1.0 cm的细沙或播种土,然后喷洒少量水使土壤湿透,盖上一层报纸或黑塑料薄膜。室温控制在15～22℃。在发芽期间不可浇水,25～30 d可发芽,40～50 d可出全苗,在发芽后应及时除去覆盖物,让幼苗逐渐见光以适应环境。

(五)移栽

播种苗长出一片真叶时进行,以株距3.5 cm移入浅盆或播种箱内,用土与播种土相同,在每千克播种土中加入复合肥3 g作基肥,N:P:K比例为1:1:1。栽植时应使小球顶部与土相平,栽后浸透水,置于阴凉处,当幼苗恢复生长时,逐渐给予光照,加强通风,勿使盆土干燥,保持室温15～18℃,此时可适当增施氮肥,施肥后浇1次清水,以保持叶面清洁。

当小苗长至3～5片叶时,把小苗移入8 cm左右的盆中。盆土配方如下:

配方一　沙:腐叶土:干牛粪:园土=4:4:2:1。

配方二　园土:腐叶土:干牛粪:泥炭=30:30:8:5。

配方三　沙:泥炭:干牛粪=9:7:4。

配方四　蛭石:泥炭=5:5。

配方五　园土:腐叶土:腐熟农家肥:沙=3:3:2:2。

配方六　蛭石:炉渣=5:5。

移栽时尽量不要将原土抖落,以免伤根。上盆前几天浇透水,挖出幼苗植入盆中,球根必须露出表土1/3～1/2。生长发育不良的苗,可再集中于育苗箱中继续培养。上盆后充分浇水,遮光2～3 d,以后加强光照,两周后开始每半月施1次N、P、K比例为6:6:19的1 000倍液体肥料。随着植株的生长,常在6月份进行换盆以增加植株的营养面积,盆土配方一般以沙:腐叶土:干牛粪:园土=9:7:4:2为宜,每千克盆土加入N、P、K比例为6:4:6的复合肥料,以促进球茎的发育及芽的分化。

五、栽培管理

(一)定植

9 月仙客来随着气温降低再次进入旺盛生长期,这时需要进行定植,即最后一次换盆。此次换盆一般选用 15～18 cm 的盆,中小花者用 12～14 cm 的盆。换盆时将仙客来从原盆中磕出植入新盆中,不要抖掉原土,从两边加入新土。要求将苗扶正,不要使芽的部位盖上土,球茎露出土面 1/2 为宜。换盆后立刻浇透水,进行 2～3 d 遮阴缓苗,一周后即可施肥。

(二)四季管理

(1)秋季管理　秋季管理重点是上盆、浇水、施肥、转盆和光照四个方面。

秋季上盆有两种情况,一是越夏实生苗的最后一次上盆,即定植;二是其他苗龄植株再上大一号的盆。上盆时注意盆土应加入 3 g 迟效复合肥,对休眠株应用清水洗去根部干土,剪去 2～5 cm 以下老根,用百菌清、多菌灵等药液浸泡 30 min 后晾干,然后定植于大一号的盆中。上盆后 1 个月内应给予轻度遮阴,1 个月后可施 1 次 N、P、K 比例为 6.5%、6%、19%的 1 000 倍液肥。

10 月转盆是管理的关键,在单屋面温室中由于光照分布不均匀,应通过转盆来调整花叶关系,满足商品盆花的要求。

仙客来的球茎喜湿润而透气好的土壤环境,浇水时表土不干不浇,同时浇水量必须根据环境条件的变化和植株的生长状态酌情处理;浇水的最佳时期可根据叶片来判断,当用手触摸叶片无弹性时是缺水初期,浇水最好。浇水一般应在上午进行,冬天 10—12 时较好,寒冷天气要注意水温,以 15～20℃为好。施肥用 1 份尿素、2 份磷酸二氢钾配成 0.1%的溶液每周浇施 1 次。10 d 左右叶面施 1 次 1 份氯化钾、2 份磷酸二氢钾配成的 0.1%的溶液。秋季仙客来的水分蒸发较少,每次施肥的水分已经足够其生长发育的需要,同时应每隔 3～5 d 叶面喷清水 1 次,保持空气湿度和叶面清洁。若叶大肥厚应及时停施氮肥。当花蕾显色含苞欲放时,增施 1 次充足的磷钾肥,促进花大色艳。

10 月后,在室温 16～20℃时要尽量打开覆盖物让植株得到充足的阳光。11 月显蕾以后,停止追肥,继续给予充足光照,到 12 月初即可开花。此时若阴天多,日照短,或气温低,光照不足,可用 100～200 W/m^2 白炽灯泡在离植株 80～150 cm 处补光、增温,能够明显地促进植株生长,提前进入花期。随着植株的生长,下面的芽往往被上面叶片遮挡,不易见光,造成后续芽发育不良,开花少,应注意把中心叶子向四周扩散,让中心见光,以保证花蕾发育一致,花期一致,开花高度整齐。若长期光照不足,1 个月后就不再开花,会大大缩短花期。

(2)冬季管理　1—2 月是仙客来的主要花期,这个季节的管理要点如下:

仙客来适宜的白天温度是 18～22℃,夜间为 10～12℃,在温室大规模生产中,除了加温外,保温也是防止仙客来受冻所不可缺少的,如北方用草苫覆盖、在温室内增加 1～2 层塑料膜或无纺布覆盖,可提高室温 2～5℃。

花期仙客来严禁缺水,在盆土表面发白时应及时供水,浇水一次要浇透,避免因植物根部缺水引起花茎倒伏,叶片萎蔫,有碍观赏。

注意保持环境湿度,北方冬天室内干燥,要通过向地面洒水、喷雾等措施提高空气湿度。

仙客来花期长，缺肥会使花数、花的质量、叶数都受到影响。仙客来花叶比一般为1∶1，若到开花期叶片稀少或无叶，就得施肥。一般大花仙客来每两个月增施1次复合肥或发酵过的农家肥，氮、磷、钾之比为1∶1∶1。

为了集中营养供植株开花，延缓植株老化，要求在仙客来花瓣开始变色时连同花梗一块及时摘除，摘后涂上杀菌药液。此后，施1～2次磷钾肥促进继续开花。秋冬季温室密闭，经常会出现CO_2亏缺，应注意通风，CO_2施肥可促进植株生长，提前花期。

(3)春季管理　春季仙客来开花慢慢结束，一般此季的管理工作是延长花期和为越夏准备。一般4月中旬就应换盆准备越夏，盆土可为定植用土，换盆后可将花盆埋入土中降低根部温度，培养4～6周，根系恢复，球茎营养积累，就可以安全越夏。

(4)夏季管理　夏季是植株自然休眠阶段，花后停止浇水，植株叶片脱落，可搬到室外置于阳光不能直射、雨淋不到的通风阴凉处休眠。对于幼小的植株，夏季温室内管理的关键是降温、透光和浇水。

大规模设施栽培的仙客来宜采用蒸发冷却的方法进行降温，如湿帘降温等。

北方一般从5月下旬起需遮光，大约至9月上旬结束，遮光一般采用黑色遮阳网遮去40%左右直射光。继续生长的仙客来应适当浇水，盆土表面干燥时需浇一次透水，如叶柄过度伸长，应增加光照，控制浇水。

仙客来在整个生长期间，尤其是商品盆花出售前都应进行整形管理，摘去黄叶、老叶，促进新叶生长，提高观赏价值。

六、花期控制

(一)调节播期

利用仙客来幼苗对高温抗性较强的习性，夏天不使其休眠，可缩短生长期，提早开花。根据青岛经验，12月上中旬在温室播种，第二年夏天幼苗虽生长缓慢，但不落叶休眠，到11—12月就可开花，即从播种到开花只需11～12个月，而早花品种只需9～10个月时间。

(二)延长光照时间

光照时间长短对仙客来生育影响很大，光合作用时间长，可使仙客来加快生长，提前进入花期。如花前2个月增加整夜光照，可提前12 d左右进入花期，仙客来适宜光照强度为15 000～20 000 lx，除了避免引起叶片日灼的强光照外，要尽量满足仙客来对光照的要求。

(三)激素处理

在预定开花的50～60 d前，即9月中下旬用赤霉素处理仙客来可促进开花，赤霉素浓度为1～2 mg/L，如在赤霉素中加入50～100 mg/L的细胞分裂素(BA)效果更好，也有报道，用0.1%硼砂、磷酸二氢钾溶液与5～10 mg/L赤霉素溶液混合，用笔涂刷幼蕾能促进提前开花。

七、病虫害防治

(一)软腐病

在7—8月高温高湿时发生。夏季气温高时，应控制水分，不施氮肥，保持空气流通，适当遮阴。发现病叶及时摘去销毁，并用波尔多液喷治。

(二)孢囊线虫病

由孢囊线虫侵入根部而形成根瘤,被害植株生长衰弱,下部叶片萎蔫倒伏,甚至全株枯死。防治方法:进行土壤消毒;发现病株立即烧掉。

(三)炭疽病

主要为害叶及叶柄,通过孢子飞散可传染。病菌是借水浸染的。防治方法:摘除被害叶和叶柄销毁,浇水时避免浇湿叶面。发病初期可用50%多菌灵可湿性粉剂500~600倍液喷治,效果良好。

(四)虫害

常见有蚜虫,可用抗蚜威、乐果等药剂喷杀。

马蹄莲(*Zantedeschia aethiopica*)

一、形态特征

多年生草本,具肥大肉质块茎,株高约60~70 cm。叶基生,具长柄,叶柄一般为叶长的2倍,上部具棱,下部呈鞘状折叠抱茎;叶卵状箭形,全缘,鲜绿色。花梗着生叶旁,高出叶丛,肉穗花序包藏于佛焰苞内,佛焰包形大、开张呈马蹄形;肉穗花序圆柱形,鲜黄色,花序上部生雄蕊,下部生雌蕊。果实肉质,包在佛焰包内;自然花期从3—8月,而且正处于用花旺季,在气候条件适合的地方可以收到种子,一般很少有成熟的果实。

二、品种选择

(1)目前常见栽培的有三个品种:

①白梗马蹄莲　块茎较小,生长较慢。但开花早,着花多,花梗白色,佛焰苞大而圆。

②红梗马蹄莲　花梗基部稍带红晕,开花稍晚于白梗马蹄莲,佛焰苞较圆。

③青梗马蹄莲　块茎粗大,生长旺盛,开花迟。花梗粗壮,略呈三角形。佛焰苞端尖且向后翻卷,黄白色,体积较上两种小。

(2)除此之外,同属常见的栽培种还有:

①黄花马蹄莲　苞片略小,金黄色,叶鲜绿色,具白色透明斑点。深黄,花期7—8月,冬季休眠。

②红花马蹄莲　苞片玫红色,叶披针形,矮生,花期6月份。

③银星马蹄莲　叶具白色斑块,佛焰苞白色或淡黄色,基部具紫红色斑,花期7—8月,冬季休眠。

④黑心马蹄莲　深黄色,喉部有黑色斑点。

三、生态习性

原产非洲南部,常生于河流旁或沼泽地中。性喜温暖气候,不耐寒,不耐高温,生长适温为20℃,0℃时根茎就会受冻死亡。冬季需要充足的日照,光线不足着花少,稍耐阴。夏季阳光过于强烈灼热时适当进行遮阴。喜潮湿环境,不耐干旱。喜疏松肥沃、腐殖质丰富的黏壤土。休眠期随地区不同而异。在我国长江流域及北方栽培,冬季宜移入温室,冬春开花,夏季因高温干旱而休眠;而在冬季不冷、夏季不干热的亚热带地区全年不休眠。

四、繁殖方法

(一)分球繁殖

花后植株进入休眠期,剥下块茎四周形成的小球,另行栽植。培养一年,第二年便可开花。

(二)播种繁殖

种子成熟后即行盆播。发芽适温 20℃左右。

五、栽培管理

马蹄莲适宜 8 月下旬至 9 月上旬栽植。盆栽每盆栽大球 2～3 个,小球 1～2 个,盆土可用园土加有机肥。栽后置半阴处,出芽后置阳光下,室温保持 10℃以上。生长期间要经常保持盆土湿润,通常向叶面、地面洒水,以增加空气湿度。每半个月追施液肥 1 次。开花前宜施以磷肥为主的肥料,以控制茎叶生长,促进花芽分化。施肥时切勿使肥水流入叶柄内,以免引起腐烂。生长期间若叶片过多,可将外部少数老叶摘除,2—5 月是开花盛期。5 月下旬天热后植株开始枯黄,应渐停浇水,适度遮阴,预防积水。叶子全部枯黄后可取出球根,晾干后贮藏于通风阴凉处。秋季栽植前将球根底部衰老部分削去后重新栽培。大球开花,小球则可养苗。

六、病虫防治

主要病害是软腐病。防治方法有拔除病株,用 200 倍福尔马林对栽植穴进行消毒;尽量避免连作;及时排涝;空气宜流通;发病时喷洒波尔多液。

主要虫害是红蜘蛛。可用三硫磷 3 000 倍液防治。

朱顶红(*Hippeastrum rutilum*)

一、形态特征

朱顶红,多年生草本植物,鳞茎肥大,近球形,直径 5～7 cm,外皮淡绿色或黄褐色。叶片两侧对生,带状,先端渐尖,6～8 枚,叶片多于花后生出。总花梗中空,被有白粉,顶端着花 2～6 朵,花喇叭形,花期有深秋以及春季到初夏,甚至有的品种初秋到春节开花(白肋朱顶红)。现代栽培的多为杂种,花朵硕大,花色艳丽,有大红、玫红、橙红、淡红、白、蓝紫、绿、粉中带白、红中带黄等色。花径大者可达 20 cm 以上,而且有重瓣品种。朱顶红由于多不同的品种,被广泛盆栽,具有很高的观赏价值。

二、品种选择

常见的栽培品种有:

红狮(Redlion),花深红色。

大力神(Hercules),花橙红色。

赖洛纳(Rilona),花淡橙红色。

通信卫星(Telstar),大花种,花鲜红色。

花之冠(Flower Record),花橙红色,具白色宽纵条纹。

索维里琴(Souvereign),花橙色。

智慧女神(Minerva),大花种,花红色,具白色花心。

比科蒂(Picotee),花白色中透淡绿,边缘红色。

常见同属原生品种有:

美丽孤挺花(*H. aulicum*),花深红或橙色。短筒孤挺花(*H. reginae*),花红色或白色。网纹孤挺花(*H. reticulatum*),花粉红或鲜红色。

三、生态习性

朱顶红原产秘鲁、巴西,现世界各国广泛栽培。喜温暖湿润气候,生长适温为18~25℃,忌酷热,阳光不宜过于强烈,应置荫棚下养护。怕水涝。冬季休眠期,要求冷凉的气候,以10~12℃为宜,不得低于5℃。喜富含腐殖质、排水良好的沙壤土。

四、繁殖方法

(一)播种繁殖

朱顶红如采收种子,应进行人工授粉,可提高结实率。由于朱顶红种子扁平、极薄,容易失水,丧失发芽力,应采种后即播。在18~20℃情况下,发芽较快;幼苗移栽时,注意防止伤根,播种留经二次移植后,便可入小盆,当年冬天需在冷床或低温温室越冬,次年春天换盆栽种,第3年便可开花。

(二)分球繁殖

分球繁殖于3—4月进行,将母球周围的小球取下另行栽植,栽植时覆土不宜过多,以小鳞茎顶端略露出土面为宜。此法繁殖,需经2年培育方能开花。

(三)分割鳞茎

一般于7—8月进行。首先将鳞茎纵切数块,然后,再按鳞片进行分割,外层以2鳞片为一个单元,内层以3鳞片为一个单元,每个单元均需带有部分鳞茎盘。此法繁殖,若被分割的鳞茎直径为6 cm以上,则每球可分割成20个以上双鳞片和三鳞片的插穗,将插穗斜插于基质中(pH 8左右),保持25~28℃和适当的空气湿度,30~40 d后,每个插穗的鳞片之间均可产生1~2个小鳞茎,而且基部生有根系,此法繁殖的小鳞茎,需培养3年左右方可开花。

(四)组培繁殖

常用MS培养基,以茎盘、休眠鳞茎组织、花梗和子房为外植体。经组培后先产生愈伤组织,30 d后形成不定根,3~4个月后形成不定芽。

五、栽培管理

朱顶红球根春植或秋植皆宜。盆栽朱顶红宜选用大而充实的鳞茎,栽种于18~20 cm口径的花盆中,4月盆栽,6月可开花;9月盆栽,次年春3—4月可开花。盆栽朱顶红花盆不宜过大(16~20 cm口径花盆),以免盆土久湿不干,造成鳞茎腐烂,用含腐殖质肥沃壤土混合以细沙作盆栽土最为合适,盆底要铺沙砾,以利排水。鳞茎栽植时,顶部要稍露出土面约1/3。将盆栽植株置于半阴处,避免阳光直射。生长和开花期间,宜追施2~3次肥水。鳞茎休眠期,浇水量减少到维持鳞茎不枯萎为宜。若浇水过多，温度又高，则茎叶徒长，妨碍休眠，影响正常开花。

朱顶红开花谢去后，要及时剪掉花梗，使其充分吸收养分，让鳞茎增大和产生新的鳞茎。花后除浇水量适当减少外，还应注意盆土不能积水，以免鳞茎球腐烂。花后仍需间隔 20 d 左右施 1 次饼肥水，以促使鳞茎球的增大和萌发新的鳞茎。

六、病虫害防治

(1)红斑病　朱顶红常发生的病害为红斑病，叶尖、叶缘、叶面均可感病，发病初期出现紫褐色小斑点，逐渐扩展成红褐色至红色的圆形或不规则形病斑，边缘隆起，并出现明显的纹路。病部干缩凹陷，枯黄，呈斑驳状，最后变为灰白色，上面散生许多小黑点，即分生孢子。防治方法有及时彻底清除病叶并销毁，以减少侵染源；发病期间用多菌灵 600～800 倍液防治，连续喷施数次。

(2)红蜘蛛　可用 40%三氯杀螨醇乳油 1 000 倍液喷杀。

大岩桐(*Sinningia speciosa*)

一、形态特征

苦苣苔科大岩桐属多年生草本，块茎扁球形，地上茎极短，株高 15～25 cm，全株密被白色绒毛。叶对生，肥厚而大，卵圆形或长椭圆形，有锯齿；叶脉间隆起，自叶间长出花梗。花顶生或腋生，花冠钟状，先端浑圆，5～6 浅裂色彩丰富，有粉红、红、紫蓝、白、复色等色，大而美丽。蒴果，花后 1 个月种子成熟；种子褐色，细小而多。

二、生态习性

原产巴西。大岩桐生长期喜高温、湿润和半阴环境。1—10 月适宜温度在 18～23℃，10 月至翌年 1 月为 10～12℃。夏季高温多湿，对植株生长不利，需适当遮阴。生长期要求空气湿度大，叶片生长繁茂葱绿。冬季休眠期保持干燥，如湿度过大，温度又低，块茎易腐烂。冬季温度不低于 5℃。要求肥沃、疏松而排水良好的富含腐殖质土壤。

三、繁殖技术

(一)播种繁殖

春秋两季播种均可。播种不宜过密，播后将盆置浅水中浸透后取出，盆面盖玻璃，置半阴处。温度在 20～22℃时，约 2 周出苗，一般从播种到开花约需 18 周。

(二)叶插

在花落后，选取优良单株，剪取健壮的叶片，留叶柄 1 cm，斜插入干净的河沙中(珍珠岩和蛭石混合的基质更好)，适当遮阴，保持一定的湿度，在 22℃左右的温度下，15 d 便可生根，小苗后移栽入小盆。也可用芽插，在春季种球萌发新芽长达 4～6 cm 时进行，将萌发出来的多余新芽从基部取下，插于沙床中，并保持一定的湿度，经过一段时间的培育，翌年 6—7 月开花。

(三)茎插

大岩桐块茎上常萌发出嫩枝，扦插时剪取 2～3 cm 长，插入细沙或膨胀珍珠岩基质中，注意遮阴，避免阳光直射，维持室温 18～20℃，15 d 即可发根。

（四）分球繁殖

选经过休眠的 2～3 年老球茎，于秋季或 12 月至翌年 3 月先埋于土中浇透水并保持室温 22℃进行催芽。当芽长到 0.5 cm 左右时，将球掘起，用利刀将球茎切成 2～4 块，每块上须带有一个芽，切口涂草木灰防止腐烂。每块栽植一盆，即形成一个新植株。

四、栽培管理

（一）基质选择

大岩桐喜疏松、肥沃而又保水良好的腐殖质土壤。宜用富含腐殖质、疏松的微酸性土壤栽培。常用 1 份珍珠岩、1 份河沙和 3 份腐叶土加少量腐熟、晒干的细碎家禽粪便配制。播种用土，以素土较好，如泥炭和蛭石等。尤其是苗期，肥分越少越好，以免出现肥害。

（二）温度管理

大岩桐生长适温 10～25℃，不同的季节又有不同的要求，1—10 月间为 18～25℃；10 月到第 2 年的 1 月 10～12℃。适宜的温度，可使叶片生长繁茂、碧绿，花朵大而鲜艳。当植株枯萎休眠时，将球根取出，藏于微湿润沙中。

（三）光照管理

大岩桐为半阳性植物，平时要适当遮阴，避免强光直射大岩桐。冬季幼苗期应阳光充足，促进幼苗健壮生长。夏季必须放在通风、具有散射光的荫棚里精心养护。生长期光照不能太强，否则会抑制生长。开花时宜适当延长遮阴时间，利于延长花期。

（四）肥水管理

大岩桐花、叶生有绒毛，一旦沾上水滴，极易腐烂，因此忌向花、叶上喷水。平时浇水要适量，过多极易造成块茎腐烂，叶片枯黄，甚至整株死亡。夏季高温阶段，每天浇水 1～2 次。空气干燥时要经常向植株周围喷水，增加环境的湿度。浇水要均匀，不可过干过湿，忽冷忽热。开花期间必须避免雨淋。冬季盆土宜干燥。

从展叶到开花前，每周施一次腐熟的稀薄有机液肥，花芽形成后需增施磷肥。施肥时切不可沾污叶面，否则会使叶片腐烂。

（五）打顶催芽

传统栽培大岩桐，一般多做小品式独本栽培，这种栽培方法一般是盆小花少，难以达到“花团锦簇”的观赏效果。要想改变这一状况，最直接的办法就是抹顶摘心，促发更多的侧枝，这样才会开出更多更好的花来。摘心宜早不宜迟，及早摘心有利于早日成形、开花。摘心后，及时选留 2～3 个高矮一致、位置适中的新芽。

五、病虫害防治

病害主要为叶枯性线虫病，由线虫侵染所致，危害嫩茎、幼株、地际茎部和叶柄基部，呈水浸状软化腐烂，病部逐渐上延，从叶基扩展到叶片，被害叶皱缩褐变而枯死。成熟植株从叶柄被害开始，逐渐扩大，不软化。防治方法：苗床用土和花盆用蒸汽或氯化苦等消毒；块茎放 60℃温水中浸 5 min 或用乌斯普隆（Uspulum）消毒；拔除被害株烧掉或深埋。

虫害主要有尺蠖，在生长期食植株嫩芽，会造成严重损失。应及时捕捉或在盆土中施入呋喃丹防治。在高温干燥条件下，易生红蜘蛛，须尽快喷洒药剂防治。

工作任务四　盆栽木本花卉

【学习目标】

1.能够了解盆栽木本花卉的特点；

2.能掌握常见盆栽木本花卉的种类及生态习性；

3.能够选择适合盆栽木本花卉的繁殖方法和栽培技术；

4 掌握盆栽木本花卉的修剪及病虫防治技术。

【任务分析】

本任务主要是明确盆栽木本花卉的特点及生态习性，了解在设施栽培的条件下，根据花卉习性而采取相应的环境调控和栽培技术措施。

【基础知识】

一、盆栽木本花卉的含义

温室盆栽木本花卉是指耐寒性较弱，可观花、观叶或赏果的木本植物。可孤植与盆栽，通常具有翠绿的枝叶、优美的花形、鲜艳的花色或浓郁的花香。

二、温室木本花卉的种类

指植物茎木质化，木质部发达，质干坚硬。根据形态分为 3 类。

(1)乔木类　地上部有明显的主干，侧枝由主干发出树干个树冠有明显区别的花卉。如杜鹃花、山茶花、桂花、橡皮树等。

(2)灌木类　地上部无明显主干，由地面萌发出丛生状枝条的花卉。如紫背桂、狗尾红、扶桑、栀子花、八角金盘等。

(3)藤木类　植物茎木质化，长而细弱，不能直立，需缠绕或攀援其他植物体上才能生长的花卉。如叶子花、络石等。

三、盆栽木本花卉的特点

(1)花卉种类繁多，原产地不同，生态习性各异，依花卉种类有很大不同；

(2)小型木本花卉用园土和泥炭配制；大型木本花卉用园土，但要消毒，保证无病虫；

(3)木本花卉从幼苗栽植到开花需要较长的时间，但条件适宜时每年都能开花；

(4)随植株逐年生长，不断长高、分枝和增粗，每年应进行必要的整形和修剪；

(5)开花期可以人为控制。

四、繁殖技术

(一)播种繁殖

方法简便,繁殖量大,但变异性大,且开花结实较迟,特别是木本花卉,播种后需 3～5 年才能开花。花卉播种时期大致分为春播和秋播。

(二)扦插繁殖

不同的花卉种类可采用不同的营养器官进行扦插。紫薇、芙蓉、石榴等采用生长成熟的休眠枝条进行扦插;米兰、杜鹃、月季、山茶、桂花等在夏季以发育充实的带叶枝梢进行扦插。洋丁香、美国凌霄等可用其根段进行扦插繁殖。

(三)嫁接繁殖

其方法主要有切接法、劈接法、靠接法、嫩枝嫁接法、盾形芽接法、方块形芽接法等。嫁接繁殖的成功,除选择好砧木及适宜的嫁接时期外,还要有熟练的操作技术及良好的接后管理。某些不易用扦插、压条、分株等无性繁殖的花卉,如山茶、白兰花、梅花、桃花、樱花等,常用嫁接法大量繁殖。

五、花期调控技术

人为改变环境条件或采取一些特殊的栽培管理方法,使一些观赏植物提早、延迟开花或保花期延长的技术措施叫做花期调控。应用花期调控技术,可以增加节日期间观赏植物开花的种类;延长花期,满足人们对花卉消费的需求;提高观赏植物的商品价值,对调整产业结构、增加种植者收入有着重要的意义。

(一)影响花芽分化与开花的因素

木本花卉的花芽分化与开花涉及很多因素,如有较长的幼年期,进入成年期后在同一树体上往往幼年期与成年期并存,成花诱导与花芽分化要经过较长时间,还有成花与营养生长交替的复杂性等因素。木本花卉进入花熟状态后,在同一树体上或是在同一枝条上,成花过程与枝条的生长可以同时进行,也可以先后交替进行。主要包括三种类型:第一种类型是花的发育是在头一年抽梢结束的夏、秋季与冬季休眠期进行的,或是在当年枝梢抽生之前的春季进行的,也可以在当年春季新梢抽生的早期和抽梢同时进行的。这一类型花木的花期大多集中在春季,如梅花、蜡梅、桃花等。第二种类型是花的发育是在新抽枝梢叶腋处的分生组织内进行的,它们的花期在抽梢的最旺季节内,如桂花等。第三种类型是花的发育是在枝叶旺盛生长快要结束或已经完全结束后进行的,这类花木的顶端花序或单生花,着生在当年生新枝的顶端,花期在春季,如山茶花、瑞香、木绣球等。

诱导成花的因素也是复杂的。木本花卉成花是受内因或外因同时控制的,内因是指成花受着细胞内和细胞外机体内两种控制因素的操纵,决定是否能成花。外因就光照、温度条件来说,大多数木本花卉成花的过程,对光周期与低温春化的反应不敏感,只有少数种类在成花过程中要求光周期诱导和低温春化。

(二)花期调控技术措施

(1)温度调节　许多落叶木本花卉,冬季进入休眠期,花期在春季。它们的花芽分化大多是在头一年夏、秋季进行的。早春天气渐暖后即能解除休眠而陆续开花。在它们的休眠后期给予低温处理，然后再移入温室内增温，即可解除休眠提早开花；也可在早春解除休眠之前采用继续降温的方法延长休眠推迟花期。多数花卉，不论是草本的，还是木本的，在其开花初期只要稍稍降低开花时的温度，即能减慢开花植株代谢活动的强度，使开花过程缓慢进行，从而延长开花时间。通过冬季增温、夏季降温的方法，可使月季等落叶花木周年开花。降低温度，强迫植株提早休眠，可使贴梗海棠等落叶花木提早开花。此外，还可采用降温方法促使桂花等提早开花。

(2)控制光照　一般花卉在植株长成到开花需要一个光周期诱导阶段。在此期间，花卉即使处在非常适合的温度条件下，但光照时间不合适，也会影响花芽的形成这与花卉在原产地长期形成的适应性有关。对于这类花木，当其植株进入“成熟阶段”，通过人工增加或是减少光照时数的方法，可以促进植株成花的转变，从而达到控制开花时期。花卉按对光照时间的需要可分为短日照、长日照和中日照花卉 3 类，如果在非开花季节，按照花卉所需的光照长度人为地给予处理，就能使其开花。例如可用于短日照处理的花卉一品红、叶子花、八仙花等在长日照季节里可将此类花卉用黑布、黑纸或草帘等遮光一定时数，使其有一个较长的暗期，可促使其开花。一般在短日照处理前，枝条应有一定的长度，并停施氮肥，增施磷钾肥，以使组织充实，见效会更快。

(3)应用植物生长调节剂　目前利用植物生长调节剂调控花期在木本花卉的应用较为普遍。使用激素既要注意选择适宜的激素种类与适宜的浓度，又要注意选择合适的花卉品种。如一品红在短日照自然条件下，用 40 mg/kg 赤霉素喷洒叶面，可延迟开花。

(4)栽培技术措施　对一些枝条萌发力较强，又具有多次开花习性的木本花卉，通过及时摘心、摘叶、剪除残花等措施，既可起到修剪整形的作用，又可达到控制花期的目的，如月季、茉莉、夹竹桃、蜡梅、倒挂金钟等。

【工作过程】

盆栽木本花卉的栽培管理

一、选盆

常用的花盆有瓦盆、陶盆、瓷盆、紫砂盆等，而栽培温室木本花卉以瓦盆为最好，紫砂盆次之。

二、营养土配制

可用多种材料进行配制，要具有保水、通气、保肥、疏松等特点。如用有机物与土壤堆制发酵的营养土与田土配制，或用草炭土和珍珠岩按照一定的比例配好，同时要注意所要栽植植物的酸碱度，通常可用石灰和硫磺来调配。

三、上盆与换盆

温室木本花卉一般在春季、秋季上盆进行栽培，春季与秋季一般在阴天或傍晚左右上盆，上盆一般在休眠期进行。盆要洗净浸水，盆底洞口上放几片碎瓦片，放一层粗沙，再放入部分营养土，将苗木根系舒展的放在营养土上，再加营养土，边放边轻拍盆边，最后将土轻轻压实，盆口留 3 cm 作为水口，浇水用。全部上盆后浇一次透水。注意 2～3 年苗上盆时要把老根短截，注意修根不要过重，栽植根系要舒展，植株要端正。每年换盆 1 次或隔年 1 次，先对花卉根部进行修剪，去除根圈及部分老根，新盆中首先装入部分新的营养土，再将带土花卉装入盆中。如条件限制不能及时换大盆的盆栽花卉也可用新的营养土装入原盆中，对花卉的老根进行修剪，去除根圈与部分根系，重新装好，再加足营养土，压实，浇足水分，也能保持花卉的生长势。

四、除草与疏松盆土

在早期杂草还在幼嫩细小期，及时连根须拔除，不要等草长大后根系布满盆土后再拔除，此时杂草与花卉的根系交集在一起，拔除杂草根系时会牵动，影响花卉根系生长。所以经过一段时间浇水后要及时进行松土，松土采用竹片或小铁耙等工具。盆栽花卉生长时间较长后也需要进行松土，可结合除草进行松土，先除去杂草、青苔等，再进行松土。

五、肥料管理

盆栽花卉的肥料常使用优质有机肥，如豆饼、菜饼、鸡粪、人粪尿等，皆可作为盆栽花卉的优质肥料。但有机肥料都要经过发酵处理后才能使用，还要加上水稀释后使用，不能直接使用生鲜的有机肥。

六、水分管理

盆栽木本花卉采用软水喷浇较好，通常将水先放入贮水池或大缸中贮藏一段时间经晾晒后才可使用。盆栽花卉浇水时间一般在上午 10 时前或在下午 4 时后进行。浇水要浇透，不可浇半截水。要采用喷水壶，喷出雨点状水滴，进行喷浇。浇水时可先喷浇叶片，洗去叶片灰尘，有利于光合作用。不要将水直接喷向花朵，以免过早凋谢。春秋季节天气温暖，室外的盆栽花卉每天浇 1 次水。夏天高温炎热，无遮阳条件的室外盆栽花卉早晚要各浇 1 次水。冬季也要隔 1～2 周浇一次水，有利于盆花越冬。

七、整形修剪

修剪是通过去除或剪截部分枝条、叶片，以达到株形更加美观，促进植物生长，使其更新复壮。也包括去除残花败叶的过程。修剪的具体内容包括修枝、更新复壮、重剪、除叶、短截和摘心等。

(1)修枝　主要目的是保持树形外观整齐。一般来说，着重修剪重叠的小枝、不规则的叉枝、多余的内膛枝、柔弱枝、枯枝和病虫枝等。剪口要平整，不留茬桩。常用于杜鹃、桃花、贴梗海棠、山茶花等观赏花木。常在花后或落叶后进行。

(2)更新复壮　通过剪除老枝、病枝和残损枝等，以促进新枝生长，达到更新的目的。常用于花灌木如三角花、龙船花、佛手、木槿等。

(3)重剪　剪除所有新枝和嫩枝，只保留主干主枝，力求植株呈丛生状。一般当年生枝开花的种类都用重剪，如倒挂金钟、扶桑、木芙蓉等。修剪应在花后进行，离茎干基部以上 5 cm 处剪去所有枝条。

(4)短截　是修剪中最重要的技术措施，要剪除整个植株或离主干基部 10～20 cm 处，以促使植株主干的基部或根部萌发新枝。常用于植株过高，居室中难于存放或植株生长势极度衰弱，通过短截措施，以便焕发生机。适用于三角花等藤本植物。

(5)摘心　主要通过摘心，促使多分枝，多形成花蕾、多开花，使株形更紧凑。适用于倒挂金钟等。

(6)除叶　常用于盆景的管理，为了延缓植株生长，保持植株叶片细小美观。在5—6月间将植株上所有叶片剪除，经几周后，重新萌芽长出新叶。适用于枫树、榕树等盆景。

同时，在修剪过程中，去除残花败叶也十分重要，又称“疏剪”。摘除残花，不仅美化植株，还有利于新花枝的形成，如杜鹃、倒挂金钟、栀子花等。另外，去除枯枝败叶，有利于预防病虫害的侵染。

【巩固训练】

一品红国庆节开花花期控制技术

一、训练目的

通过实训，使学生学会花卉花期调节控制技术措施。掌握一品红国庆节开花花期控制关键技术——短日照处理的时间、方法。

二、训练内容

(1)材料及用具　盆栽一品红、遮光暗室、花盆、花肥、农药、喷雾器等。

(2)场所　校内实训基地。

三、方法步骤

(一)种苗选择

在实际栽培中多采用3年生以上的大株进行花期控制，通常使用上口直径28 cm、高20 cm、底部直径18 cm的花盆作为定植容器。宜选用沙质壤土作为栽培基质。用扦插法繁殖的种苗必须长出6～7片以上的叶子，其苞片才能变红。为了使植株具有更高的观赏价值，所使用的一品红植株通常要在每年3—4月换盆1次，并旋去部分老根，同时对枝条进行短截。

(二)短日照处理

一品红为典型的短日性植物。当完成营养生长阶段后，每日给予9～10 h自然光照，遮光14～15 h，即可形成花芽而开花。一般单瓣品种经45～50 d，重瓣品种经55～60 d即可开花。国庆节开花，一般于8月1日开始在暗室中进行短日处理即可。在短日处理期间应注意以下几点：

(1)遮光绝对黑暗，不可有透光漏光点，应连续不可间断。

(2)短日处理时间应准确，不可过早或过迟。

一品红花期虽长，但以初开10 d内花色最鲜艳，10 d以后花色逐渐发暗，特别是单瓣品种。所以不宜过早进行短日处理，如发现处理过早，而欲推迟是无法挽回的，因短日处理一旦间断，已变红的苞片与叶片，在长日下会还原变为绿色，前期处理完全无效。

(三)温度管理

喜高温、忌严寒,是一品红对温度的基本要求。植株在25～35℃的温度范围内生长良好。在其花期控制过程中,环境温度不宜低于15℃,环境温度高于35℃会使其花期后延。遮光暗室或棚内温度不可高于30℃,否则叶片焦枯甚至落叶,影响开花质量。

(四)水分管理

在入室后的一段时间里,应该适当减少浇水量,因为在温室里水分散失要比在露天中慢得多,如果还像以往那样浇水,则植株容易发生烂根现象。

(五)施肥管理

短日处理期间应正常浇水施肥,并加施磷、钾肥。一品红不喜铵态氮,而喜硝态氮,因此在施用肥料时应该考虑此问题。尽量不要施用氯化铵这类氮肥,最好施用硝酸钾氮肥。

四、训练结果

实训报告,记录一品红国庆节开花花期调节工作过程,分析一品红花期调节控制成功与否的原因。

【知识拓展】

杜鹃花(*Rhododendron simsii*)

别名映山红、山鹃、满山红、山石榴、山踯躅、红踯躅,杜鹃花科杜鹃花属。杜鹃花为传统十大名花之一,被誉为“花中西施”,以花繁叶茂,绮丽多姿著称。

一、生物学特性

杜鹃花为常绿或落叶灌木,主干直立,单生或丛生,枝条互生或近轮生,单叶互生,常簇生枝端,全缘,枝、叶有毛或无,花两性,常多朵顶生组成穗状,伞形花序,花色丰富。由于地理种群的不同,对温度的要求各有差异,有耐寒及喜温两大类型,喜凉爽湿润的气候。对光照要求不严,不喜曝晒,夏秋季需遮阴以防灼伤。忌干燥,生长期间需常喷水,以增加湿度和降温,不耐水渍。要求土壤肥沃酸性,pH 5～6,忌含石灰质的碱土和排水不良的黏质土壤。根浅而细,喜排水良好的土壤,忌浓肥。

二、种类与品种

我国目前广泛栽培的园艺品种分为东鹃、毛鹃、西鹃和夏鹃四个类型。

(1)东鹃　即东洋鹃,因来自日本而得名。本类品种甚多,其主要特征是体型矮小,高1～2 m,分枝纤细紊乱,叶薄色淡,毛少有光亮,花期4—5月,着花繁密,花朵小,一般花径2～4 cm,最大6 cm,单瓣或由花萼瓣化而成套筒瓣,少有重瓣,花色多样。品种有新天地、雪月、碧止、日之出以及能在春、秋两次开花的‘四季之誉’等。

(2)毛鹃　俗称毛叶杜鹃、大叶杜鹃等。其特征是体型高大,达2～3 m,生长健壮,适应力强,可露地种植,是嫁接西鹃的优良砧木。幼枝密被棕色刚毛,叶片长达10 cm,粗糙多毛。花大、单瓣、宽漏斗状,少有重瓣,花色有红、紫、粉、白及复色等。栽培较多的有玉蝴蝶、紫蝴蝶、流球红、玲珑等品种。

(3)西鹃　最早在西欧的荷兰、比利时育成，故称西洋鹃、比利时杜鹃。主要特征是体形矮壮，株形紧凑，花色丰富，怕晒怕冻。叶片厚实，深绿色，毛少，叶形有光叶、尖叶、扭叶、长叶与阔叶之分。花期2—5月，花色和花瓣多种多样，多数为重瓣、复瓣，少有单瓣，花径6～8 cm，最大可达10 cm。品种有皇冠、天女舞、四海波及一些新的杂交品种。西鹃是杜鹃花中花色、花型最多、最美的一类，非常适于盆栽。

(4)夏鹃　原产印度和日本。其特征是发枝在先，开花最晚，花期5—6月，枝叶纤细，分枝稠密，树冠丰满、整齐，高1 m左右。叶片狭小，排列紧密。花冠漏斗状，径6～8 cm，花色、花瓣丰富多样，花有单瓣、复瓣、重瓣。传统品种有长华、大红袍、五宝绿珠、紫辰殿等。

三、繁殖方法

盆栽杜鹃多采用扦插繁殖，也可用压条、嫁接和播种法繁殖。

(一)扦插繁殖

选取当年生健壮、无病虫害、老嫩适中的新梢做插穗(带踵)，用利刀在基部斜削一刀，西鹃5～7 cm，东鹃、夏鹃6～8 cm，毛鹃8～10 cm。随采随插成活率高。扦插时间5月下旬至6月中旬，秋季8月下旬至9月中旬，室内2—4月也可。扦插方法是将插穗全长的1/3～1/2插入基质中，用手指在插穗四周稍稍压实。用浸水法或细孔喷壶浇透，插后15～30 d可生根。

(二)嫁接繁殖

在繁殖西鹃时采用较多，用扦插成活的二年生毛鹃做砧木，5～6月进行劈接，或5月中下旬在砧木基部6～7 cm处斜切一刀，进行嫩枝腹接。也可在杜鹃生长季节用靠接法，接后4～5个月伤口愈合。

(三)播种繁殖

主要用于新品种培育，种子成熟后，设施内随采随播，播种可加少量细土，均匀撒播于基质之上，然后覆盖一层细土，以盖没种子为度，表面再覆盖保湿，置于阴处，温度15～20℃，20 d左右出苗。此后可将覆盖物揭去，注意通风，干燥时喷水保湿。2～3片真叶时进行间苗，苗高2～3 cm时，进行分苗，可以3 cm左右的间距浅种在较大的盆中，浸水法湿润，并遮阴培养。苗期需避免强光，土壤不宜太湿，浇水仍行喷雾。第二年可定植到小盆里，一般3—4月便能见花。

四、栽培管理

杜鹃花的园艺品种大部分既可地栽，又能盆栽，其中以西鹃最适宜盆栽，盆栽商品价值高，花期容易控制，是进行日光温室促成栽培的首选品种。

(一)栽培设施

杜鹃花的生产周期较长，一般须培养2～3年以上才能形成商品盆花，因此，栽培场地既需要温室，也需要荫棚。冬季需要在日光温室里培养，最低温室一般控制在6℃以上，夏天必须遮阴降温，最高气温控制在35℃以下，这样可保持杜鹃周年四个季生长，因此在建有温室的基础上，还须有配套的荫棚。一般可将温室夏季覆盖遮阴网进行遮阴栽培，并加强室内通风降温。

(二)培养土配制

杜鹃属酸性植物,在配制培养土常用的基质有泥炭、腐叶土、松针土、锯末以及混合基质,要求 pH 5~6,并且疏松透气。

(三)上盆

为使杜鹃根系透气和降低成本,一般选用瓦盆,也可用塑料盆。盆的大小应适苗适盆,以免浇水失控,影响生长。一般 1~2 年生杜鹃选用 10 cm 盆,3~4 年生选用 15~20 cm 盆,5~7 年生用 20~30 cm 盆。上盆时,应在盆底垫入碎瓦片,以利通气透水,上盆压土时,应从盆壁向下压,以免伤根。

(四)浇水

杜鹃根系细弱,既怕干,又怕涝,栽培中浇水必须十分注意,以免因水分过多过少引起落叶和影响开花。一般情况下盆土应见干见湿,春、秋两季可每 2~3 d 浇 1 次透水。夏季气温高,每天清晨和傍晚各浇 1 次水,同时要向地面和花盆周围地面喷水,以增加空气温度。连阴雨天,应及时倾倒盆内积水,防止烂根。北方的地下水偏碱性,为防盆土碱化,可每隔 1 个月施一次 1%~2%的硫酸亚铁溶液。

(五)施肥

杜鹃花要求薄肥勤施。一般春季和夏初每隔 15 d 左右施 1 次稀薄的液肥。花芽分化期增施 1 次速效性磷钾肥,促进花芽分化。盛夏季节,杜鹃花呈半休眠状态,应停止施肥。入秋以后,追施 1~2 次以磷肥为主的液肥,以满足其生长和孕蕾的需要。花后新枝生长期肥料浓度可增加一些,但仍忌浓肥,以免伤根落叶。如出现叶片黄化的生理病害,可用矾肥水代替一般液肥进行浇灌,也可以向盆中施硫酸亚铁或用 0.2%的硫酸亚铁溶液喷洒叶面。

(六)整形修剪

杜鹃花的萌发力较强,枝条密生,应结合换盆疏除过密枝、交叉枝、纤弱枝、徒长枝和病虫枝。生长期间剪除枝干上萌发的小枝,疏去过多的花蕾,每枝保留一朵花,花后摘除残花。整形有伞形、塔形等,应自幼通过修剪逐渐养成。

(七)遮阴

盆栽杜鹃 5—10 月都需要遮阴,春秋季遮光少些,可用 30%的遮阴网,夏季用 70%左右的遮阴网,以达到降温增湿的目的。

(八)花期调控

杜鹃一般于 7—8 月间开始孕蕾,花蕾发育时间较长。冬季进入温室管理后,花蕾仍在发育,此时,通过温度调控很容易将花期控制在元旦和春节。如温室温度维持在 15~20℃,需 20 d 左右即可开花;若要推迟花期可降低温度在 5~10℃,开花前再提高温度即可。

五、病虫害防治

杜鹃花的病虫害相对较少,常见的虫害有红蜘蛛,可用三氯杀螨醇等药剂喷杀。常见的病害主要是褐斑病,可用托布津、波尔多液进行防治。

一品红(*Euphorbia pulcherrima*)

一品红又名圣诞红,易进行花期调节,可实现周年开花。由于其花期长、摆放寿命长、苞片大、颜色鲜艳而深受人们喜爱,特别是红色品种,苞叶鲜艳,极具观赏价值,是全世界最重要的盆花品种之一。

一、形态特征

常绿灌木,高50～300 cm,茎叶含白色乳汁。茎光滑,嫩枝绿色,老枝深褐色。单叶互生,杯状聚伞花序,鲜红色的总苞片,呈叶片状,色泽艳丽,是观赏的主要部位。一品红的"花"由形似叶状、色彩鲜艳的苞片(变态叶)组成,真正的花则是苞片中间一群黄绿色的细碎小花,不易引人注意。果为蒴果,果实9—10月成熟,花期12月至翌年3月。

二、栽培品种

一品红主要根据苞片颜色进行分类。目前栽培的主要园艺变种有一品白、一品粉和重瓣一品红,观赏价值最高,在市场上最受欢迎的是重瓣一品红,如自由(Freedom)、彼得之星(Peterstar)、成功(Success)、倍利(Pepride)、圣诞之星(WinterRose)等。

三、生态习性

原产于中美洲墨西哥,广泛栽培于热带和亚热带。一品红不耐寒,栽培适温为18～28℃,花芽分化适温为15～19℃,环境温度低于15℃或高于32℃都会产生伤害,5℃以下会发生寒害。

一品红为短日性植物,夏季高温日照强烈时,应遮去直射光,并采取措施增加空气湿度,冬季栽培时,光照不足也会造成徒长、落叶。生产上通过遮光处理进行花期调节,处理时要连续进行,不能间断,而且不能漏光。

土壤水分过多容易烂根,过于干旱又会引起叶片卷曲焦枯。浇水要见干见湿.浇则浇透。一般春季1～2 d浇水1次,夏天每日浇水1次,还可向叶面喷水,开花后温室湿度不可过大,否则,苞片及花蕾上易积水、霉烂。

四、栽培设施

一品红喜光照充足,温暖湿润的环境,不耐阴,也不耐寒,10℃以下便落叶休眠。我国目前专业化的一品红生产多在玻璃温室内或塑料连栋温室内进行,以保证质量和按期上市。

五、繁殖技术

以扦插繁殖为主,分硬枝扦插和嫩枝扦插。硬枝扦插时间为春季,选取一年生木质化枝条剪成10 cm小段,剪口沾草木灰稍阴干后扦插于河沙或蛭石内,扦插深度为4～5 cm,遮阴保湿,温度20℃左右,约1个月生根。嫩枝扦插时间为5—6月,剪取长约10 cm的半木质化嫩枝,剪掉下面3～4片叶,浸入清水,阻止汁液外流,其他操作与硬枝扦插相同。为促使扦插生根,可以用0.1%的高锰酸钾溶液或100～500 mg/L的NAA或IBA溶液处理插穗。

六、栽培管理

(一)定植

扦插成活后,应及时上盆。开始时可上 5～6 cm 的小盆,随着植株长大,可定植于 15～20 cm 的盆中。为了增大盆径,可以 2～3 株苗定植在较大的盆中,当年就能形成大规格的盆花。盆土用酸性混合基质为好,上盆后浇足水置阴处,10 d 后再给予充足的光照。

(二)肥水管理

一品红定植初期叶片较少,浇水要适量。随着叶片增多和气温增高,需水逐渐增多,不能使盆土干燥,否则叶片枯焦脱落。一品红的生长周期短,且生长量大,从购买种苗到成品上市只需 100～120 d,肥料的管理对一品红的生长非常重要。一品红对肥料的需求量大,稍有施肥不当或肥料供应不足,就会影响花的品质,生长季节每 10～15 d 施一次稀薄的腐熟液肥。当叶色淡绿、叶片较薄时施肥尤为重要,但肥水也不宜过多,以免引起徒长,影响植株的形态。氮素化肥前期用铵态氮,花芽分化的开花期以硝态氮为主。

(三)高度控制

传统的一品红盆花高度控制采用摘心和整枝做弯的方法,现在国内生产上使用的一品红盆栽品种多是一些矮生品种,其高度控制主要是根据品种的不同和花期的要求采用生长抑制剂处理,常用的生长抑制剂有 CCC、B_9 和 PP_{333}。当植株嫩枝长约 2.5～5.0 cm 时,可用 2 000～3 000 mg/L 的 B_9 进行叶面喷洒,而在花芽分化后使用 B_9 叶面喷洒会引起花期延后或叶片变小。在降低植株高度方面,用 CCC 和 B_9 混合液在花芽分化前喷施比分开使用效果更加显著,可以用 1 000～2 000 mg/L 的 CCC 和 B_9 混合液在花芽分化前喷施。在控制一品红高度方面,PP_{333} 的效果也十分显著,叶面喷施的适宜浓度为 16～63 mg/L。在生长前期或高温潮湿的环境下,使用浓度高,而在生长后期和低温下,一般使用较低浓度处理,否则会出现植株太矮或花期推迟现象。

七、病虫害防治

一品红盆花设施栽培的主要病害有根腐病、茎腐病、灰霉病和细菌性叶斑病。根腐病和茎腐病的防治用瑞毒霉或五氯硝基苯,在定植时浇灌,灰霉病的防治可以用甲基托布津,细菌性叶斑病用含铜杀菌剂防治。主要虫害有粉虱、蓟马等,可用 2.5%的溴氰菊酯、乐果等防治。

桂花(*Osmanthus fragrans*)

一、形态特征

木犀科木犀属,常绿阔叶灌木或小乔木。叶对生,多呈椭圆或长椭圆形,树叶叶面光滑,革质,叶边缘有锯齿。花簇生,桂花的花簇生于叶腋,每节有 1～2 个花序,有些栽培品种能长出 4～8 个花序,每个花序有小花 3～9 朵,花梗纤细。花冠分裂至基乳有乳白、黄、橙红等色。花萼 4 齿裂,花冠裂片 4 枚,呈镊合状排列,质厚,花色因品种而不同。桂花的许多栽培品种,由于花器发育不健全,通常不能结实 。

二、种类与品种

(1)丹桂　丹桂花朵颜色橙黄,气味浓郁,叶片厚,色深。一般秋季开花且花色很深,主要以橙黄、橙红和朱红色为主。丹桂分为满条红,堰红桂,状元红,朱砂桂,败育丹桂和硬叶丹桂。

(2)金桂　金桂花朵为金黄色,且气味较丹桂要淡一些,叶片较厚。金桂秋季开花,花色主要以黄色为主(柠檬黄与金黄色)。其中金桂又分为球桂,金球桂,狭叶金桂,柳叶苏桂和金秋早桂等众多品种。

(3)银桂　银桂花朵颜色较白,稍带微黄,叶片比其他桂树较薄,花香与金桂差不多不是很浓郁。银桂开花于秋季,花色以白色为主,呈纯白,乳白和黄白色,极个别特殊的会呈淡黄色。银桂分为玉玲珑、柳叶银桂、长叶早银桂、籽银桂、白洁、早银桂、晚银桂和九龙桂等。

(4)四季桂　花朵颜色稍白,或淡黄,香气较淡,且叶片比较薄。与其他品种最大的差别就是它四季都会开花,但是花香也是众多桂花中最淡的,几乎闻不到花香味。四季桂分为月月桂、四季桂、佛顶珠、日香桂和天香台桂。

三、生态习性

桂花原产我国、印度、尼泊尔等地。性喜温暖,湿润,能耐最低气温－13℃,最适生长温度15～28℃。湿度对桂花生长发育极为重要,要求年平均相对湿度为75%～85%,特别是幼龄期和成年树开花时需要水分较多,若遇到干旱会影响开花,强日照和荫蔽对其生长不利,一般要求每天6～8 h光照。喜土层深厚,排水良好,肥沃、富含腐殖质的偏酸性沙质土壤。不耐干旱瘠薄,在贫瘠的土壤上,生长特别缓慢,枝叶稀少,叶片瘦小,叶色黄化,不开花或很少开花,甚至有周期性的枯顶现象,严重时桂花整株死亡;喜光,但有一定的耐阴能力。幼树时需要有一定的蔽荫,成年后要求要有相对充足的光照,才能保证桂花的正常生长。

四、繁殖技术

(一)播种繁殖

采集的桂花果实堆沤3 d左右,待果皮软化后,浸水搓洗,去果皮、果肉,得到净种,稍加晾干湿润沙藏,一般要湿沙催芽8个月后才能发芽。但由于有的品种不结实或结实少,播种育苗到开花需要10多年才开花,变异大,因此生产上很少采用。

(二)扦插繁殖

选择品种优良、植株健壮、树龄20～25年的一年生健壮侧枝,切成长约20 cm的插穗。插穗上端留2～3片剪去一半的叶片。插穗基部剪成马蹄形,并用10 mg/kg萘乙酸处理基部10 h。扦插株行距5 cm×10 cm,稍斜插入,入土深度为插穗长的2/3。插后压实床土,浇透水,遮阴。待发出的新枝6 cm以上时,即可移入苗床培育。在插床时期,注意保湿、遮阴,防止积水。适宜大面积繁殖,一般移植后4～5年可开花。

(三)嫁接繁殖

一般以大叶女贞、小叶女贞为砧木,可以嫁接金桂、银桂或其他品种桂花,但是树长大以后,容易从嫁接部位折断,因此必须进行“换头”,就是成活后逐渐让嫁接部位长出根,换掉下面的砧木。

五、栽培管理

(一)上盆

应选在春季或秋季,尤以阴天或雨天栽植最好。选在通风、排水良好且温暖的地方,光照充足或半阴环境均可。盆栽桂花盆土的配比是腐叶土 2 份、园土 3 份、沙土 3 份、腐熟的饼肥 2 份,将其混合均匀,然后上盆或换盆,可于春季萌芽前进行。

(二)光照与温度

盆栽冬季搬入室内,置于阳光充足处,使其充分接受直射阳光,室温保持 5℃以上,但不可超过 10℃。翌年 4 月萌芽后移至室外,先放在背风向阳处养护,待稳定生长后再逐渐移至通风向阳或半阴的环境,然后进行正常管理。生长期光照不足,影响花芽分化。

(三)肥水管理

上盆后浇 1 次透水,新枝发出前保持土壤湿润,切勿浇肥水。一般春季施 1 次氮肥,夏季施 1 次磷、钾肥,使花繁叶茂,入冬前施 1 次越冬有机肥,以腐熟的饼肥、厩肥为主。盆栽桂花在北方冬季应入低温温室,在室内注意通风透光,少浇水。4 月出房后,可适当增加水量,生长旺季可浇适量的淡肥水,花开季节肥水可略浓些。

(四)整形修剪

栽种桂花时要让花木植在盆正中,浇透水后,歪斜的植株要扶正,给以后莳养打好基础。剪枝时要注意花木的整体外观,注意留芽,尽量让顶芽向空隙处生长。旺枝强剪,无用的弱枝则剪除,需填空的则保留、轻剪。

适度绑扎盆花。某方向空隙较大,可用绑扎的方法让稠密的枝条往空隙处绑扎。

时常转盆。对于不需修剪的桂花,时常转盆,让空隙处向阳可诱发新枝。花盆长期固定位置,植株总是有一面得不到适当的光照,久而久之,圆形盆栽便因阳光照射不均而生长不一。经常转动花盆,植株的各个角度和方向长势才会均匀,主干周围的侧枝也会整齐一致,叶子还能均衡地接受阳光。因此,植株的株型、姿态就能丰满美观,从各个角度都能达到观赏效果,可让枝叶长得更舒展,美观。

六、病虫防治

桂花褐斑病、桂花枯斑病、桂花炭疽病是桂花常见的叶部病害,这些病害可引起桂花早落叶,削弱植株生长势,降低桂花产花量和观赏价值。防治首先要减少侵染来源。秋季彻底清除病落叶;盆栽的桂花要及时摘除病叶,其次加强栽培管理。选择肥沃、排水良好的土壤或基质栽植桂花;增施有机肥及钾肥;栽植密度要适宜,以便通风透光,降低叶面湿度减少病害的发生。科学使用药剂防治。发病初期喷洒 1∶2∶200 倍的波尔多液,以后可喷 50%多菌灵可湿性粉剂 1 000 倍液或 50%苯来特可湿性粉剂 1 000～1 500 倍液。

盆栽桂花的主要虫害是红蜘蛛。一旦发现发病,应立即处置,可用螨虫清、蚜螨杀、扫螨净等进行叶面喷雾。要将叶片的正反面都均匀的喷到。每周一次,连续 2～3 次,即可治愈。

栀子花(*Gardenia jasminoides*)

一、形态特征

茜草科栀子花属常绿灌木,高1～2 m,干灰色,小枝绿色。单叶对生或主枝三叶轮生,叶片呈倒卵状长椭圆形,有短柄,长5～14 cm,叶片革质,托叶鞘状。花单生枝顶或叶腋,有短梗,白色,大而芳香,花冠高脚碟状,有重瓣品种(大花栀子),花萼裂片倒卵形至倒披针形伸展,花药露出。浆果卵状至长椭圆状,黄色或橙色,种子多而扁平。花期较长,从5—6月连续开花至8月,果熟期10月。

二、种类与品种

(1)大叶栀子(f. *grandiflora*) 也称大花栀子:栽培变种,叶大、花大而富浓香、重瓣,不结果。

(2)水栀子(var. *radicans*) 植株矮小,花小、叶小,重瓣。

(3)雀舌栀子 又名小花栀子、雀舌花。植株矮生平卧,叶小狭长,倒披针形。花亦较小,有浓香,花重瓣。

(4)黄栀子 又名山栀子,为栀子花的野生种。叶稍小,花单瓣,果实橙红色;且抗碱力强,为观花、观果的良好树种。

(5)卵叶栀子(var. *ovalifolia*) 叶倒卵形,先端圆。

(6)狭叶栀子(var. *angustifolia*) 叶狭窄,野生于香港。

(7)斑叶栀子(var. *aureo-variegata*) 叶具斑纹。

三、生态习性

原产于中国。喜温暖湿润和阳光充足的环境,较耐寒,耐半阴,怕积水,要求疏松、肥沃和酸性的沙壤土,栀子花枝叶繁茂,叶色四季常绿,花芳香素雅,为重要的庭院观赏植物。

四、繁殖技术

(一)扦插繁殖

扦插于2月中下旬或9月下旬至10月下旬进行,以夏秋之间成活率最高。插穗选择2～3年生健康枝条,截取10～12 cm,剪去下部叶片,顶上两片叶子可保留并各剪去一半,生根粉处理,然后斜插于插床中,注意遮阴和保持湿度。待生根小苗开始生长时移栽或单株上盆,2年后可开花。

(二)压条繁殖

一般在4月清明前后或梅雨季节进行,从3年生母株上选取1年生健壮枝条,长25～30 cm进行压条,将其拉到地面,刻伤枝条上的入土部位,200 mg/L 粉剂萘乙酸处理,更易生根。

(三)播种繁殖

种子繁殖秋冬种子成熟时采下果实晾干或取出种子,去果肉后晾干备用。栀子可春播或秋播，播种前用40～45℃温水浸种24 h，去掉浮种杂质，稍晾干即可播种。覆土2～3 cm，播后50～60 d开始出苗。

五、栽培管理

(一)土壤

盆栽用土以40%园土、15%粗沙、30%厩肥土、15%腐叶土配制为宜，土壤pH 4.0～6.5之间为宜。

(二)温度

生长适温8～16℃，温度过低和太阳直射都对其生长极为不利，夏季宜将栀子花放在通风良好、空气湿度大又透光的荫棚下养护。冬季放在见阳光、温度又不低于0℃的环境，让其休眠，温度过高会影响来年开花。

(三)水分

栀子花喜空气湿润，生长期要适量增加浇水。通常盆土发白即可浇水，一次浇透。夏季燥热，每天须向叶面喷雾2～3次，以增加空气湿度，帮助植株降温。但花现蕾后，浇水不宜过多，以免造成落蕾。冬季浇水以偏干为好，防止水大烂根。

(四)施肥

栀子花喜肥，为了满足其生长期对肥的需求，又能保持土壤的微酸性环境，可事先将硫酸亚铁拌入肥液中发酵。生长期每7～10 d浇一次0.2%的硫酸亚铁(黑矾)水或施一次矾肥水(两者可相间进行)。进入生长旺季，可每半月追肥一次(施肥时最好多对些水，以防烧花)，这样既能满足栀子花对肥料的需求，又能保持土壤环境处于相对平衡的微酸环境，防止黄化病的发生，同时又避免局部过酸对栀子花的伤害。

六、病虫防治

栀子花经常容易发生叶子黄化病和叶斑病，叶斑病用65%代森锌可湿性粉剂600倍喷洒。虫害有刺蛾、介壳虫和粉虱危害，用2.5%敌杀死乳油3 000倍液喷杀刺蛾，用40%氧化乐果乳油1 500倍液喷杀介壳虫和粉虱。

八仙花(*Hydrangea macrophylla*)

一、形态特征

虎耳草科八仙花属半落叶灌木，干褐色，小枝粗壮，绿色，皮孔明显。叶大而稍厚，对生，倒卵形至椭圆形，边缘有粗锯齿，叶片鲜绿色，叶背黄绿色，叶柄粗壮。花大型，由许多不孕花组成顶生伞房花序。花期6—8月。

二、种类与品种

(1)大八仙花　叶大，长达7～24 cm，全为不孕花，初为白色，后变为淡蓝色或粉红色。

(2)蓝边八仙花　两性花，深蓝色，边缘花蓝色或白色。

(3)齿瓣八仙花　花白色，花瓣具齿。

(4)银边八仙花　叶缘白色。

(5)紫茎八仙花　茎紫色或黑紫色。

(6)紫阳花　萼片大型,花瓣状,粉红色或蓝紫色。

(7)玫瑰八仙花　花粉红色。不耐寒,在长江以北冬季宜于5℃以上室内越冬。花为聚伞花序,花色有白、粉、蓝等色。

三、生态习性

八仙花原产中国和日本。土壤以疏松、肥沃和排水良好的沙质壤土为好。喜温暖、湿润和半阴环境。生长适温为18～28℃,冬季温度不低于5℃。八仙花为短日照植物,每天黑暗处理10 h以上,约45～50 d形成花芽。花芽分化需5～7℃条件下6～8周,20℃温度可促进开花,见花后维持16℃,能延长观花期。

四、繁殖技术

(一)分株繁殖

宜在早春萌芽前进行。将已生根的枝条与母株分离,直接盆栽,浇水不宜过多,在半阴处养护,待萌发新芽后再转入正常养护。

(二)压条繁殖

在芽萌动时进行,30 d后可生长,翌年春季与母株切断,带土移植,当年可开花。

(三)扦插繁殖

剪取顶端嫩枝,长20 cm左右,摘去下部叶片,扦插适温为13～18℃,插后15 d生根。

(四)组培繁殖

以休眠芽为外植体,经常规消毒后接种在添加6-苄氨基腺嘌呤0.8 mg/L和吲哚乙酸2 mg/L的MS培养基上,培育出不定芽。待苗高2～3 cm时转移到添加吲哚乙酸2.0 mg/L的1/2 MS培养基上,长成完整小植株。

五、栽培管理

土壤pH对八仙花的花色影响非常明显,土壤为酸性时,花呈蓝色;土壤呈碱性时,花呈红色。八仙花以栽培于pH 4～4.5土壤中为好。

盆栽八仙花,一般每年要翻盆换土一次。翻盆换土在3月上旬进行为宜。新土中用4份叶土、4份园土和2份沙土比例配制,再加入适量腐熟饼肥作基肥。换时,要对植株的根系进行修剪,剪去腐根、烂根及过长的根须。植株移放新盆后,要把土压实,再浇透水,放置在荫蔽处10 d左右,然后移置室外,进行正常管理。

八仙花喜肥,生长期间,一般每15 d施一次腐熟稀薄饼肥水。为保持土壤的酸性,可用1%～3%的硫酸亚铁加入肥液中施用。经常浇灌矾肥水,可使植株枝繁叶绿;孕蕾期增施1～2次磷酸二氢钾,能使花大色艳;施用饼肥应避开伏天,以免招致病虫害和伤害根系。

八仙花叶片肥大,枝叶繁茂,需水量较多,在生长季的春、夏、秋季,要浇足水分使盆土经常保持湿润状态。夏季天气炎热,蒸发量大,除浇足水分外,还要每天向叶片喷水。八仙花的根为肉质根,浇水不能过分,忌盆中积水,否则会烂根。9月以后,天气渐转凉,要逐渐减少浇水量。霜降前移入室内,室温应保持在4℃左右。入室前要摘除叶片,以免烂叶。冬季宜将植株放在室内向阳处,第二年谷雨后出室为宜。八仙花管理比较粗放,病虫害少,是比较容易管理和栽培的理想盆栽花卉。

要使盆栽的八仙花树冠美、多开花,就要对植株进行修剪。一般可从幼苗成活后,长至10～15 cm高时,即作摘心处理,使下部腋芽能萌发。然后选萌好后的4个中上部新枝,将下部的腋芽全部摘除。新枝长至8～10 cm时,再进行第二次摘心。八仙花一般在两年生的壮枝上开花,开花后应将老枝剪短,保留2～3个芽即可,以限制植株长得过高,并促生新梢。秋后剪去新梢顶部,使枝条停止生长,以利越冬。经过这样的修剪,植株的株型就比较优美,大大加强了观赏价值。

六、病虫防治

主要有萎蔫病、白粉病和叶斑病,用65%代森锌可湿性粉剂600倍液喷洒防治。虫害有蚜虫和盲蝽为害,可用40%氧化乐果乳油1 500倍液喷杀。

瑞香(*Daphne odora*)

一、形态特征

瑞香为中国传统名花,瑞香科瑞香属常绿灌木,高1.5～2 m,枝细长,光滑无毛。单叶互生,长椭圆形,长5～8 cm,深绿、质厚,有光泽。头状花序白色,或紫或黄,具浓香有"夺花香"、"花贼"之称。花期在2—3月,长40 d左右。

二、种类与品种

常见的品种及变种有:金边瑞香(var. *aureo*),叶缘金黄色,花蕾红色,开后白色;毛瑞香(cv. *atrocaulis*),花白色,花被外侧密生黄色绢状毛;蔷薇毛瑞香(cv. *rosacea*),花淡红色;白瑞香(*D. paphyracca*),花簇生,白色;黄瑞香(*D. giral dii*),小灌木,花黄色。

三、生态习性

性喜温暖、湿润、凉爽的气候环境,耐阴性强,忌阳光限晒,耐寒性差。喜肥沃和湿润而排水良好的微酸性壤土。

四、繁殖技术

(一)扦插繁殖

多在清明、立夏前进行,也可在秋季。剪顶部粗壮枝8～10 cm,留2～3片叶,经生根剂浸泡后扦入沙床中,深度为总长的1/3～1/2,随即遮阴,大约40 d生根。

(二)高空压条

宜在3—4月植株萌发新芽时进行。首先选取1～2年生健壮枝条,作1～2 cm宽环状剥皮处理,再用塑料薄膜卷住切口处,里面填上土,将下端扎紧,塑料薄膜上端也扎紧,但要留一点小孔,以便透气和灌水,保持袋中土壤湿润,一般经2个月即可生根。秋后剪离母体上盆或另行栽植。

五、栽培管理

盆栽瑞香可用田园土掺入40%的泥炭土、腐叶土、松针土和适量的炉渣灰、稻壳灰等为培养土。栽培时应选半阴半阳、表土深厚、湿润地进行。春秋两季都可进行移植,但以春季开花期或梅雨期移植为宜。瑞香应每隔2～3年翻盆换土一次,一般在花谢后进行,秋季也可。翻盆时剔除2/3旧土,适当修去一些过长的须根,可结合翻盆,适当提根。

盆栽瑞香,应保持盆土半干半湿,在春、秋两季各施一次肥料。春季在萌芽抽梢期,用30%腐熟的豆饼和鸡粪混合液肥;秋季在9月下旬,肥料浓度宜淡。施肥以晴天上午10时前为好。施肥当天下午5时以后要对叶面喷一次水。水温不能低于室内温度。不要将肥液洒在叶面上,如洒在叶面上要立即用喷壶水冲掉。肥料以氮肥、钾肥为主,用肥不能浓,要淡薄。注意在盆土过湿和气温过高或过低时不宜施肥。

初夏,盆栽瑞香应避免强光照射。盆忌直接放在地上,以免花香招引蚂蚁和蚯蚓。

瑞香较耐修剪,一般在发芽前可将密生的小枝修剪掉,以利通风透光。瑞香宜在花后进行整形修剪,剪短开过花的枝条,剪除徒长枝、重叠枝、过密枝、交叉枝以及影响树形美观的其他枝条,以保持优美的造型。

六、病虫防治

瑞香病虫害很少,在盆土过湿或施用未经腐熟的有机肥时,极易引起根腐病的发生,应每隔10～15 d喷洒一次12%绿乳铜乳油600倍液,或50%多菌灵800倍液,或70%甲基托布津1 000倍液等杀菌药剂。

瑞香的根为肉质根,且有甜味,容易遭受蚂蚁、蚯蚓的危害,应注意防治。

叶子花(*Bougainvillea spectabilis*)

一、形态特征

叶子花又名毛宝巾、九重葛,花叶勒杜鹃,紫茉莉科叶子花属常绿攀援状灌木。枝具刺、拱形下垂。单叶互生,卵形全缘或卵状披针形,被厚绒毛,顶端圆钝。花顶生,花很细,小,黄绿色常三朵簇生于三枚较大的苞片内,花梗与叶片中脉合生,苞片卵圆形,为主要观赏部位。

二、生长习性

原产南美洲,喜温暖湿润气候,不耐寒,在3℃以上才可安全越冬,15℃以上方可开花。喜充足光照。对土壤要求不严,在排水良好、含矿物质丰富的黏重壤土中生长良好、耐贫瘠、耐碱、耐干旱、忌积水,耐修剪。

三、繁殖技术

以扦插繁殖为主,夏季扦插成活率高。选1年生半木质化的枝条为插穗,嫩枝扦插。插后经常喷水保湿,25℃时20 d即可生根。再经40 d分苗后上盆,第二年开花。

四、栽培管理

叶子花适合在中性培养土中生长，可用腐叶土上盆。因其生长迅速，每年需翻盆换土1次。换盆时宜施用骨粉等含磷、钙的有机肥作基肥。在生长期每15 d施液肥1次，氮肥量要控制。夏季植株生长旺盛，需水量大，因此盆土不宜过满，留出足够的浇水余地，不使干旱。花期过后应对过密枝、内膛枝、徒长枝进行疏剪，对其他枝条一般不修剪，切忌重剪，防止形成徒长枝影响花芽的形成。盆栽大株叶子花常绑扎成拍子型以提高观赏性。

扶桑（*Hibiscus rosa-sinensis*）

扶桑又名朱槿、朱槿牡丹，锦葵科木槿属常绿灌木，为北方较重要酌盆栽花卉之一，花期很长，花色鲜艳，是布置花坛、会场、展览会等的良好材料。

一、形态特征

株高2～5 m，全株无毛，分枝多。叶片广卵形至卵形，长锐尖，叶面深绿色有光泽。花单生于叶腋，花径10～18 cm，大者可达30 cm，阔漏斗形。花期全年，夏秋最盛。

二、生态习性

扶桑性喜温暖湿润，生长适宜温度18～25℃，不耐寒，要求光照充足，适宜肥沃而排水良好的微酸性壤土。

三、品种类型

常见温室常绿种类：吊灯花（*H. schizopetalus*）、黄槿（*H. tiliaceus*）、草芙蓉（*H. palustris*）、木芙蓉（*H. mutabilis*）、红秋葵（*H. coccz'neus*）等。

四、繁殖技术

（一）扦插繁殖

扶桑繁殖可以采用扦插、播种及嫁接等方法，以扦插法较为常用。扦插多在春季进行，基质以粗沙或蛭石为宜。北京地区在3—4月结合修剪，用剪下的枝条再剪成插穗，插穗要充实饱满，长约10～15 cm，带2～3个芽，保留上端两片叶。插后适当遮阴，空气相对湿度80%，温度控制在18～25℃，20 d左右生根，45 d后即可上盆栽植。

（二）播种繁殖

扶桑的种子较硬，需将种皮刻伤或腐蚀，一般在浓硫酸中浸5～30 min，用水洗净后再播。发芽适宜温度25～35℃，2～3 d即可发芽。

此外，一些杂交种，尤其是夏威夷扶桑的新品种，需用嫁接法繁殖，砧木选用同属中生长强健的品种，在引入新品种时也常采用嫁接法。

五、栽培管理

盆栽扶桑需用轻松肥沃而排水良好的壤土，一般用腐叶土、壤土、腐熟的有机肥等混合而成。生长季节每10 d左右施一次肥,供应充足的水分并置于阳光充足处,使叶色深绿,开花繁茂。“十一”以后搬入室内养护,冬季室内温度不能低于15℃,否则会引起落叶,影响以后的发育和开花。

扶桑病虫害主要有黑霉病、蚜虫、介壳虫等,及时喷布杀菌剂和杀虫剂并改善通风条件可起到防治作用。

山茶花(*Camellia japonica*)

一、形态特征

山茶花是山茶科山茶属的常绿灌木,高可达3~4 m。树干平滑无毛。叶卵形或椭圆形,边缘有细锯齿,革质,表面亮绿色。花单生成对生于叶腋或枝顶,花瓣近于圆形,变种重瓣花瓣可达50~60片,花的颜色,红、白、黄、紫、墨色均有,十分鲜艳。花期因品种不同而不同,从十月至翌年四月间都有花开放。蒴果圆形,秋末成熟,但大多数重瓣花不能结果。

二、种类与品种

山茶除原种外,园艺品种很多。当今世界上山茶品种有5 000余个。

(1)单瓣类　花瓣排列1~2轮,5~7片,基部连生,多呈筒状,雌、雄蕊发育完全,能结实。

(2)半重瓣形　花瓣排列2~4轮,雄蕊小瓣与维蕊大部集中于花心,雄蕊大部趋向退化,偶能结实,如“白绵球”、“猩红牡丹”等。

(3)五星形　花瓣排列2~3轮,花冠呈五星形,雄蕊存,雌蕊趋向退化,如“东洋茶”等。

(4)荷花形　花瓣排列3~4轮,花冠呈荷花形,雄蕊存,雌蕊趋向退化或偶存。“十样景”、“虎爪白”等为代表种。

(5)松球形　花瓣排列3~5轮,呈松球状,雌、雌蕊均存在。“大松子”为代表种。

(6)重瓣类　大部雌蕊瓣化,花瓣自然增加,花瓣数在50片以上(包括雄蕊瓣)。

三、生态习性

原产我国,喜温暖、湿润的环境。属半阴性植物,宜于散射光下生长,怕阳光暴晒,但长期过阴对山茶花生长不利,叶片薄、开花少,影响观赏价值。成年植株需较多光照,才能利于花芽的形成和开花。怕高温,忌烈日。山茶花的生长适温为18~25℃,耐寒品种能短时间耐-10℃,一般品种-4~-3℃。夏季温度超过35℃,就会出现叶片灼伤现象。喜土层深厚、疏松,排水性好,pH 5~6的土壤。

四、繁殖技术

(一)播种繁殖

10月上中旬,将采收的果实放置室内通风处阴干,待蒴果开裂取出种子后,立即播种。若秋季不能马上播种,需行沙藏至翌年2月间播种。

(二)扦插繁殖

6月中旬和8月底左右最为适宜。选树冠外部组织充实、叶片完整、叶芽饱满的当年生半熟枝为插条,长8～10 cm,先端留2片叶。扦插时使用0.4%～0.5%吲哚丁酸溶液浸蘸插条基部2～5 s,有明显促进生根的效果。插床需遮阴,每天喷雾叶面,保持湿润,温度维持在20～25℃,插后约3周开始愈合,6周后生根。当根长3～4 cm时移栽上盆。

(三)压条繁殖

一般采用高空压条的方法。梅雨季选用健壮1年生枝条,离顶端20 cm处,行环状剥皮,宽1 cm,用腐叶土缚上后包以塑料薄膜,约60 d后生根,剪下可直接盆栽,成活率高。

(四)嫁接繁殖

常用于扦插生根困难或繁殖材料少的品种。砧木以油茶为主,以5—6月新梢已半质化时进行嫁接成活率最高。采用嫩枝劈接法或带木质部芽接法,嫁接时注意对准两边的形成层,用塑料条缚扎,套上清洁的塑料口袋。约40 d后去除口袋,60 d左右才能萌芽抽梢。

五、栽培管理

山茶宜放置于温暖湿润、通风透光的地方。春季要光照充足,夏季宜注意遮阴,避开阳光直射。冬季要求3℃以上的室温。

山茶要保持土壤湿润状态,但不宜过湿,防止时干时湿。一般在春季可适当多浇,以利发芽抽梢;夏季坚持早、晚浇水,最好喷叶面水,使叶片湿透,不要用急水直浇、满灌,不宜浇热水,避开中午前后高温时浇水;秋季浇水要适量;冬季则宜在中午前后浇水,可每隔2～3 d喷一次水。

山茶喜肥,在上盆时就要注意在盆土中放基肥,以磷钾肥为主,施用肥料包括腐熟后的骨粉、头发、鸡毛、砻糠灰、禽粪以及过磷酸钙等物质。平时不宜施肥太多,一般在花后4—5月间施2～3次稀薄肥水,秋季11月施一次稍浓的水肥即可。用肥应注意磷肥的比重稍大些,以促进花繁色艳。

山茶的生长较缓慢,不宜过度修剪,一般将影响树形的徒长枝以及病虫枝、弱枝剪去即可。若每枝条上的花蕾过多,可疏花仅留1～2个,并保持一定距离,其余及早摘去,以免消耗养分。此外,还要及时摘去接近凋谢的花朵,也可减少养分消耗,以利植株健壮生长,形成新的花芽。

山茶可1～2年翻盆一次,新盆宜大于旧盆一号,以利根系的舒展发育。翻盆时间宜在春季4月份,秋季亦可。结合换土适当去掉部分板结的旧土,换上肥沃疏松的新土,并结合放置基肥。

六、病虫害防治

山茶的病害主要有黑霉病、炭疽病等,可喷洒0.5波美度波尔多液进行防治。虫害主要有茶梢蛾,防治方法可剪除虫梢,一般在4—6月进行为宜。亦可用药剂甲胺磷2 000倍液喷洒防治,喷药时间在3月底4月初,即越冬幼虫危害较轻时为宜。

工作任务五　盆栽兰科花卉

【学习目标】

1.了解兰科花卉的种类及特点；

2.掌握常见中国兰和热带兰的生态习性及繁殖要点；

3.学习掌握中国兰的栽培管理技术；

4.掌握常见热带兰的栽培管理技术。

【任务分析】

本任务主要是能识别常见兰科植物种类(附生兰和地生兰)，并能够了解中国兰和热带兰的特点及生态习性，掌握不同兰花种类的繁殖方法，其中依据各种兰科植物习性掌握其栽培技术是本部分的关键。

【基础知识】

一、含义及类型

兰花广义上是兰科(Orchidaceae)花卉的总称。兰科是仅次于菊科的一个大科，是单子叶植物中的第一大科。有悠久的栽培历史和众多的品种。自然界中尚有许多有观赏价值的野生兰花有待开发、保护和利用。兰科植物分布极广，但85％集中分布在热带和亚热带。主要有中国兰和洋兰两大类。

(1)中国兰　中国兰是指原产我国、日本及朝鲜的地生兰种类，并被列为中国十大名花之首。可分为蕙兰、春兰、建兰、寒兰、墨兰五大类。因在我国具有悠久的栽培历史，所以称为中国兰。

(2)洋兰　主要是对中国兰以外兰花的称谓。它的种类很多，如卡特兰、蝴蝶兰、大花蕙兰、石斛兰、文心兰、兜兰、万代兰等。热带兰具有花朵硕大、花形奇特多姿、绚丽；花期长，可达3个月左右；栽培介质不是土壤而是树皮、苔藓等，很少发生病虫害，能够保持家庭的卫生整洁等特点，因此成为近年来深受市民喜爱的年宵盆栽花卉。

二、形态特征

(1)根　粗壮，根近等粗，无明显的主次之分，分枝或不分枝。没有根毛，具有菌根起根毛作用，也称兰菌，是一种真菌。

(2)茎　因种不同，有直立茎、根状茎和假鳞茎。直立茎同正常植物，一般短缩；根状茎一般成索状，较细；假鳞茎是变态茎，是由根状茎上生出的芽膨大而成。地生兰大多有短的直立茎；热带兰大多为根状茎和假鳞茎。

(3)叶　中国兰为线、带或剑形；热带兰多肥厚、革质，为带状或长椭圆形。

(4)花　花常美丽或有香味，一般两侧对称；花被6片，均花瓣状；外轮3枚称萼片，3枚花瓣，其中1枚成为唇瓣，颜色和形状多变；具有1枚蕊柱。

(5)果实及种子　开裂蒴果，每个蒴果有数万粒种子，种子通常无胚乳。

三、生态习性

地生兰要求疏松、通气、排水良好、富含腐殖质的中性或微酸性(pH 5.5～7.0)土壤。热带兰附着于树干、岩壁、湿石、苔藓，靠裸露在空气中的根系从空气中吸收游离的养分和水分来生长，喜高温高湿、通风透气环境。

热带兰温度要求18～35℃，相对湿度70%～90%；原产亚热带地区的种类白天温度18～20℃，夜间12～15℃；原产亚热带和温暖地区的地生兰，白天10～15℃，夜间5～10℃。

一般冬季要求充足的光照，夏季要遮阴。栽培中一般可50%～60%遮阴，但不能当作阴生花卉一样对待，长期遮阴80%以上。卡特兰、万带兰属高光照种，蝴蝶兰、文心兰和大花蕙兰属中光照种，兜兰属低光照种。

兰花生长周期长，自然界中的热带兰由小苗生长枝开花需3～10年，一些合轴类的兰花每年仅长出1～2片叶片，如卡特兰需要4～5年；而单轴类兰花生长周期较短，蝴蝶兰在适宜的环境下需1～2年。大部分的兰科植物属于虫媒花，进行异花授粉。

【工作过程】

不同属、种的兰花，原产地的自然环境很不一致，或产于海边阳光充足处，或生于高山丛林下，或根生土中，或附着于树枝岩壁上。欲种好兰花，必须使栽培环境近似于原产地，不同属、种更应分别对待。这里仅概括阐述一般的要求与管理。

一、基质

基质是盆栽兰花的首要条件，它的组成在很大程度上影响了根部的水、气的平衡。大部分兰花，特别是附生种类，在自然环境中根均处于通气良好、空气中决不渍水的条件下，陆生种类根也多数处于质地疏松、排水通气良好、富含有机质的土壤中。传统的栽培基质有壤土、水藓、木炭等，蕨类的根茎和叶柄、树皮、椰子壳纤维和碎砖屑等都是很好的栽培材料。

基质应具备的首要特性是排水、通气良好，以既能迅速排除多余的水分、使根部有足够的空隙透气，又能保持中度水分含量为最好。附生兰类更需要良好的排水透气条件。兰花只需低肥，且肥料多是在生长期间不断施用，所以基质一般不考虑肥力因子。

二、上盆

盆栽兰花一般用透气性较好的瓦盆或专用的兰花盆。兰花盆除底部有一至几个孔以外，侧面也有孔，排水透气性好，更适于附生兰类生长，有时气生根还从侧孔伸至盆外。也可用直径2 cm的细木条钉成各式的木框、木篮种植附生性兰花。

上盆时，盆底垫要用一层瓦片、大块木炭或碎砖块，保证排水良好；要严格小苗小盆、大苗大盆原则；浅栽，茎或假鳞茎需露出土面；浇水不宜过多；上盆后宜放无直射日光及直接雨淋处一段时间；操作要细心，不伤根和叶；幼苗移栽后可喷一次杀菌剂。

三、浇水

兰花种类、基质、容器、植株大小等的不同，浇水的次数、多少、方法均不同。因此，在生产上不要将不同的兰花混放在一起，否则会增加浇水的难度。浇兰应用软水，以不含或少含石灰为宜。浇水的时间与其他花卉相同，待基质表面变干时浇。种兰基质透水性好，盆孔多，蒸发快，浇水周期短，具体视当地气候、季节、基质种类、粗细及使用年限、盆的种类及大小、苗的大小及兰花的种类而定。如气温高，用木炭作基质，要早晚各浇水一次，若用椰子壳纤维作基质，每天只需浇一次水。浇水宜用喷壶，小苗宜喷雾，忌大水冲淋。每次连叶带根喷匀喷透。

四、施肥

兰花栽培基质多不含养分或含量很少，如蕨类根茎或叶柄、椰壳纤维、树皮、泥炭、木屑等，能缓解并释放出一些养分，但量微而不能满足兰花旺盛生长的需要，生长季节要不断补充肥料。附生兰类的自然生态环境中肥料来源少、浓度低，故需补充低浓度肥料。

兰花以氮、磷、钾为主，适当补充微量元素。肥料的成分依基质的成分及兰花的生长发育时期而定。地生兰类在营养生长期间，基质为蕨类根茎或泥炭等含氮的材料时，氮、磷、钾可按1∶1∶1配合，基质为不含氮的木炭、砖块、树皮时，按3∶1∶1配合，在花形成期间，多用磷、钾肥，按1∶3∶2配合，对花的形成有利。

兰花宜于叶面施肥，因兰花需经常在叶面及气生根上喷水以保持湿度，在喷水时加入极稀薄的肥料，效果比常规施肥更好。

有机肥取材方便，价格低廉，兼具生长调节物质与有机成分，能改良地栽兰花的土壤结构。有机肥料要充分腐熟，未经发酵或用量过浓常伤根，要慎用。

总体而言，兰花施肥宜稀不宜浓。兰花的根吸收肥料快，高浓度肥料易伤根或使根腐烂。生长旺季，可10～15 d施一次，肥料低浓度可每5 d施一次或每次浇水时作叶面喷洒。缓释性肥料与速效肥料配合使用，化肥和有机肥交替使用，效果更好。

五、光照管理

光照强度是兰花栽培的重要条件，光照不足常导致不开花、生长缓慢、茎细长而不挺立及新苗或假鳞茎细弱，光照过强又会使叶片变黄或造成灼伤，甚至使全株死亡。不同属、种对光照的要求不一。兰属除夏天外可适应全光照，夏天需较低温度；蝶兰属每天只需全光照的40%～50%，强光照易使叶受伤；卡特兰属、带状叶万带兰属、燕子兰属等需全光照的50%～60%；蜘蛛兰属等不需遮光。

六、温度管理

温度是兰花栽培的最重要条件。各类兰花对温度的要求不同。在自然或栽培环境中，温度、光照及降雨是相互联系又相互影响的，在兰花栽培中必须试着协调平衡才能取得良好效果。温度不适宜，兰花虽然也能生活，但生长不良甚至不开花。如卡特兰，若昼夜温度均保持在21℃以上，始终不开花，若昼温在21℃以下，夜温在12～17℃间经过几周，幼苗能提早半年开花。昼夜温差太小或夜间温度高，对兰花都很不利。

【巩固训练】

兰科植物上盆技术

一、训练目的

使学生熟练掌握兰科花卉的上盆技术。

二、训练内容

(1)材料 培养土、苔藓、花盆、镊子、剪刀、纱网、喷壶等。

(2)场地 校内生产基地温室或塑料大棚内。

三、训练方法

1.选盆

一般兰丛小的取小盆,兰丛大的取大盆。花盆比兰丛的根系稍大些。若把小兰丛种在大盆中,则对兰花的生长有害而无益。过小的花盆则难以容纳兰花根系,不适于兰花生长。

2.盆底排水孔处理

盆底的排水孔可反扣上打孔的半截塑料瓶或用碎盆瓦片盖住,再用碎砖块、瓦片等填在上面,至盆深的1/4～1/3,以利于排水。

3.种植方法

(1)根据植株与花盆大小,可以单株种植或单从(2～3株)、2丛、3丛种在一盆中。

(2)一盆栽一丛的,将老假鳞茎偏向一边,使新生芽在中间,这样可使新芽有发展余地,不致新芽碰盆壁。一盆栽数丛的大盆,则要将老假鳞茎放在中央,使新芽向外发展。

(3)兰花放在盆内后,一手扶住兰花基部,一手向盆内填培养土,边填边摇动兰盆,至土掩住根部时,将假鳞茎往上稍微提一下,使根系舒展。继续加土,务使盆内无缝隙,所有根系都要与土壤接触。调整兰丛的位置和高度,填至高出盆面时,用手沿盆边按压,但不要用力过度,以免挤断兰根。

填土的高度,一般认为春兰宜浅,蕙兰宜深,以稍露出假鳞茎为宜。种好之后,在盆面铺上一层水苔或粗沙,以保护盆内清洁。

4.栽后处理

新种兰花在1～2个月内都应由盆底浸水,一经浸透,即行取出。同时用细孔喷水壶喷洒叶面冲洗尘土。最后移入阴凉处,7～10 d后正常管理。

四、训练结果

实训报告,记录上盆过程。

【知识拓展】

中国兰(*Cymbi dium* spp.)

中国兰花指原产于我国的兰科兰属的植物。我国人民素有养兰赏兰的传统,兰花有花闻香，无花赏叶，是叶、花、香俱佳的观赏花卉。

一、生物学特性

兰花为多年生草本植物。茎膨大而短缩，称为假鳞茎，其花、叶都长在假鳞茎上。根粗壮肥大，分枝少，有共生根菌。叶一般为带形、椭圆形或卵状椭圆形。花具花萼和花瓣各 3 枚，花瓣中 1 枚退化为唇瓣，果实为开裂的蒴果。

兰花园艺栽培上主要为地生或附生，因具假鳞茎，耐旱力强，生长快，繁殖栽培较容易。地生兰多生于排水良好和较阴凉的土壤中，常见于林下砾石之间与腐殖质较多的地方，也有生于岩石裂缝中，春兰、蕙兰为其典型代表。附生兰常常生长在老的、腐朽的树上或者有少量腐殖质的地方。地生兰和附生兰无严格的界限，存在着许多中间类型，如冬凤兰、兔耳兰。

附生兰分布在比较温暖的地区，对温度要求高些。一般冬季温度应在 12～16℃，夜间在 8～12℃。地生兰一般要求比较低的温度，白天 10～12℃，夜间 5～10℃。春兰与蕙兰是最耐寒的，冬季短期在积雪覆盖下，对花毫无影响，在室温 0～2℃也能安全越冬，冬季温度不能太高，温度过高反而对兰花生长不利。夏季 30℃以上停止生长。

兰花对湿度要求较为严格，生长期要求相对湿度在 60%～70%，冬季休眠期在 50%左右，当然，不同的种类应有所区别。北方冬季室内有炉火或暖气加热时，空气比较干燥，对兰花生长不利，应在加热时同时考虑增湿，尤其对于原产于湿润地区的兰花，更应该注意。

兰花喜阴，冬季要求充足光照，夏季阳光太强，必须遮阴，一般中午要挡去阳光的 70%左右。兰花比较耐干旱，它有假鳞茎贮藏水分，叶有角质层和下陷气孔保水，根又能从空气中吸水。栽培基质要求疏松、通气排水良好。

二、栽培设施

养兰设施有兰室（温室）和兰棚（荫棚）。因兰花主要是盆栽，一般 11 月至翌年 4 月在温室内栽培，夏季可搬出温室在荫棚中养护。兰花因种类繁多，习性各异，对温室环境的要求也不尽相同，在生产中按温度高低把养兰温室划分为四类，即高温温室、中温温室、低温温室和冷室，各温室的温度、湿度要求见表(4-1)。高温温室可栽养附生类热带兰类；地生兰，如春兰、蕙兰可在冷室或低温温室中栽培。

表 4-1　各类温室的温度与湿度

温室种类	温度/℃			湿度/%		
	最低	最适	最高	最低	最适	最高
高温温室	18	24	30	80	90	100
中温温室	12	18	20	70	80	90
低温温室	7	14	16	60	70	90
冷室	0	7	10	50	60	80

对温室要求光照充足，冬季能充分照光；室内有喷雾设施或水池等较大水面，能调节空气湿度；室内要有通风设备，室顶装有可以自由调节的遮阴苇帘或遮阴网；要求有加热设备，最好用暖气加热，用煤炉或地炉加热注意勿污染室内环境；室内不宜铺水泥或砖，仅人行过道铺砖；室内应有植物台，可用木头或金属材料制成架子，使兰盆离开地面，以免盆底排水孔堵塞，影响

排水及通风。

在进行兰花种子繁殖或组织培养的温室，则温度要求高些，平均白天温度 21～24℃，最高不超过 30℃，夜间 18℃，最低不少于 15℃。

在北方，一年中大部分时间兰花都需要在兰棚中生长，所以兰棚是养兰必要的设施。要求兰棚的遮光度应是可以调节的，早晚打开，中午可适当遮阴，不同月份遮光度也是变化的，应可以随时调节。棚内设喷雾设备。

三、繁殖技术

兰花繁殖有分株、播种和组织培养 3 种方法，在生产上主要用分株和组织培养进行繁殖。

(一)分株繁殖

分株繁殖一般在休眠期进行，即在新芽未出土、新根未生长前。夏秋开花的在早春(2～3月)分株；早春开花的种类，则在花后或秋末分株。

分株时在假鳞茎之间寻找空隙较大的地方，即在俗称“马路”的地方用剪刀剪开，注意剪口要平，勿撕裂伤口，以防感染病害。剪去烂根枯叶，经过消毒，即可上盆。分株时注意每丛新株至少要有 3 个假鳞茎，附生兰应有 4 个假鳞茎，以保证成活，分株虽简单易行，但繁殖系数低，兰花一般 2～3 年才可分株，而且成活率不高。

(二)组织培养

繁殖兰属的组织培养一般用芽做外植体，在 MS 培养基上培养 4～6 周，形成原球状，把原球体再分为 4 份，经 1～2 个月又可分化出新的原球体，如此几个月内就可得到大量的原球体。把原球体放在液体培养基上进行旋转培养，此后转移到分化培养基上让它分化出根和芽，分化后的植株经过一段时间的培养，即可移植进温室培养。

四、栽培管理

(一)栽植

基质是盆栽兰花的首要条件，它的组成影响根部水、气平衡。由于各地养兰的环境不同、经验也不同，但基质的总体要求是含有大量腐殖质、疏松透气、排水良好、中性或微酸性、无病菌和害虫及虫卵。现提供一些基质配方供参考(表 4-2)。

表 4-2 不同兰花基质配制比例 %

材料	春兰	蕙兰	建兰	寒兰	墨兰	兔耳兰
腐叶土	70	60	70	40	50	60
朽木渣	20	20	15	40	30	25
羊肝石	10	20	15	20	20	15

在国外栽培地生兰一般用腐殖土或腐叶土 5 份加沙 1 份，或用泥炭土 3 份加河沙 1 份，掺入碎干牛粪 1 份，充分混合后使用。

(二)上盆

兰花上盆的操作基本程序同其他花卉，也有不同之处。

对兰花新苗应先囤放 20 d 左右再上盆，植株易成活开花；对多年生兰栽前应剪去残花、枯叶、病叶和腐朽干枯的假鳞茎。对于腐烂的根、空根、断根也应剪除，但勿伤及芽及根尖。修剪好的兰根，用甲基托布津加 800 倍水液浸泡 10～15 min，冲洗后在阴凉通风处晾干，使兰根变软再行栽植。盆底排水物应占盆的 1/3～1/2，盆内填土深度应因兰而异，春兰宜浅，蕙兰宜深，一般以不埋及假鳞茎上的叶基为度。栽好后在土面铺一层小石粒或水苔，既有利于美观又可保护叶面不被泥水污染。浸盆法浇水，上盆后应在荫凉处缓苗 1 周。

（三）温度管理

不同种类兰花不同生长发育阶段对温度的要求各异：种子发芽温度为白天 21～25℃，夜间 15～18℃；热带兰幼苗所需温度白天 23～30℃，夜间 18～21℃；附生兰成长植株所需温度白天 23～27℃，夜间 18～21℃；地生兰成长植株所需温度白天 20～25℃，夜间最低 3～5℃。在冬季兰花休眠期，温度可适当降低，如春兰和蕙兰冬季最低温为 5～6℃，但降到 0℃或－3～－2℃也无妨，但室内要保持干燥些。

温度的调节主要是冬季防寒，夏季防暑。同时温度调节也可催延花期，如温室内春兰花期比野生兰提早 20～35 d 之多。

冬季根据气温和所种兰花种类通过白天增加光照、夜晚用草苫或防寒毡保温，温度过低，可采用暖气加热。晴天中午，温度过高时应打开门窗通风，也可用电风扇吹风。有时把竹帘挂在温室一边，不断往上洒水，然后用风扇吹，既可降温又可增湿。

夏天荫棚内主要靠遮阴来降低温度，也可通过洒水降温。

（四）湿度管理

兰花喜湿，在高湿通风时生长健壮，但在低温又不通风的环境中，水汽会凝结成水滴，对新芽有害，而且易发生病虫害，故应避免低温高湿。

（五）光照调节

光照对兰花生长发育的影响：延长光照时间至 14～16 h，可以促进小苗及中等植株开花，对成熟兰株光照时间超过 8 h 才可促进开花。在栽培中，有花蕾的兰花，要促其开花，可适当延长光照和增加温度，在室内用 100 W 的灯泡，一般可提高 3～5℃，这样经一夜即可开花。

兰花的需光量一般可分为三类：轻微遮阴的兰花，需遮去日光强度的 70%～80%；中度遮阴兰花，需遮去日光强度的 80%～85%；重遮阴兰花，需遮去日光强度的 85%～90%。生产中可采用不同遮阴率的遮阴网进行光照调节，夏季可利用阴棚遮阴栽培。

（六）通风

要使兰花生长良好，栽培设施中的通风占有重要的地位。通风可促进兰花的新陈代谢，可以调节温度、湿度，还可防止病虫害的发生。在栽培中可通过开启门、窗；室内设环流风机、抽气机或排风扇。通风时注意风不宜过大、过弱，更不能使冷空气直接穿过温室，尤其夜间过堂风会对兰花幼芽造成损害。通风以柔风、和风对兰花有益。

（七）水分管理

兰花用水以不含矿质的软水为好，pH 5.5～6.0，最好是雨水和雪水，自来水贮放 24 h 以上，最好暴晒，使漂白粉沉淀后再调 pH 为 5.5～6.0 后应用。

兰花的浇水与大多数盆花不同，“喜润而畏湿，喜干而畏燥”，浇水的次数因季节不同而异，在3—4月一般每2～3 d浇水1次,或每日少量浇1次;5—6月每天浇水;7—9月每天早晚充分浇水1次;10—11月每天浇水1次;12月至翌年2月每4～5 d浇水1次,冬季加温温室,空气过于干燥应每天都浇少量水,浇水时应注意水温与室温相同为宜。

兰花浇水可采用水壶浇水、喷水和浸水三种方法。水壶浇水容易控制浇水量,也可以避免迎头浇水,是常用的浇水方法;喷水可利用自动喷雾设施,既可以增加室内的空气湿度,又可冲洗叶片,是兰花生长季节常用的浇水办法;浸水法则是兰盆放入水中或放在有水的托盘中,使水由盆底和盆壁慢慢浸入。但应注意浸水不能太久,以表土湿润为宜。

(八)施肥管理

通常兰花每年都需换盆、换土,盆土中的养分足够当年生长可以不必追肥。如果几年换一次盆就需追肥。兰花常用肥料有牛粪、羊粪、豆饼、麻酱等有机肥。施用前必须充分腐熟和消毒灭菌,也可用硫酸钾、硫酸铵、过磷酸钙等化肥作追肥。兰花施肥应掌握“宜勤而淡,切忌骤而厚”。化肥可用水溶解直接浇入根部,也可采用叶面施肥,常用根外追肥的化肥为磷酸二氢钾或尿素,浓度为0.1%～0.2%。有机肥做基肥,也可配成溶液做追肥浇入根部,注意勿施到叶面上,以免引起肥害。

兰花在营养生长时期应注意稍偏施氮肥,生殖生长期多施磷钾肥。一般春兰、蕙兰和建兰在5月上旬开始施肥,炎热夏季以及12月至翌年2月初不施肥。一般开花前后不宜施肥,空气湿度过大时不追肥,因湿度大,水分不蒸发,根部不易吸收肥料;气温高于30℃时不追肥,因水分蒸发快,残留的肥料浓度增加,有可能发生肥害;休眠或半休眠(一般品种温度低于15℃)时不施肥。

五、病虫害防治

兰花发生病虫害的原因大多是由于通风不良,日照不足,基质过干、过湿或积水,高温闷热,低温等不良的栽培环境所引起的。所以只要重视预防和正确合理的管理则可消除病虫害,即使受害也会很轻。

蝴蝶兰(*Phalaenopsis amabilis*)

一、形态特征

蝴蝶兰,别名蝶兰,属兰科蝴蝶兰属,为附生类植物,原产热带,主要是以发达的根系固着在林中的树干或岩石上,通常气生根为白色,而暴露在阳光下的根系则呈绿褐色。蝴蝶兰为单轴类兰花,茎短而肥厚,没有假鳞茎,也没有匍匐茎。顶部为生长点,每年生长时期从顶部长出新叶片,下部老叶片枯黄脱落。叶片为长椭圆状带形,肥厚多肉。根从节部长出来。从叶腋间抽生花序,每个花序可开花七八朵,多则十几朵,依次绽放像蝴蝶似的花,可连续观赏六七十天。每花均有5萼,中间镶嵌唇瓣。花色鲜艳夺目,常见的有白色、紫红色,也有黄色、微绿色或花瓣上带有紫红色条纹者。花期2—4月。

二、生态习性

性喜温暖,畏寒,栽培白天最适25～28℃,夜温18～20℃。开花最适温为28～32℃,忌温度骤变。喜潮湿半阴环境,忌强光照射。夏季遮阴量为60%,秋季为40%,冬季为20%～

40%。空气相对湿度保持在70%～80%。

三、繁殖技术

蝴蝶兰可通过无菌播种、组织培养和分株等技术繁殖。

蝴蝶兰经过人工授粉得到种子后采用无菌播种的技术可得到大批量的种苗。

蝴蝶兰组织培养技术是将灭菌茎段接种相关培养基上，经试管育成幼苗移栽，大约经过两年便可开花。

分株是利用成熟株长出分枝或株芽，待长到有2～3条小根时，可切下单独栽种。

四、栽培管理

（一）选盆

大规模生产蝴蝶兰主要用盆栽，要求透气性要好，多孔盆为好，宜用浅盆。一般用特制的素烧盆或塑料盆。

（二）上盆与换盆

盆栽蝴蝶兰的栽培基质要求排水和通气良好。一般多用苔藓、蕨根、蛇木块、椰糠、蛭石等材料，而以苔藓或蕨根为好。用苔藓盆栽时，盆下部要填充煤渣、碎砖块、盆片等粗粒状的排水物。将苔藓用水浸透，用手将多余的水挤干，松散的包裹在幼苗的根部，苔藓的体积约为花盆体积的1.3倍，然后将幼苗及苔藓轻压栽入盆中，注意不可将苔藓压得过紧。

蝴蝶兰属多年生附生植物，栽培过程中要及时换盆。一般用苔藓栽植的蝴蝶兰每年换盆一次。换盆的最佳时期是春末夏初之间，花期刚过，新根开始生长时。换盆时温度以20℃以上为宜，温度低的环境一定不能换盆。蝴蝶兰的小苗生长很快，一般春季种在小盆的试管苗，到夏季就要换大一号的盆，以后随着苗株的生长情况再逐渐换大一号的盆，切忌小苗直接栽在大盆中。小苗换盆时为避免伤根，不必将原植株根部的基质去掉，只需将根的周围再包上一层苔藓，栽到大一号的盆中即可。生长良好的幼苗4～6个月换一次盆。新换盆的小苗在2周内需放在荫蔽处，不能施肥，只能喷水或适当浇水。蝴蝶兰的成苗每年换一次盆，换盆时先将幼苗从盆中扣出，用镊子把根系周围的旧基质去掉，用剪刀剪去枯死老根和部分茎干，再用新基质将根均匀包起来，栽在盆中。

（三）温度管理

蝴蝶兰生产栽培中要求比较高的温度，白天25～28℃，夜温18～20℃为最适生长温度，在这种温度环境中，蝴蝶兰几乎全年都处于生长状态。在春季开花时期，温度要适当低一些，这样可使花期延长，但不能低于15℃，否则花瓣上易产生锈斑。花后夏季温度保持28～30℃，加强通风，调节室温，避免温度过高，30℃以上的高温会促使其进入休眠状态，影响将来的花芽分化。

蝴蝶兰对低温特别敏感，长时间处于15℃的温度环境会停止生长，叶片发黄、生黑斑脱落，极限最低温度为10～12℃。

（四）光照管理

蝴蝶兰生产栽培忌阳光直射，喜欢庇荫和散射光的环境，春、夏、秋三季应给予良好的遮阴条件。通常用遮阳网、竹帘或苇席遮阴。当然，光线太弱也会使植株生长纤弱，易得病。开花植株适宜的光照强度为 2 000～3 000 lx，幼苗 1 000 lx 左右。如春季阴雨天过多，晚上要用日光灯管给予适当加光，以利日后开花。

(五)水分管理

蝴蝶兰根部忌积水，喜通风干燥，如果盆内积水过多，易引起根系腐烂。一般应看到盆内的栽培基质已变干，盆面呈白色时再浇水。盆栽基质不同，浇水间隔时间也不大相同。通常以苔藓作栽培基质的，可以间隔数日浇水 1 次，而蕨根、树皮块等作基质时则每日浇水 1 次。还有其他因素也影响浇水，如高温时多浇水，生长旺盛时多浇水，温度降至 15℃以下时要控水，冬季应适时浇水，刚换盆或新栽植株应相对保持稍干，少浇水，这样会促进新根萌发。花芽分化期需水较多，应及时浇水。晚上浇水时注意不要让叶心积水。

蝴蝶兰需要潮湿的环境，一般来说全年均需保持 70%～80%的相对湿度。在气候干旱的时候，可采取向地面、台架、暖气洒水或向植物叶片喷水来增加室内湿度。有条件的可安装喷雾设施。当温度低于 18℃时，要降低空气湿度，否则湿度太大易引发病害。

(六)施肥

蝴蝶兰生长迅速，需肥量较大，施肥的原则是少量多次，薄肥勤施。春天少量施肥；开花期完全停止施肥；换盆后新根未长出之前，不能施肥；花期过后，新根和新芽开始生长时再施以液体肥料，每周 1 次，用"花宝"液体肥稀释 2 000 倍喷洒叶面和盆栽基质中。夏季高温期可适当停施 2～3 次。秋末植株生长渐慢，应减少施肥。冬季停止生长时不宜施肥。营养生长期以氮肥为主，进入生殖生长期，则以磷肥为主。

(七)花期管理

蝴蝶兰花芽形成主要受温度影响，短日照和及早停止施肥有助于花茎的出现。通常保持温度 20℃两个月，以后将温度降至 18℃以下，约经一个半月即可开花。因蝴蝶兰花序较长，当花葶抽出时，要用支柱进行支撑，防止花茎折断。设立支架时要注意，不能一次性地把花茎固定好，而要分几次逐步进行。蝴蝶兰花朵的寿命较长，一般可达 10 d 以上，整枝花的花期可达 2～3 个月。当花朵完全凋萎之后，一般要将花茎从基部剪掉，特别是小植株或组合在一起的栽培植株，不要让其二次开花。但对于有 5 片以上的健壮植株，可留下花茎下部 3～4 节进行缩剪，日后会从最上节抽出二次花茎，开二次花。

另外，蝴蝶兰喜通风良好环境，忌闷热。通风不良易引起腐烂，且生长不良。在设施栽培中最好有专用的通风设备。可采用自然通风和强制通风两种形式。自然通风是利用温室顶部和侧面设置的通风窗通风，强制通风是在温室的一侧安装风机，另一侧装湿帘，把通风和室内降温结合起来。

五、病虫害防治

蝴蝶兰对病虫害的抵抗力较弱，经常会发生叶斑病和软腐病等，可采用农药百菌清或达仙 1 000 倍液喷洒，每隔 7～8 d 一次，连续 3 次，有良好的防治效果。温度高时容易出现介壳虫，可用手或棉棒将虫除掉，并定期喷洒马拉松乳剂。对蛞蝓，可放置药剂诱杀，或在晚上等蛞蝓出来活动时人工捕捉。

大花蕙兰(*Cymbidium hybrid*)

一、形态特征

大花蕙兰,别名虎头兰、西姆比兰,属兰科兰属,附生类植物,常呈大丛附生于原产地的树干和岩石上。假鳞茎粗壮,长椭圆形,稍扁。叶片带形革质,长 70～90 cm,宽 2～3 cm,浅绿色,有光泽。花茎直立或稍弯曲,长 40～90 cm,有花 6～12 朵或更多。花大型,淡黄绿色,花瓣较小,花瓣及萼片茎部有紫红色小斑点,唇瓣分裂,黄色,有紫红色斑。花期 11 月至翌年 4 月。

二、生态习性

生长的适温 10～25℃。花芽分化温度十分严格,白天 25℃,夜间 15℃,越冬温度不宜高,夜间 10℃左右比较合适。花芽耐低温能力较差,若温度太低,花及花芽会变黑腐烂,再低则植株会受到寒害。若夜间温度高至 20℃,虽叶丛繁茂,但花芽枯黄不开花。

大花蕙兰对水质要求较高,喜微酸性水,pH 为 5.4～6.0。大花蕙兰对水中的钙、镁离子比较敏感,最好能用雨水浇灌。大花蕙兰喜较高的空气湿度,最适宜的相对湿度为 60%～70%,湿度太低会使生长不良,根系生长缓慢,叶厚窄小,色偏黄。大花蕙兰稍喜光,喜半荫的散射光环境,忌日光直射。但过度的遮阴会使植株生长纤弱,影响花芽分化,减少花量。大花蕙兰要求湿润、腐殖质丰富的微酸性土壤。

三、繁殖技术

大花蕙兰一般采用分株繁殖。分株适宜时间在花后,新芽未长大前,这时正值短暂的休眠期,分株前使基质适当干燥,根略发白、绵软。小心操作,使兰株从原盆中脱出,要抓住没有嫩芽的假鳞茎,避免碰伤新芽。剪除枯黄的叶片、过老的鳞茎和已腐烂的老根,用消过毒的利刀将假鳞茎切开,每丛苗应带有 2～3 枚假鳞茎,其中一枚必须是前一年新形成的,伤口涂硫磺粉,干燥 1～2 d 后单独上盆,如太干时可向叶面及盆面喷少量的水。

大量繁殖和生产采用茎尖培养的组织培养方法。若种苗不足,也可将换盆时舍弃的老兰头保留下来,剪除枯叶和老根,重新加以培植,不久它就能萌发新芽,长成幼苗。

四、栽培管理

(一)上盆与换盆

栽植大花蕙兰的容器可选用四壁多孔的陶质花盆或塑料盆。花盆要摆放在花架上,放在地面上会引起病菌感染,放在水泥地上会因反射热使植株受到伤害。栽培基质可采用泥炭藓 1 份、蕨根 2 份混合使用,也可用直径 1.5～2 cm 的树皮块、碎砖、木炭或碎瓦片等粒状物。一般盆栽大花蕙兰常用 15～20 cm 的高筒花盆,每盆栽 2～4 株。

大花蕙兰植株生长旺盛,根群粗而多,如果假鳞茎已长满整个盆面,就要换大一号的盆了,以免根部纠结。通常在 5 月上旬进行分株换盆。

(二)温度管理

大花蕙兰喜冬季温暖和夏季凉爽,生长适宜温度为 10～25℃。在冬季,保持 10℃左右的温度比较有利。这时叶片会呈绿色，花芽生长发育正常，花葶正常伸长，在2—3月开花。如果温度低于5℃，则叶片呈黄色，花芽不生长，花期会推迟到4—5月份，而且花葶不伸长，影响开花质量。如果温度在15℃左右，花芽会突然伸长，1—2月开花，花葶柔软不能直立。如果夜间温度高达20℃，则叶丛生长繁茂，但影响开花，形成花蕾也会枯黄。总之，大花蕙兰花芽形成、花葶抽出和开花，都要求较大的昼夜温差，当花芽伸出之后，一定要注意夜间把花盆放到低于15℃的地方，否则会使花蕾脱落。

（三）光照管理

大花蕙兰比较喜光，充足光照有利于叶片生长，形成花芽和开花，但不宜强光直射。过多的遮阴，会使叶片细长而薄，不能直立，假鳞茎变小，容易生病，影响开花。一般盛夏需遮光50%～60%，秋季可稍遮些，冬季温室栽培一般不遮光。

（四）水肥管理

大花蕙兰比较喜水，怕干不怕湿，高的空气湿度和植料微湿的水分最适合它的生长要求，忌根部极端干燥。对水质要求比较高，喜微酸性水，对水中的钙、镁离子比较敏感，以雨水浇灌最为理想。浇水应由植株、植料、天气等因素来决定，植料干了才浇水，浇则浇透。在盆中植料湿润不需浇水时，可在早、晚给叶片喷一些水，以增加空气湿度。冬季温室加温后，夜间室内湿度会较低，应设法增加室内的湿度。开花后有短时间的休眠，要少浇水，春、夏生长旺盛，要保持水分充足。

大花蕙兰植株大，生长繁茂，需要肥料比较多，要低浓度，常供应。生长期可每1～2周施肥1次，使假鳞茎充实肥大，促使花芽分化，多开花。可置缓效肥料于植料中，同时每周施液体肥料1次，氮、磷、钾的比例为：小苗2∶1∶2，中苗1∶1∶1，大苗1∶2∶2。在花期前半年应停止施氮肥，以促进植株从营养生长转向生殖生长。

（五）疏芽

春季，新芽不断生长，会消耗一定的养分，将来影响开花的时间和花的数量及质量，单芽生长比多芽生长效果更佳，开花更有保障。因此，没有鳞茎中只保留一个叶芽，其余的芽都要摘除。

夏季，已经有花芽出现，由于天气炎热，大部分花芽会禁不住高温而夭折。疏芽时要注意丰满膨大的鳞芽是花芽，千万不要将它们疏掉。稍显干瘪的是叶芽，一个鳞芽内以一个叶芽为基准，其余的都摘除。

秋季对鳞茎上发出的多余叶芽也要进行摘除。

（六）花期管理

大花蕙兰通常在11月就会伸出花茎，当花茎长到20 cm长时，要设置花茎支柱。因为这时的花茎特别容易折断，所以在设置支柱时要格外小心，不要靠得太近，绑扎叶不能太紧。支柱与花茎之间用简易8字结固定，这样不会影响花茎的生长。所打的简易“8”字结要根据花茎的生长速度及时调整。

五、病虫害防治

大花蕙兰常见病虫害有介壳虫、红蜘蛛和蜗牛，前两者可用80%敌敌畏乳油1 000倍液喷杀，后者可在台架及花盆上喷洒敌百虫或用敌百虫毒饵诱杀。

卡特兰(*Cattleya hybrida*)

一、形态特征

兰科卡特兰属常绿草本,为附生植物。茎根棒状,有时稍扁,具1～2枚革质厚叶。花单朵或数朵,直径18～20 cm,花色极为多彩而艳丽,有白、粉红、朱红色,也有绿色、黄色以及过渡色和复色;单叶类冬春开花,双叶类夏末秋初开花。

二、生态习性

性喜温暖湿润环境,越冬温度,夜间15℃左右,白天20～25℃,要求昼夜温差大,不可昼夜恒温,更不能夜温高于昼温。喜半阴环境,春、夏、秋三季应遮去50%～60%的光线。

三、繁殖技术

常用的是分株法繁殖,结合换盆,一般于3月进行。先将植株由盆中磕出,去除栽培所用材料,剪去腐朽的根系和鳞茎,将株丛分开,分后的每个株丛至少要保留3个以上的假鳞茎,并带有新芽。新栽的植株应放于较荫蔽的环境中10～15 d,并每日向叶面喷水。栽培基质以苔藓、蕨根、树皮块或石砾为好,而且盆底需要放一些碎砖块、木炭块等物。炎热季节,要注意通风、透气。生长季节盆中应放些发酵过的固体肥料,或10～15 d追施1次液肥,并保持充足的水分和较高的空气湿度。

四、栽培管理

(一)栽培基质

栽培卡特兰的植料(培养土),通常用蕨根、苔藓、树皮块、水苔、珍珠岩、泥炭土、煤炉渣等混合配制。一般生长旺盛的植株,每隔1～2年更换一次植料,时间最好在春季新芽刚抽生时或花谢后,结合分株进行换盆。

(二)温度管理

生长适温3—10月为20～30℃,10月至翌年3月为12～24℃,其中白天温度25～30℃,夜间15～20℃,日较差在5～10℃较合适。冬季设施内温度应不低于10℃,否则植株停止生长进入半休眠状态,低于8℃时,一般不耐寒的品种易发生寒害,较耐寒的品种能耐5℃的低温。夏季当气温超过35℃时,要通过遮阴、环境喷水、增加通风等措施,为其创造一个相对凉爽的环境,使其能继续保持旺盛的长势,安全过夏。

(三)光照管理

喜半阴环境,若光线过强,叶片和假球茎易发黄或被灼伤,并诱发病害。若光线过弱,又会导致叶片徒长、叶质单薄。一般情况下,春、夏、秋三季可遮阴50%～60%,冬季设施内不遮光。

(四)肥水管理

卡特兰不仅要植料湿润,而且要求有较高的空气湿度。它为附生兰,根系呈肉质,宜采用排水透气良好的植料,以免发生积水烂根。生长季节要求水分充足,但也不能浇水过多,特别是在湿度低、光照差的冬季，植株处于半休眠状态，要切实控制浇水，否则易导致其烂根枯死。另外，卡特兰在花谢后约有 40 d 左右的休眠期，此一时期应保持植料稍呈潮润状态。一般在春、夏、秋三季每 2～3 d 浇水一次，冬季每周浇水一次，当盆底基质呈微润时，为最适浇水时间，浇水要一次性浇透，水质以微酸性为好，不宜夜间浇水喷水，以防湿气滞留叶面导致染病。卡特兰一般应维持 60%～65%的空气相对湿度，可通过加湿器每天加湿 2～3 次，外加叶面喷雾，为其创造一个湿润的适生环境。

卡特兰所需的肥料，有相当一部分可通过与其根系共生的菌根来获得，需肥相对较少，忌施入粪尿，也不能用未经充分腐熟的有机肥，否则易导致植株烂根坏死。可用沤制过的干饼肥末或多元缓释复合肥颗粒埋施于植料中。生长季节，每半月用 0.1%的尿素加 0.1%的磷酸二氢钾混合液喷施叶面一次。当气温超过 32℃、低于 15℃时，要停止施肥，花期及花谢后休眠期间，也应暂停施肥，以免出现肥害伤根。

五、病虫防治

在卡特兰的栽培过程中，要注意加强植株病虫害的管理和防治。在病害防治方面，主要防治黑腐病、灰霉病、炭疽病和细菌性软腐病等病害；在虫害防治方面，主要防治介壳虫、蓟马、蛞蝓、线虫、红蜘蛛和白粉虱等虫害。

石斛兰属(*Dendrobium nobile*)

一、形态特征

石斛兰为兰科石斛兰属植物，假鳞茎丛生，圆形稍扁，株高 25～60 cm，有节。叶卵状披针形，花 2～3 朵，直径 5～12 cm，白色带淡紫色斑块，花瓣卵圆形，边波状，尖端紫色；唇瓣圆形，乳黄色，唇盘有紫色斑块。花期 1—6 月。

二、生态习性

石斛原产我国。喜温暖、湿润和半阴环境，不耐寒。生长适温 18～30℃，生长期以 16～21℃更为合适，休眠期 16～18℃。幼苗 10℃以下易受冻。石斛忌干燥、怕积水，特别在新芽开始萌发至新根形成时需充足水分。但过于潮湿，如遇低温，很容易引起腐烂。忌强光直射，光照过强茎部会膨大、呈黄色，叶片黄绿色。但日照充足，秋季开花好，开花数量多。

三、种类与品种

石斛属按其生物学特性对生态环境的要求，可分成为两大类：

(1)落叶类石斛　每年从假鳞茎的基部长出新芽，当年生长成熟为新的假鳞茎，如报春石斛、兜石斛、紫瓣石斛、齿瓣石斛、金钗石斛、短唇石斛、束花石斛等。在前一年生长的假鳞茎上部的节上抽出花序，2～3 朵花一束。花后从假鳞茎基部长出新芽，当年发育成新的假鳞茎，老茎则逐渐皱缩，一般不再开花。

(2)常绿类石斛　无明显的休眠期，叶片可维持数年不脱落。花序常从假鳞茎的顶部及附近的节上抽出，有时一个假鳞茎连续数年开花，如密花石斛、球花石斛、鼓槌石斛和蝴蝶石斛等及其杂交种。常绿石斛喜欢更高的温度和湿度，作为切花用石斛(常称秋石斛)，没有明显的休眠期，冬季仍继续生长和开花，要想进行切花生产，必须保证高温、高湿，适于生长的气候条件。一般说，不生产切花，只是为越冬，温室夜间也应保持在15℃以上，日间则应更高。

四、繁殖方法

（一）分株繁殖

从丛生茎的基部切开或掰开，一分为二，分别种于不同的盆中，即可达到分株的目的。有些石斛种类在茎的顶端或基部生有小植株。小植株根、茎、叶俱全，待长到一定程度时，可切下栽于盆中。

（二）扦插繁殖

将肉质茎切成许多小段，每段带2～3个节，插在用泥炭、水苔、腐殖质分成的基质中，置于湿润、温暖、荫蔽的环境中，经过几周后可以看到长出1～2个小根，此时可移栽于小盆中。

此外，生产中大量育苗采用组织培养繁殖。

五、栽培管理

（一）上盆与换盆

盆栽石斛通常采用四壁多孔的花盆栽植，视苗的大小选用不同规格的花盆，宁小勿大。用蕨根、树蕨块、泥炭藓、树皮块、碎砖块和木炭等做植料，这些材料在种植前必须清洗干净，并在水中浸泡1 d以上备用。栽植时盆底先放较大的砖块（直径2～3 cm），然后加碎砖及木炭块（直径1～1.5 cm）至盆2/3处。植株的新芽放在盆中央，另插一小竹竿以支持固定，再将混有碎蕨根的碎砖块（直径小于1 cm）放在植株周围，并在盆边轻轻压紧至苗不再松动为止。栽植时注意不要伤新芽和新根。

栽培两年以上的盆，植株长大，根系过满，盆栽材料已腐烂，应及时更换。通常在花后、新芽尚未生长出来之前换盆或更换栽培材料，并结合换盆进行分株。

换盆时，首先将植株从盆中倒出，细心去掉旧的栽培材料，剪去腐烂的老根。将植株分切成2～3簇，每簇最好保持4条假鳞茎，单独栽植，即成新株。栽后置于庇荫处，控制浇水。可经常向叶面及栽培材料表面喷雾。随植株生长，逐渐增加浇水和光照强度并施肥。

（二）温度管理

石斛属植物喜高温、高湿，落叶种类越冬的温度夜间可低至10℃左右或更低，常绿种类则不可低于15℃。另外，石斛类对于昼夜温差比较敏感，最好应保持10～15℃的温差。温差过小，如4～5℃，则无法使枝叶繁茂。

（三）光照管理

石斛属植物栽培中，上午10时前有直射阳光，其余时间遮去阳光的70%～80%，对生长比较有利。春夏旺盛生长期光可少些；冬季休眠期喜光线强些。北方温室栽培，冬季可不遮光或只遮去阳光的20%～30%。

（四）水肥管理

石斛在新芽开始萌发至新根形成时期，既需要充足的水分，又怕过于潮湿，这时气温才开始回升，温度不太高，过于潮湿会引起腐烂。旺盛生长季节注意盆中不要积水，如遇天晴干热，应及时在兰花四周喷水，以保持较高的空气湿度。落叶种类在冬季可适当干燥，少浇水，但盆栽材料不宜过分干燥，空气湿度不应太低。常绿种类冬季只要温室温度高，则仍需保持充足水分；温度低可适当少浇水，但盆栽材料仍需保持湿润。

生长期每周施1次追肥，可用氮磷钾复合化肥叶面喷洒或根部施用，浓度在0.1%以下，可以施用经过腐熟的各种液体农家肥，但不可太浓。落叶种类冬季休眠期停止施肥。常绿种类冬季温度高，仍在继续生长的还要施肥；若温度低，处于强迫休眠的，也要停止施肥。

六、病虫害防治

石斛兰在生长发育过程中，易受黑斑病、煤污病、炭疽病等的为害，可用波尔多液、50%多菌灵等进行防治，并控制对新株的感染。常见虫害有石斛菲盾蚧、蜗牛等，可用乐果、溴氰菊酯等农药喷杀，注意栽培场所的清洁卫生，枯枝败叶要及时清除。

项目五　设施花卉保鲜与贮运

工作任务一　设施花卉保鲜技术

【学习目标】

1. 能根据设施花卉种类，确定相应的采收时间与方法；
2. 能根据设施花卉相应的标准，确定分级的方法，熟练地进行分级与预冷处理；
3. 能根据各类设施花卉的特点，正确选择相应的包装材料，熟练地进行包装；
4. 能根据设施花卉不同种类特点，选择适宜的保鲜方法；
5. 能正确理解设施花卉在保鲜过程中生理变化与内外环境因素的关系，并能根据相应的关系，采取相应的措施，延长设施花卉的保鲜期。

【任务分析】

本任务主要是明确设施花卉，尤其是鲜切花采后的生理生化变化与内外环境的关系，掌握其采收的时期与方法，分级与预冷、包装、保鲜的基本方法，延长保鲜期。

了解设施花卉采收后生理生化变化，并根据其变化在采收、分级、包装过程中采取相应的方法延长保鲜期。

首先确定适宜的采收时期，并能根据不同种类，不同季节及运输距离等因素确定采收期和一天中的采收时间及采收方法；采收后要按照行业标准及时整理，剔除病花、残花，并根据花开放的程度，花朵大小进行分级；在进行包装前要进行预冷处理，去除田间热和呼吸热。根据花卉产品种类特点、运输方法及市场要求，选择适宜的包装材料和包装方法。在此基础上，明确设施花卉在采收、分级、包装等环节中内、外环境条件对其影响，采取相应的保鲜方法，以保持其最佳品质，延迟衰老，抵抗外界环境的变换，延长货架寿命和瓶插寿命。

【基础知识】

切花是鲜活的园艺产品，采后仍进行生命活动，为减少切花采收后的损失，我们应该充分了解其采后的生理生化过程及环境因素的影响；明确其相互关系，为我们采取相应的技术措施，延缓其衰老，延长保鲜期提供理论基础。

新鲜的果实、蔬菜和观赏植物材料是活的植物组织，采收后仍在不断的发育变化，虽然我们不可能阻止它们的生理改变，但能在一定的范围之内减缓这些生理变化，以延长其保鲜期。切花与其他园艺产品相比，其生理变化和采后处理有着显著的不同。一是花作为植物的器官较其他器官更为复杂，包括萼片、花瓣、雄蕊、雌蕊等，切花还包括茎和叶片。这些结构本身都比较复杂，并且各部分生物化学性质变化也不尽相同，采后处理技术也不一致。二是切花采后发育过程不同。大多数的水果、蔬菜等园艺产品采收前已完成其发育，采后处理技术主要是尽可能保持其新鲜状态。而切花采后要经历生理上截然不同的两个阶段。第一阶段是从幼蕾生长发育至开放；第二阶段是花器官发育成熟，衰老，直至萎蔫衰败。采后处理技术要针对不同的生理阶段采取不同的技术处理，即第一阶段要促进幼花生长发育，而第二阶段要阻止其过度代谢，尽量延缓其衰老，由此可见，切花采后保鲜技术处理的复杂性。

一、切花采后生理

(一)呼吸作用

切花是活的生物体，采收后呼吸作用仍在不断地进行。呼吸作用是植物体内有机物的氧化、分解，释放能量的过程。呼吸作用消耗切花体内的物质和能量，在呼吸过程中，植物吸收 O_2，放出 CO_2 和热量。可用方程表示为：

$$C_6H_{12}O_6 + 6O_2 \rightarrow 6CO_2 + 6H_2O + \text{热量}$$

呼吸作用与植物生理活动密切相关，维持植物适当的呼吸程度，对于其正常生活相当重要。园艺产品的衰败速度与其呼吸强度呈正比。切花中贮藏的营养物质呼吸作用的分解，以释放能量维持其正常的生命活动。营养物质的消耗，意味着切花逐渐衰老，直至死亡。因此，降低切花呼吸强度或增加切花营养物质的供应，对于切花保鲜至关重要。

通常情况下，切花的温度系数为 2～3，也就是说温度每升高 10℃，呼吸强度增加 2～3 倍。切花呼吸强度受到温度的影响相当显著(以切花香石竹为例，表 5-1)。

表 5-1 切花香石竹在不同温度下的呼吸速率和产热量

温度/℃	呼吸速率(CO_2)/($mg \cdot kg^{-1} \cdot h^{-1}$)	产量热/($J \cdot t^{-1} \cdot h^{-1}$)	温度系数(Q_{10})
0	10	$22 \times 4.18 \times 10^3$	—
10	30	$69 \times 4.18 \times 10^3$	3
20	239	$551 \times 4.18 \times 10^3$	8
30	516	$1\,192 \times 4.18 \times 10^3$	2.2
40	1 053	$2\,432 \times 4.18 \times 10^3$	2.0
50	1 600	3 709	1.5

引自罗凤霞等，2001。

从表 5-1 中可以看出，温度对切花香石竹的代谢过程有着显著的影响。呼吸速率随温度的升高而加快，同时释放大量的热量，温度达到室温(20℃)时，呼吸速率明显增强，温度系数达到最高，而当温度高于室温时，温度系数则显著下降，可见温度的影响减弱，这说明，低温条件对切花的保鲜十分必要。

(二)水分平衡

切花采收后，还进行着正常的生理代谢活动，切花吸收水分和水分散失之间的水分平衡很容易被打破。切花萎蔫就是水分失去平衡的重要表现。水分失衡的主要原因首先是微生物阻塞,微生物活动分泌物质以及微生物自身阻塞输水导管;其次是生理性阻塞,切花采切后,切口部位释放丹宁、过氧化物以及切口部位在酶的作用下形成果胶类、多酚类化合物,阻塞导管,导致切花吸水困难。另外,在切花剪切和采收处理过程中,空气进入花茎形成气泡,阻碍水分向上运输,某些微生物的代谢产物对切花产生毒害作用。水中的某些离子也会对切花产生毒害,如 Na^+ 对切花月季和香石竹;F^- 对切花非洲菊、唐菖蒲、小苍兰有毒害作用。

(三)蒸腾作用

蒸腾作用是指水分以气体状态通过植物体表面蒸发到体外的现象。蒸腾速率受植物内部因素(形态特征、表面积与体积之比、成熟度、生长发育阶段等)和外部环境(温度、湿度、风速、气压等)的影响。可通过对切花采取保护措施和调节环境因子来降低蒸腾速率,如塑料薄膜包裹,保持较高的空气湿度,降低温度和风速等。

切花脱离团体后,水分平衡取决于蒸腾作用和吸水作用,当切花蒸腾作用超过吸水作用时,就会出现水分亏缺和萎蔫现象。在大多数情况下,切花对失水十分敏感,因为切花表面积与体积之比较高,通常高于其他园艺产品,更易失水,失水会引起切花代谢过程的不可逆变化,最终导致衰老。可见,降低蒸腾失水和提高切花的吸水能力显得尤为重要。

(四)养分供应

花是植物生命活动最旺盛的部位,按照“库—源”理论,花是典型的“库”器官。切花采收后,脱离母体,失去“源”的供应,但仍进行着旺盛的生命活动,这就说明切花采后需要大量的养分(主要是碳水化合物)供应。贮存在茎、叶和花瓣中的淀粉和糖为切花开放和保持生命活动提供了暂时的养分。研究表明,切花采收后花瓣中碳水化合物(糖)的含量呈先短暂上升随后持续下降。呼吸作用的变化与糖含量变化相一致。可见,呼吸作用逐渐降低是由于呼吸基质(主要是糖)短缺所致,切花中糖类含量多少与切花寿命密切相关。呼吸基质库主要由糖组成,库的大小受到淀粉和其他多糖的水解速度以及糖从其他器官转移至花瓣情况的影响。当花朵授粉或内源乙烯产生时,会刺激糖类从花瓣转移至子房,从而促进了花瓣衰老进程。

另外,可溶性蛋白质含量的迅速下降也是许多切花衰老的重要标志。

(五)pH 变化

液泡中 pH 的变化影响切花保鲜中花瓣的色泽。对于大多切花来说,红色花瓣衰老时泛蓝,如月季、天竺葵等,其主要原因是切花在衰老的过程中,蛋白质分解,释放出自由氨,促使液泡中 pH 上升,导致花色素显现偏蓝色泽。对于一些具有蓝色、紫罗兰色和紫色花的切花,如矢车菊、三色牵牛花、倒挂金钟等,在衰老时花瓣变红,是因为液泡中的苹果酸、天门冬酸和酒石酸等有机酸含量增加,促使 pH 下降,花色素苷呈偏红色,还有一类切花在衰老时花瓣变褐或变黑,这是因为黄酮、无色花色素及其他酶类化合物被氧化,形成单宁物质积累而致。

切花变色或褪色是决定其观赏品质的重要因素,也是影响其保鲜期的主要原因。一般而言,植物器官随着成熟叶绿素含量逐渐减少,叶片黄化,这对切花枝上的叶片是不利的,而花瓣颜色的变化对其更为不利。切花花瓣中主要含有两类色素,一类是类胡萝卜素,另一类是花色素苷。类胡萝卜素和花色素苷的发育,即黄、橙、红及蓝色色素的发育,对切花花瓣色泽的保持有利,但在花瓣衰老过程中,某些花青苷和酚类化合物被氧化后,可导致花瓣组织褐化,影响切花的观赏价值。

(六)内源乙烯的产生

乙烯是植物代谢的天然产物,所有高等植物器官和组织均能产生,被认为是控制植物成熟和老化的激素。乙烯具有高度的生理活性,会加速大部分切花的衰老。通常情况下,切花采收后,如遭到机械损伤、病虫侵染、温度升高(30℃以上)、缺水等,均会促使内源乙烯产生速度加快。相反,将切花置于较低的贮藏温度,乙烯产生速率会显著降低;较低的 O_2 含量或较高的 CO_2 含量,也可降低乙烯的产生速率。

大多数切花乙烯生成植式极为相似,花蕾和幼花产生的乙烯很少而且比较稳定,随着花的发育成熟,乙烯迅速增加,出现一个高峰,衰老过程加速,此后,逐渐下降,并保持一个稳定的低水平。大部分切花在20℃条件下乙烯的产生速率属于极低类型。

二、栽培条件对切花寿命的影响

切花的观赏品质、保鲜期长短,取决于栽培时的技术措施、适宜的采收期、采切方法以及采后处理技术。在适宜的栽培条件下培育的植物将表现出切花最佳的观赏价值。

(一)品种筛选

切花品种选育,除观赏品质出新外,筛选采后寿命长及耐贮运的品种也要加倍重视。对切花栽培来说,首先也要考虑切花的采后寿命,以选择采后寿命长、适宜较长期贮藏和运输的切花品种为主。评价切花种或品种时,采后寿命也被视为最主要的考虑因素之一。

不同的切花,采后寿命差别比较大,如红掌切花瓶插寿命可达20～41 d,鹤望兰14～30 d,而非洲菊仅为3～8 d。同一种不同品种切花采后寿命也不尽相同(表5-2),选择品种时要加以考虑。

表5-2 部分切花品种采后寿命的比较

种类	品种	采后寿命/d
红掌(*Anthutium*)	Poolster	30
	Nova-Aurora	15
非洲菊(*Gerbera*)	Marleen	20
	Agnes	8
月季(*Rosa*)	Lorena	14
	Mini·Rose	7
百合(*Lilum*)	Greenpeace	14
	Musical	7

引自胡绪岚,1996。

切花的采后寿命还与花茎的粗壮程度和含水量有关。花茎越粗,含有的营养物质就多,且能忍耐弯曲和折压。采后寿命还与植物的形态特征相关,如切花月季品种金浪较易萎蔫,原因之一是由于叶片气孔在水分亏缺情况下关闭功能较差,易于蒸腾失水而降低寿命,另外,乙烯产生较多的切花品种衰老也快。

(二)温度

切花在栽培期间温度过高会缩短其采后寿命,降低观赏品质,这主要是因为高温导致植物消耗更多的碳水化合物,加速植物体丧失过多的水分。如香雪兰、郁金香栽培时夜温10℃时,切花品种最好,月季生长在20~21℃条件下,瓶插寿命最长。在切花栽培过程中,为减少叶片的脱落和畸形花的发生,最避免栽培环境温度的激烈波动。

(三)光照

光照对光合作用有直接的作用,而光合作用又直接影响着切花中碳水化合物的积累。光照条件适宜,光合作用强,植物体内碳水化合物含量就高。栽培在高光照强度条件下生长的香石竹和菊花瓶插寿命比低光照条件下生长的长一些。生长期间,光照强度低,切花花茎过度加长,花茎成熟延迟,成熟不充分,易造成切花花茎弯曲,某些切花月季"弯颈"现象直接与花茎的水分状况和特定品种有关。成熟不良或纤细的花茎易于弯曲,在采后处理时易损伤或折断。由此可见,切花采前光照条件好,切花花茎粗壮,且含有较多碳水化合物,利于其采后保鲜、贮运。

光照强度还影响切花的色泽。当花色素苷在月季花瓣中形成时,如果光照强度不足,会使花瓣泛蓝。但是,光照过强对切花质量也不利。过度的光照易使叶片黄化,甚至落叶。因此,栽培中要根据不同切花种类和品种的要求,合理栽植,控制适宜的光照强度,以便于生产出更高质量的切花。

(四)水分管理

水分管理是切花采收前栽培管理的主要措施之一。土壤中水分过多或水分不足均会引起植株的生理压力,最终降低切花的采后寿命。水分亏缺会加速切花衰老的进程。

(五)病虫害

在切花栽培过程中要严格控制病虫害的发生,这对于生产观赏价值高的切花十分重要。潮湿的空气为细菌和真菌的发生和发展提供条件,因此,栽培过程中要加强水分管理,合理灌溉,适当通风换气,降低空气湿度。

病虫害侵染的切花,易引起花瓣和叶片褪色,丧失体内水分,产生较多的乙烯,乙烯又加速切花老化,引起叶片和花瓣脱落,降低切花品质。

另外,在温室生产中,应注意避免空气污染,受污染的空气含有大量的有害物质,会加速切花的衰老。授过粉的花朵和腐烂的植物材料也会产生大量的乙烯气体,促使切花的成熟和衰老。因此,切花栽培过程中要及时摘除授过粉的花朵、残花败叶,清除腐烂的植物残渣,保持栽培环境清洁。

三、环境因素对切花采后寿命的影响

(一)温度

温度是影响切花采收后衰老的重要环境因子之一。切花采后衰老速度受温度控制,周围气温过高将会加速切花衰老的过程,大大缩短其瓶插寿命,因为较高的温度会加快切花呼吸作用和体内碳水化合物的消耗,刺激内源乙烯的生成,促进真菌孢子的萌发和生长,有利于病原菌的扩散。因此,切花采收后应及时移至冷凉的环境中,及时消除田间热。低温既可降低呼吸速率,也可降低碳水化合物的消耗,还可减少内源乙烯的产生,同时降低对周围乙烯的敏感度,并且大大降低发病率。

不同切花采后对温度要求也不尽相同。起源于温带的切花最好比其组织冻结点稍高的温度；起源于热带和亚热带的切花对低温敏感，一般要求 8～15℃温度。切花采后温度过低或过高均会导致生理机能失调，要防止冻伤、冷害或热害的发生，以免造成损失。

(二)空气湿度

切花采后离开母体，只有水分的蒸腾而失去水分的补充，从而造成失水萎蔫破坏切花的正常生理代谢，影响切花的耐贮性，降低瓶插寿命，切花采收后水分丧失取决于周围环境的空气温度、湿度和空气流动速度(风速)有关。在某一恒定温度和空气流速的情况下，切花水分的丧失快慢取决于周围大气的相对湿度。如果空气中的湿度高，与切花的含水量达到平衡，那么切花就不会失水；如果空气干燥，湿度降低切花就容易失水。而在一定的湿度条件下，切花失水随温度的升高而增大。切花，尤其是草本切花含有大量的水分，在切花采收后，若置于低湿环境中，水分极易损失，鲜重迅速降低。当切花失水 10%～20%时，通常就表现为萎蔫，组织发生皱缩和卷曲，降低其观赏价值。各种切花的最宜贮藏温度和相对湿度因种类不同而有所差异(表 5-3)。

表 5-3 适宜不同贮藏温度和相对湿度 90%～95%的切花种类

贮藏温度/℃	切花种类
0～2	菊花、香石竹、番石榴、蕙兰、小苍兰、风信子、球根鸢尾、百合、铃兰、水仙、芍药、花毛茛、月季、香豌豆、郁金香、铁线莲、杜鹃等
4～5	六出花、醉鱼草、金盏花、耧斗菜、金鸡菊、矢车菊、波斯菊、大丽花、雏菊、勿忘我、毛地黄、非洲菊、唐菖蒲、丝石竹、万寿菊、百日草、报春花、金鱼草、补血草、紫罗兰、铁线蕨、天门冬、喜林芋等
7～10	鹤望兰、山茶、嘉兰、卡特兰、美国石竹、袖珍椰子等
13～15	火鹤花、姜花、万代兰、一品红、花叶万年青、鹿角蕨等

(三)光照

切花采收后通常在低光照或黑暗的条件下进行贮藏和运输。用含糖的保鲜剂处理的切花，在采后贮运过程中，光照不足不会明显影响切花的寿命。只有处于花蕾阶段的切花开放时，才需要较高的光照强度，在长距离运输或较长贮藏期间，光照缺乏会加速切花叶片发黄，如六出花、菊花、大丽花、唐菖蒲等。

(四)碳水化合物

与水果、蔬菜等园艺产品不同，大多数切花是在成熟之前的花蕾期采收，如月季、唐菖蒲等；少数切花，如香石竹在花朵几乎完全开放时才采收，但有时为长距离运输或延长贮藏期，也可在花蕾期采收。充分展开的切花月季花朵干物质是花蕾干物质量的两倍多，花茎不可能提供这些碳水化合物以增加花朵干重，因此，需外加碳水化合物(主要是糖)补充。影响切花采后品质最重要的因子是植株供给花茎的碳水化合物，尤其是糖的数量。例如，在光照较强、气温较冷凉的季节采收的切花香石竹对外来糖源反应不大，这主要是因为在这种环境条件下，香石竹的光合效率最高，花茎在采收时含有大量的碳水化合物，利于切花的保鲜。

切花花茎内碳水化合物含量与贮藏条件也有关系，贮藏温度过高，易引起切花呼吸作用增强，消耗体内大量的贮藏营养，降低切花的观赏品质和瓶插寿命。

(五)乙烯

切花采后寿命除与品质、温、湿、光等因子外，还受气体环境的影响，其中乙烯起着重要的作用。通常大气中乙烯的自然来源于植物、微生物、火山喷发和工业废气等。乙烯含量在0.003～0.005 mg/kg之间波动，秋、冬季节因为温度低，光化学降解速率较低，乙烯含量最高。各种切花对乙烯的敏感性也有差异，受乙烯毒害的症状也不相同。一般而言，对乙烯敏感的切花，受害严重，表现花蕾不开放，花瓣枯萎，甚至落花落果，加快衰老过程；对乙烯反应不大敏感的切花，受害程度较轻，花朵衰败稍有显现。对乙烯非常敏感的切花有：六出花、香石竹、小苍兰、球根鸢尾、百合、水仙、兰花、矮牵牛、金鱼草等。不太敏感的切花可以抵抗10～100 mg/kg的乙烯含量，如火鹤、天门冬、非洲菊、郁金香等。

乙烯对切花的毒害程度取决于周围大气中乙烯的浓度，暴露时间的长短、温度、切花发育阶段、质量和季节等。可以采取措施降低环境中乙烯的浓度，包括防止乙烯污染，消除已产生的乙烯和抑制切花产生乙烯等。

(六)机械损伤

切花损失后，造成开放性伤口，呼吸强度增加，刺激乙烯的产生；同时，表皮伤口也给病害微生物的侵染开辟了方便之门。受病害侵染的切花组织易于失水，产生更多的乙烯，加快衰老和腐败过程，切花受到机械伤害，还降低其抗病性。花瓣组织还易受真菌病害侵染(如灰霉病)，在高湿环境下，真菌孢子萌发、生长很快，甚至在低温下也会蔓延。

四、盆栽植物的栽培与驯化

盆栽植物大多作为室内摆设观赏之用，随着人们生活水平的提高，对盆栽观赏植物的需求量日益增长。盆栽植物作为完整植株进入市场，生理状态未有大的改变，因此上市前的处理技术较之切花要简单一些。但大部分盆栽植物需要长途运输，最终成为商品而进入室内观赏，在上市之前要进行驯化，如减少光照、灌水、施肥、降低温度，使之适应运输期间及上市后环境状况，减少上市后环境变化而造成的损失、经过驯化处理的植株更能适应贮运中的低温黑暗环境，到达目的地后植株损失也较小。

盆栽植物生产通常在适应正常的光、温、湿及营养条件下进行。在上市处理过程中，光强、温、湿度均发生变化常引起观赏价值降低，表现为叶片黄化脱落，新梢过度生长，花蕾和花朵脱落，花蕾开放受到抑制等。为防止损害的发生，满足消费者的需求，应当在上市前对植株进行驯化处理。

(一)光照管理

不同的植物对光照强度的要求不同，起源于光照充足环境的植物在光补偿点，光合作用饱和点所需光照强度和呼吸强度都不同起源于阴暗环境的植物。植物正常光合作用所要求的光照强度通常比旷野或温室中的光照强度低得多。因此，盆栽植物部分遮阴有利于生长发育，但低于光补偿点的光照强度对植物生长不利，易导致植株生理，形态上的不良变化，植株体内叶绿素和贮藏碳水化合物含量降低，叶片变薄，易造成叶片黄化脱落，若低光照时间过长，可能引起植株死亡。

植物的光补偿点并非固定不变，会随着光照强度、温度、湿度和营养状况的改变而改变。如垂叶榕栽培在47%的遮阴条件下，光补偿点会降低，只有相当于全光照培养植株的40%。

具有低光补偿点的植株在低光照环境下生长较好，更易适应贮藏、运输环境改变以及低光照的居室和办公等环境。

盆栽植物驯化可在栽培后期或整个栽培期进行适当的遮阴处理。一些盆栽植物，如南洋杉、袖珍椰子、散尾葵、龙血树、榕树、虎尾兰等，全光照可加速生长发育，提高植株品质，遮阴驯化最好在生长后期进行。小植株短期遮阴即可驯化，而大型植株需要较长的遮阴期，因为在低光照条件下形成的叶片需要的时间较长，以替代高光照条件下形成的叶片，达到驯化的效果。

（二）温湿度管理

温度对盆栽植物的驯化没有直接的影响，生长季节温度过高会降低盆栽植物的观赏品质，在遮光驯化时，应避免高温对植株的负面影响，在栽培后期降低温度，对许多盆栽植物色泽和品质有促进作用。

湿度对盆栽植物的驯化影响不明显，过高的湿度利于一些病原菌的侵入，因此，在栽培时应将湿度控制在各种植物所要求的最适宜的范围内。

（三）盆栽基质与容器

盆栽基质的理化性质要适应植物生长发育的需要。通常情况下，其质应具有较高的保水保肥能力和适当的孔隙度。适当大小的容器也很重要，如果盆栽容器过小，根系在盆内缠绕生长并充满盆内空间，植株易因土壤干旱而脱水，造成损失。因此，盆栽植物在上市前最好换大一些的栽培容器。

（四）水分与施肥

盆栽植物有规律的水分供给有利于保持良好的生长状态和提高观赏品质。暂时缺水虽不至于影响上市前的驯化，但过度缺水将引起盆栽基质含盐量上升，伤害植株并降低其观赏品质，经常灌水可防止土壤基质盐渍化，水分过多易引起烂根，有利于病害侵染，在遮光驯化过程中，要适当控制盆栽植物的灌水量。

盆栽植物施肥以促进植株快速健壮生长，又不使盆栽基质盐分积累过多为原则。不同盆栽植物施肥量不同。生长在高光照强度下的植物可施用大剂量的矿质肥料，而对遮阴栽培的植物，施肥量宜小。营养水平高的盆栽植物，移入室内环境，能较长时间保持高的观赏品质。但过量施氮肥会降低盆栽植物的品质，将施过多氮肥的盆栽植物从室外移入室内环境常表现为叶片脱落、叶片叶绿素含量降低、节间缩短等。

施肥过多引起盆栽植物品质下降的原因是基质中盐分含量过高，这对于那些从室外移至室内低光照条件下的盆栽植物尤为重要。基质中盐分含量高，会抑制植物生长，引起根系受害，叶尖变干。为防止高盐浓度的伤害，宜选用缓释肥料或易溶于水的肥料。如果基质含盐量过多，应当用清水淋洗。

（五）病虫害控制

真菌、细菌和害虫的侵染会严重损失甚至毁掉盆栽植物。受病虫害感染的植株会产生较多的乙烯，加速盆栽植物的衰老，降低植株观赏品质和货架寿命。在采后销售、居室或办公等场所中不便喷洒药剂，对环境造成污染，且对人们的健康有害，因此应保证出售的盆栽植物无病虫害，尤其要防止腐霉菌属、丝核菌属、镰孢霉属、轮枝孢菌属和核盘菌属等真菌的侵染，感染后会严重影响植株的生长，甚至引起整个植株萎蔫，乃至死亡。在上市环节，盆栽植物，尤其是观花植物，易被灰霉病感染，这种病害甚至在较低温度下也会很快发病，常引起严重的损失。

对灰霉病敏感的盆栽植物如安祖花、杜鹃、秋海棠、菊花、瓜叶菊、仙客来、一品红、观赏凤梨、喜林芋、岩角藤属和非洲紫罗兰等应当在上市前喷洒烯菌铜、异丙啶等杀菌剂予以保护。变叶木、花叶万年青、龙血树、榕属、常春藤、肾蕨和丝兰等盆栽植物抗病性较强。

(六)乙烯

盆栽植物对乙烯的反应虽不如切花敏感,但对许多盆栽植物,尤其的盆栽观花植物产生有害影响,引起观花植物花蕾枯萎,花蕾、花瓣、花朵、花序和果实脱落;引起观叶植物叶片向上偏转,停止生长,使叶片发黄、脱落。

盆栽植物受乙烯危害的程度取决于乙烯的浓度和植株暴露于乙烯气体环境中的时间长短,还受温、湿度、光照、盆栽基质和植物对乙烯的敏感程度等外部环境因素的影响。当植株处于高温、低光照、严重干旱或水湿环境,则受伤害程度更重。各种盆栽植物对乙烯反应的敏感性不同(表 5-4)。盆栽观花植物比观叶植物对乙烯更敏感。盆栽植物对乙烯的反应还取决于植株年龄和发育阶段,如秋海棠,小花蕾阶段对乙烯不大敏感,当植株具有 10～15 已开放的花朵待上市时对乙烯敏感,大量花蕾花朵因乙烯而受害脱落。同一植株的叶片和花对乙烯的敏感性也有很大差异,如朱槿植株在 22℃,浓度 0.05～0.07 mg/kg 乙烯环境中 3 d,引起花蕾和花朵脱落,而乙烯浓度增加到 10 倍(即 0.5～0.7 mg/kg)时叶片才脱落,这说明朱槿植物花和叶片对乙烯的敏感性差异很大。

表 5-4 一些盆栽植物对乙烯的敏感性

敏感程度	观叶植物	观花植物
高度敏感	线叶木、大戟杂种、假仙人掌、鹅掌柴等	耐寒苣苔、麒麟吐珠、波瓦茄(品种‘Major’)、龙吐珠、倒挂金钟、朱槿、大岩桐属、好望角苣苔、漫长春花等
中度敏感	非洲天门冬、花叶万年青(品种‘Mariarme’)、红边龙血树、山德氏龙血树、垂叶榕、阿尔及利亚常春藤(品种‘Variegata’)	秋海棠、四季海棠、蒲色花杂种、厚穗爵床等
敏感	八角金盘、正三角榕、辟荔、喜林芋、金色岩角藤等	风铃草、高凉菜等
不敏感	雀巢蕨、美洲山竹、朱蕉、变叶木(品种‘Excellent’)	菊、仙客来、阿拉伯紫罗兰、马蹄纹天竺葵、无茎报春、杜鹃花、非洲紫罗兰、瓜叶菊、大岩桐

引自高俊平等,2002。

在盆栽植物栽培期间,尤其是观叶植物很少发生乙烯伤害而造成的畸形现象,乙烯伤害大多发生在贮运期间因高温和黑暗而造成的。为防止植株在贮运过程中受到乙烯伤害,在上市前 2～3 周喷布硫代硫酸银(STS)1 次,可抑制盆栽植物乙烯的产生,减少花蕾和花朵脱落,控制叶片黄化脱落,但要严格控制 STS 使用浓度,以防止浓度过高而造成伤害。

五、设施花卉采后技术

(一)采收

1. 切花采收适期的确定

切花适期采收十分重要,采收早了,花朵不能正常开放,或易于枯萎,如月季和非洲菊采收过早，易发生“弯颈”现象(花茎维管束组织木质化程度低)；又如满天星，采收早，成熟度不够，重量轻，产量低，效益差。采收晚，切花寿命降低，增加流通损耗。因此，切花在适当的成熟度采收非常重要。

切花适宜的采收阶段除成熟度外，还与切花种类、品种、季节、环境条件、距离市场远近和消费者的特殊要求有关。不同种间以及同一种不同品种之间也存在着明显的差异。如翠菊、鹤望兰、菊花、香石竹、月季、唐菖蒲、金鱼草、鸢尾等一般蕾期采收，而兰花、大丽花等需在花朵开放后采收。石竹、月季和菊花等夏季采收的发育阶段早一些，而冬季采收则宜晚一些。用于本地市场销售的切花采收阶段比长距离运输的晚一些，等等。因此，确定采收适期，要综合考虑，以保证到达消费者手中时，产品处于最佳状态，且有足够的货架期。

通常而言，花朵发育后期采收的切花瓶插寿命较短，因此在保证花蕾正常开放，不影响品质的前提下，尽量在蕾期采收。蕾期采收可缩短切花生产周期，提早上市，提高栽培设施利用率；可降低病虫危害，在秋冬季节光强和日照时数不足的条件下提高切花质量；而且蕾期花朵紧凑，节省空间，便于贮藏和运输；降低机械损伤和对乙烯的敏感性，从而降低生产成本和延长切花采后寿命。

2. 切花采收时间

切花种类很多，不同种类，同一种类不同品种的切花采后特性也各不相同，采收时间需要考虑不同的因素。

上午采收，切花含水量高，有利于减少切后采后萎蔫，但露水较多，切花较潮湿，易受真菌感染。对于大部分切花，尤其月季等采后失水快的种类，宜上午采收。采收后，应立即放入清水或保鲜液中，尽快预冷，以防水分损失。上午采收要尽可能避免在高温和强光下进行。

下午采收如遇高温干燥，切花易于失水。一般傍晚采收(夏季晚 8 时左右)比较理想，因为经过一天的光合作用，花茎中积累了较多的碳水化合物，质量较高，但此时采收往往影响当日销售，如果切花采后直接放入含糖的保鲜液中，那么采收时间就显得不那么重要了。

3. 切花采收方法

采收工具一般要用锋利的刀剪，采用切割的方法。如果切花采收后立即放入清水或保鲜液中，采收方法对切花品质影响较小。对吸水只能通过切口的木质茎类切花，采收时应形成斜面，以增加花茎吸水面积。切口应当平滑，以防压破茎部，引起汁液渗出感染病原菌，病原菌及其代谢物阻塞切口而又影响切花吸水。

花茎长度是切花质量等级指标之一。所以，切花采收应尽可能使花茎长一些，但花茎基部木质化程度高，吸水能力差，因此，采收的部位应选择靠近基部而花茎木质化程度适当的地方。

要注意一品红等切花种类，切口处易流出乳汁凝固阻塞切口而影响吸水。这类切花可在采切后立即把茎端浸入 85～90℃水中烫数秒钟加以消除。

4. 盆栽植物采收标准(上市标准)确定

一般来说，盆栽植物的生长发育比切花缓慢，采收期确定比较灵活，应根据生长发育阶段、市场需求以及经济效益来具体掌握。盆栽植物采收标准实际上是最佳的上市标准(表 5-5)。所有上市植株根系发育应完好，根系发育差的植株，运输期间对不良的环境条件抵抗力差，影响植物品质。

表 5-5 常见盆栽植物的上市标准

上市标准	种类
植株开始开花	光萼凤梨属、风铃草属、卡特兰属
植株在盆中良好形成，土球外可见到白根	广东万年青属、袖珍椰子属、散尾葵属
植株在盆中良好形成	龙舌兰属、芦荟属、吊兰属、柑橘属、天门冬属、一叶兰、变叶木、苏铁、花叶万年青属、龙血树属、绿萝、垂叶榕、竹芋属、仙人掌属、喜林芋属、柑橘属
植株具有两三个已发育花朵	火鹤
植株 1/4～1/3 的花朵开放	杜鹃花
植株 1/2～3/4 的花朵开放	叶子花属
植株 1/3～1/2 的花蕾开放	蒲包花属
用于直接销售的植株开始开花时上市，用于远距离运输的植株在 3/4 的花朵充分发育时上市	菊花
1/4～1/3 的花朵开放。如能见到花粉出现，植株已过老，这样的盆花不宜上市	瓜叶菊属
植株花蕾形成	君子兰
花蕾显色	风信子、百合属、郁金香
植株开始开花	倒挂金钟、果子蔓属、凤仙花属、天竺葵属、报春花属、月季、鹤望兰、马蹄莲

引自高俊平等，2002。

(二)分级

分级是指将设施花卉按照质量标准归入不同等级的操作过程，分级的前提是要有分级的标准，即质量等级标准。目前不是所有的设施花卉产品都有质量标准，且现有的国际标准与国内标准也不尽相同，但随着花卉业的发展，质量标准将逐步完善和统一。分级可以保证切花品质，使产品更加符合市场需求，成为可靠的高质量产品，并获得较高的经济效益。

1. 切花分级

一般从整体效果和病虫害及缺损情况进行等级划分。首先进行挑拣，清除切花采收过程中的赃物和废弃物，丢掉损伤、腐烂、病虫感染和畸形的产品。根据分级标准和消费者的要求，严格进行分级。每一容器内只放置一种质量标准的产品，成熟度一致，容器外切花种类、品种、等级、大小、重量和数量等情况。要严格遵守国内、外农药使用安全标准。分级后，尽快去除产品田间热，减少呼吸作用和内部养分消耗，保证切花品质。

2. 盆栽植物分级

一般从整体效果、花部状况、茎叶状况、病虫害和破损状况以及栽培基质进行等级划分。

在实践中，盆栽植物分级是基于容器大小，要求植株大小与栽培容器尺寸成比例；根据地上部直径与花蕾数量，或植株高度与花朵数量来分级；此外，还要看一般外貌，如叶片和花朵的色泽，受损伤情况，花朵衰老状况等。

(三)切花预冷

切花预冷是指通过人工措施将切花的温度迅速降到所需温度的过程,也称为除去田间热的过程。切花预冷可降低呼吸活性,延缓开放和衰老进程;减少水分损失,保持鲜度;抑制微生物生长,减少病害;降低对切花的危害。

1.冷库空气预冷

又称室内预冷,是将切花放在冷库中,依靠自然对流热传导进行的预冷方式。该方式简单易行,特别适合小规模的生产者和集货商,但预冷速度慢,并且预冷过程一直暴露于空气中,水分损失较大,有时,可在冷库中安装风扇促进气体循环,提高预冷速度。

2.强制通风预冷

在冷库空气预冷的基础上发展起来的一项预冷技术,在包装箱垛的两个侧面形成空气压差而进行的冷却,其方法是在切花包装箱垛的一侧与抽风机直接连接,当抽风机工作时,箱垛内形成一定的负压,促使库内冷空气按照预定的方向通过被预冷物,通过对流热传导使产品达到预冷的目的,可以通过调节抽气机抽气量和包装箱体开孔大小来调节产品的预冷速度。

3.压差通风预冷

压差通风预冷是在强制通风预冷方式上做了较大的改进,即在包装容器上方增加压差板,阻断冷空气流向,使被预冷物包装容器内孔隙部分的气流阻力降到最低,与此同时,抽气机抽气量的设定与被预冷物容器内空隙部分的气流阻力相匹配。该方式与强制通风预冷相比,明显加大了通过被预冷物的有效风量,提高了预冷速度。

压差通风预冷是目前国内外切花最好的预冷方式,克服了强制通风预冷时花材容易蒸腾过度的不足,极大提高了预冷速率。

4.真空预冷

真空预冷是在接近真空的减压状态下,使花材表面的水分在低压下蒸发,并通过水分蒸发吸热而降低温度,达到预冷目的,进行真空预冷的机械称为真空预冷机,分为移动式和固定式,由真空罐、冷凝器、操纵箱等组成。

真空预冷降温速度快,预冷均匀,预冷程度可控,可以同时处理大批量的花材。但是设备费用高、能源消耗多,预冷过程中花材易失水萎蔫等。

(四)包装

包装在切花采后流通过程中具有很多作用,包装方便搬运、码放等操作,避免对产品造成机械损伤,减少贮运和营销过程中是质量损失。此外,包装还有良好的保鲜作用,设计精巧、富有艺术感染力的外包装会极大地刺激消费者的购买欲望,使产品增值。

1.包装材料

包装材料的选择要根据产品种类和特征、包装方法、预冷方法、包装成本、运输方式以及购买者的要求综合考虑,常用的材料有纤维板箱、木箱、板条箱、纸箱、塑料袋、塑料盘、泡沫箱等。为防止产品振动和冲击而损伤,可用塑料泡沫等作为填充材料(表 5-6)。

表 5-6 填充材料的种类、特性及用途一览表

种类	特性、用途
泡沫塑料	物理性状稳定，缓冲性和复原性好
聚氯乙烯	重量轻，有韧性，用于装饰性好、特别易损坏的鲜切花和盆花
充气塑料薄膜	重量轻，防湿性好，不易污染
纸浆模式容器	吸湿性、透气性好，用于调节气体贮藏
瓦楞箱	贴合而成，起支持、固定作用
天然材料	如刨花、麦秸、稻壳、锯末等，通气性、吸湿性、缓冲性好，价格低，无污染，但机械化搬运不易，易产生污染、尘埃，装饰性差

2. 切花包装

大多数品种的切花包装第一步是捆扎成束，捆扎数量和重量依切花种类、品种及消费习惯的不同而有所差异。我国大部分切花一扎 20 枝，如香石竹、月季等；也有 10 枝一扎，如百合、石斛兰等。国外进口的切花有 8 枝、12 枝或 25 枝一扎。也有单独包装，如火鹤、荷花等。一些珍贵的切花在捆扎前对花冠或花序用塑料网（套）或防水纸包裹，以防花冠散乱和可能的机械损伤。

切花捆扎成束后，通常以耐湿纸或塑料袋包裹后装箱。包装箱一般为瓦楞纸箱，箱中衬以聚乙烯薄膜或抗湿纸以保持箱内温度。也有用聚乙烯泡沫塑料箱包装，如月季，以防外界过冷或过热对切花的危害。装箱在预冷前、后均可进行。如果用强风预冷，则可以在装箱后进行。装箱操作应在冷库或低温中进行。

切花装箱时，花朵应靠近两头，分层交替放置于包装箱内，层间放纸衬垫，每箱应装满，以免贮运过程中花枝移动产生冲击和摩擦，但也不宜过紧而造成花枝彼此挤压。有些切花贮运时间较长，若水平放置，常发生在花茎向上弯曲的现象，如唐菖蒲、晚香玉、飞燕草、羽扇豆、火炬花、银莲花、水仙花、金盏菊、花毛茛等，包装时应垂直放置于专门设计的包装箱中。

需要湿藏的切花如月季、非洲菊、百合等，可以在箱底固定盛有保鲜液的容器，将切花垂直插入。湿包装只限于公路或铁路运输，空运禁止使用，另有一些如石斛兰等娇嫩的切花，需在花枝基部缚以浸湿的脱脂棉再用蜡纸或塑料薄膜包裹捆牢，或在花枝基部套上装有保鲜液微型塑料管，使得切花在贮运过程中免受缺水的损害。对乙烯敏感的切花，需在包装箱内放入含有高锰酸钾的涤气瓶，或其他浸有高锰酸钾的材料，以吸收箱内乙烯，但需要切花不可与高锰酸钾直接接触。

3. 盆栽植物包装

盆栽植物根据种类、种植方式、大小、运输方式等不同而有不同的包装。一种是将盆栽植物经纸袋、塑料薄膜或玻璃纤维袋包装后再装进标准的包装箱，或者将套好袋的盆栽植物套坐于塑料泡沫模子中，保证植株更为稳定，减少贮运过程中振动或摩擦，然后装入打蜡的瓦楞纸箱；另一种是将盆栽植物套上防水纸或塑料薄膜包装袋后，直接装入运输工具上，运输工具内安装多层货运架，货运架依据不同的盆栽植物设计不同的高度和宽度。此包装与运输工具结合的方法，大大降低包装时间和成本，提高装卸效率，但对乙烯敏感的盆栽植物（主要是观花类），不宜采用。无论何种方式包装运输，每一株盆栽植物都应挂有标签，对植物学名、普通名

称、建议栽培管理措施及环境条件等予以说明，并附有照片，便于消费者识别和养护管理。

(五)切花保鲜液处理技术

1. 预处理液

预处理液含有糖、杀菌剂、活化剂和有机酸，通常用去离子水配制。由于切花采收后处理过程会有不同程度的失水，预处理液可以使失水的切花恢复细胞膨压，为切花补充外来糖源，防止有害微生物的侵染，以延长采后寿命。预处理液糖浓度一般较高，其最适宜的浓度因种类不同而不同，如唐菖蒲、非洲菊等用20%，而香石竹、鹤望兰等用10%，月季、菊花等用2%～3%即可。

预处理液常用于贮藏或运输前，一般由栽培者或中间批发商完成，是一项非常重要的采后处理措施，其作用可持续到鲜切花的整个货架寿命。处理时间数小时至十几个小时不等。

2. 催化处理液

催花处理液含有蔗糖(1.5%～2.0%)、杀菌剂(200 mg/L)、有机酸(75～100 mg/L)，通常也用去离子水配制，催花处理液所用糖浓度比预处理液低。处理时将切花置于催花处理液中处理时间要比预处理时间长，在室温或比室温稍低的温度下进行。花蕾的开放需有足够的水分供应，所以，在花蕾开放期间，需要保持较高的湿度防止叶片和花瓣脱水。同时催花液处理的场地还应配有人工光源、通风系统，以此补充光照和防止乙烯积累而造成的危害。花蕾开放后，应转至温度较低的环境中。

催花处理一般在出售前进行，由生产者或采购商完成。

3. 瓶插处理液

通常所说的保鲜度是指瓶插处理液，由花店和消费者使用，保持切花直至售出或瓶插寿命结束，瓶插液种类很多，不同切花种类有不同的配方(表5-7)，通常含有糖(0.5%～2%)浓度较低，还含有有机酸和杀菌剂，一般用蒸馏水配制。为防止切花茎端和浸在水中的叶片分泌有害物质，影响切花寿命，应每隔一段时间更换新鲜的保鲜液。

表 5-7 部分切花瓶插保鲜液配方

切花种类	保鲜液配方
香石竹	5%蔗糖+200 mg/L 8-羟基喹啉柠檬酸盐(8-HQC)+20～50 mg/L 6-苄基嘌呤(BA)
	5%蔗糖+200 mg/L 8-HQC+50 mg/L 醋酸银
	3%蔗糖+300 mg/L 8-HQC+500 mg/L B9+20 mg/L BA+10 mg/L 青鲜素
	5%蔗糖+500 mg/L 杀藻铵+45 mg/L 柠檬酸(CA)+20 mg/L BA+10 mg/L 青鲜素
	4%蔗糖+30.1%明矾+0.02%尿素+0.02%氯化钾+0.02%氯化钠
月季	4%蔗糖+50 mg/L 8-HQC+100 mg/L 异抗坏血酸
	5%蔗糖+200 mg/L 8-HQC+50 mg/L 醋酸银
	2%～6%蔗糖+1.5 mmol/L $Co(NO_3)_2$
	30 g/L 蔗糖+130 mg/L 8-HQC+200 mg/L CA+25 mg/L 硝酸银
菊花	1 000 mg/L 硝酸银 10 min

引自高俊平等，2002。

(六)盆栽植物上市前的处理技术

盆栽植物在上市过程中很难进行病虫害防治，因此上市前的盆栽植物应该是健康的，对灰霉病敏感的植物应喷洒杀菌剂加以保护。

为改善盆栽植物，尤其是观叶植物外观，在上市前可喷施叶面光亮剂，但光亮剂促进叶片光线反射增加光补偿点，因此，使用光亮剂处理的盆栽植物需要更多的光照。为抑制盆栽植物乙烯产生，减少花蕾和花朵脱落以及叶片黄化，可在上市前2～3周喷布硫代硫酸银(STS)1次，但要严格控制STS使用浓度，以防止浓度过高而产生黑色斑点或坏死侵蚀斑，造成叶和花的伤害。注意只有对健康植株喷施STS才会达到最佳效果。

【工作过程】

某设施花卉生产企业计划采收切花月季，工作过程如下。

一、品种特性

不同的月季品种其采收标准不同，不同色系品种的采切标准不同。

(1)红色和粉红色品种：头两片花瓣开始展开，萼片处于反转位置。

(2)黄色品种：稍早于红色和粉红色品种。

(3)白色品种：稍晚于红色和粉红色品种。

月季鲜切花采收后水分丧失较快，常引起“弯茎”现象。不同的月季品种对乙烯的敏感程度也不同，有的对乙烯轻微敏感。少数品种对乙烯非常敏感，受害后鲜切花提前衰老，花瓣很快枯萎下垂，瓶插寿命缩短，可用硫代硫酸银(STS)处理的同时给鲜切花提供一定的外源碳源，以降低鲜切花对乙烯的敏感性，延迟内源乙烯的产生。

二、采收

(1)确定采收标准　切花月季采收成熟度与采后质量密切相关，对采切的时间要求比较严格。采切过早会形成“弯茎”，采切过晚又会缩短切花的瓶插寿命，所以适时采收可有效延长采后开放期，减少运输占有空间，降低损耗。最适宜的采收阶段因品种，季节等的特殊要求而异。

采收标准：萼片向外反折到水平位置上，第一、二片花瓣开始向外松展。采收标准要根据花的品种，花瓣数的多少及市场的需求和气温的高低来确定，一般以微见花芯、花色逐渐变为本色时开始采收。花瓣数多的品种及气温低的季节采收时均要求采熟些的。按采切度来分，就是始终保持2.5～3度(表5-8)。

表5-8　切花月季开花指数与上市要求

开花指数/度	特征	上市要求
1	萼略有松散	适合于远距离运输和贮藏
2	花瓣伸出萼片	可以兼作远距离和近距离运输
3	外层花瓣开始松散	适合于近距离出售
4	内层花瓣开始松散	就近尽快出售

(2)采收时间　采收时间要尽量避开高温和强烈光照，一般以上午和傍晚为宜，最好棚内温度不超过25℃。采收时间每天按要求严格采收鲜切花。采收前须将插花桶清洗干净后才可放入保鲜液中，采收时要掌握各个品种的成熟度，尽量不要漏采。从采收到插入水桶中这个

过程要求及时，切花采后 5 min 之内必须插入保鲜液中，30 min 内必须进冷库预冷。禁止从田间采后至包装车间进行插水处理，以免导致切花脱水时间太长。

（3）采收方法 采收时必须按照采收技术要求进行剪切，每次剪切 25 枝后立即入桶。采收行走过程中要将所采的切花竖抱，不能横抱，以免所采的花与田间未采的花相互间碰撞而造成损伤。

采收时用锋利的剪刀，避免压破茎部，否则会引起微生物感染而阻塞导管。剪切面为斜面，以增加花径的吸收水面积。剪时离芽 0.5～1 cm 处下剪，下剪时要求“准、快”，采收时要做一次分级，把枝条长的与短的分开插入桶中，插在同一只桶内的花，要求花头整齐一致，避免花头及叶片损伤。装桶数量：大花型品种，要求控制每桶在 50 枝左右；中花型品种，要求控制在每桶 60 枝；小花型品种，要求控制每桶在 70 枝。装桶时要检查是否每一枝花都已浸入保鲜液中，每桶花的花头不能相互碰撞，避免造成花头损伤；进入冷库后每一桶花的花头间、与冷库墙壁间应有一段距离；每一桶花的花头都应统一朝一个方向。

在田间采收时，应配备具有遮阴棚的小推车，防止鲜切花在阳光下长时间曝晒，采收后应尽快放入包装间

三、预冷

采用冷库预冷，直接把鲜切花放入冷库中，不进行包装，使花材温度降至 1℃，完成预冷后鲜切花应在阴凉的包装间进行分级包装，以防止鲜切花温度回升。

四、分级

首先清除采收过程中所带的杂物，丢掉损伤腐烂，病虫感染和畸形花。然后根据国家标准月季鲜切花分级标准或购买者使用的分级标准进行分级，每一个容器内只放置一种规格的产品，并在容器外清楚地表明品种、等级、数量等情况。

分级后的鲜切花要根据相关标准或购买者的要求按一定的数量捆成束，一般以 10～20 枝为一束。捆扎花径基部，不能捆扎在花径上部，以免折断花头。

五、保鲜液处理

采收后的月季切花一定要用预处液进行处理，大部分月季对糖敏感，保鲜液处理时只能加少量糖（2%）或不加糖，建议使用的预处液如下：

（1）用含有 10～30 g/L 糖、100～200 mg/L 8-基喹啉柠檬酸盐和 100～200 mg/L 硫酸铝的处理液处理 3～4 h。

（2）每升水中加 0.1 mL 的高浓度硫酸银配成保鲜处理液处理 5～10 min，再用 10～30 mg/L 糖溶液的 20℃下处理 3～4 h，然后转至 4℃的冷室中再处理 12～16 h。

（3）可用市场上销售的专用预处理液或者企业自行配置的预处理液，但使用前要进行瓶插实验，根据具体情况进行选择。

（4）对乙烯敏感的品种必须进行 STS 处理。

六、包装

切花月季通常用 100 cm×50 cm×30.5 cm 的纸箱进行包装，可装 500 枝大花型月季或

1 000 枝中花型月季。包装箱内层皱状内衬为斯蒂隆泡沫、玻璃纤维或聚氨酯，起绝缘隔热作用。每 5 捆首尾交错放在纸箱内，每层均用薄木夹板和薄冰片保冷，包装工作应在冷凉环境下进行。

【巩固训练】

通过参观、访问等方式，了解当地设施花卉生产企业切花采收、分级、包装、保鲜等技术流程，并根据所学知识进行分析评价。

在老师的指导下，了解当地设施花卉生产企业在设施花卉保鲜中存在哪些问题，写出调研报告，并针对存在的问题，提出切实可行的解决方案。

【知识拓展】

花店设施花卉处理技术

一、切花

(一)理货

当花店收到切花后，及时打开包装，防治挤压类对切花造成的机械损伤。检查货品的名称、数量和质量。如果切花在最适温度下运输，打开包装后只需把切花插入水中或保鲜液中。如果切花在一个较低温度下运输，那么应当首先检查切花有无低温伤害。未受冷害的切花放置于 5～10℃冷室中 12～24 h，然后再转至较高温度下打开包装。

(二)重新分级

分级时将受伤的和染病的花材剔除，按花材开放程度归类。贮放是花材之间要相互隔离，以免茎秆破裂和擦伤，减少水分损失。

切花根据等级分别放置在瓶中或容器内。不同种及品种和不同来源的切花封开放置，所有的花茎均应放置于水中。每天换水，花茎应每天再剪截 2～3 cm，剪口呈斜面，促进花茎吸水。所有的花瓶和容器在放置新鲜切花之前，均应消毒和洗净。花店最好装备有冷室，把切花贮存在低温下。

(三)花卉保鲜液处理

对花店来说，最好是购买已被栽培者或者批发商用保鲜剂处理过的切花。如果切花曾用硫酸银(STS)处理过，就不用再剪截花茎。保鲜剂处理过的切花，花店放置于仅含糖和杀菌剂的保鲜液中即可。

花店最好使用商业性花卉保鲜液，并按照说明书去处理切花。对某一种切花的使用浓度不应予以改动。为某一特定切花设计的保鲜剂不应用于其他切花。不同的切花需要不同的糖浓度和其他化学成分，对某一切花适宜的浓度对另一种切花也许有害。在使用保鲜液保存切花时，无需每天更换瓶液，只有当溶液浑浊时，才需要更换。

(四)环境因素的控制

(1)温度　除了起源于热带的切花，大多数切花应贮藏于花店的冷室中，温度以 4～5℃为宜。花店橱窗展示的切花应防止日光直射,使用遮光和冷却装置。

(2)湿度 空气湿度低和室内温度高加速切花水分散失,易引起枯萎,空气流动快也加速枯萎,空气湿度高对切花有利,在室内贮存切花几天以上,空气相对湿度保持在90%左右。

(3)光照 暴露于直射光下对切花有害,因直射光增高植物体温,加快衰老,相反,散射光减缓叶片黄化和脱落,延长切花瓶插寿命,花店最好用日光灯和白炽灯混合照明。

(4)乙烯 保持花店内空气流通,减少乙烯蓄积。位于交通繁忙地段的花店,空气中乙烯浓度很高,在这种情况下,应从花店屋顶上方吸入乙烯浓度低得多的新鲜空气注入贮藏室,不用从街道水平方向换气。对乙烯特别敏感的切花应用STS脉冲处理。

二、盆栽植物花店管理

盆栽植物因为采后继续生长的特性和观赏期的长时性,花店管理在温、光、水、气等方面有其特殊的要求。

(一)温度

大部分盆栽植物起源于热带和亚热带地区,在花店中,这些植物应保存在16~21℃温度条件下,低于16℃时,大部分观叶植物将停止生长。低于8℃,对低温敏感的盆栽植物受到伤害。菊花、仙客来、蒲包花、瓜叶菊、月季和球根类植物等盆栽观花植物适宜5~12℃的温度,如果温度较高,花蕾发育较快,易于老化和失去观赏价值。

(二)湿度

大部分盆栽植物可存放在空气相对湿度50%~60%的环境中,需要较高湿度的植物可喷雾和喷水,空气湿度的增加与存放在一定面积上的植株数量成正比,当把植物存放于高于最适宜温度的不利影响。室内空气相对湿度低于30%时,应安装加湿器。

(三)光照

盆栽植物对光照的需求因种类而异。当盆栽植物经过较长时间黑暗环境运输后,需要较高的光照强度(6 000~12 000 lx)来刺激植株从运输的不利影响中恢复。花店照明应满足特定种类最低光照要求,光照不足会降低盆栽植物的质量,对盆栽观花植物的影响更为显著,加快衰老。花店的光照强度一般保持在2 000~3 000 lx,每天光照时数12~14 h。盆栽观花植物的光照需求与切花一致。

花店应让消费者知道各种植物的光照需求。盆栽植物出售后,在摆放环境中(家或办公室)保持适宜的光照水平对维持植物健康是必要的。

(四)水分

盆栽植物到达花店后,应立即打开检查,看看盆中根系是否过多,基质是否干燥等。经长途运输的盆栽植物应尽快浇水,水温尽量保持与室温一致,水温过低会引起叶片伤害,产生白色斑点。

(五)施肥

花店通常不给盆栽植物施肥。为减少栽培基质中过多的盐分,有时还需要淋洗或把过多的缓释颗粒肥料移出盆去。在温室中给盆栽植物施肥一般足够在消费者家中维持2~3个月,因此花店应提醒消费者在购买后无需立即施肥。

(六)乙烯

大多观叶植物对乙烯反应不敏感,但乙烯会加速观花植物的衰老,促进落蕾,落花,因此,观花植物到店后应立即解开包装,置于通风良好、无乙烯污染的室内。为防止乙烯对观花植物的影响,花店可以喷布 STS。但先前已用 STS 处理过的盆花,则不宜重复喷布。

消费者设施花卉处理技术

一、切花

(一)剪切处理

清洁的水和干净的插花容器对延长切花寿命十分重要,花瓶在用前应彻底清洗干净,然后用热水漂净。在切花插入容器之前,应把切花茎端减去约 2～3 cm,浸入水中花茎上的叶片应清除掉,以免微生物的大量繁殖而阻塞花茎导管,加快其枯萎过程。

在花店里购买的切花也要进行浸水处理,浸水之前应剪去 2～3 cm 的茎端,使切花恢复膨胀压,花茎硬实,花瓣和花朵重现新鲜状态。

(二)花卉保鲜剂使用

如把切花插在花卉保鲜液中,能保持新鲜状态更长时间,可供选择的商业性保鲜剂很多,应根据说明书进行配制,特别注意不要超过说明书上建议的使用浓度,用于某一种或某一些切花的保鲜剂不要用于另一种切花。

保鲜剂应当溶于清洁的水中和干净的容器中,避免采用金属容器。花径端置于瓶插保鲜液的深度勿超过 10 cm,当使用保鲜液时,不必经常更换瓶液,一般 4～5 d 保鲜液呈浑浊时才开始更换。

除了购买已配置好的保鲜剂,消费者可自己配制切花保鲜剂。

(1)用 0.25～0.5 L 常规饮料,对上等量的水,再加入半勺家用漂白剂。

(2)用 1 L 水加入两勺新鲜柠檬汁,一勺白糖,半勺家用漂白剂。

(3)用 0.5 L 溶入半片阿司匹林药片再加入半勺温和型消毒剂。

(三)温度

把花瓶或插花放在室内较冷凉的位置,远离炉子,烘箱,散热器等发热装置,可以延长瓶插寿命。

(四)光照

切花不能忍耐直射阳光,切花应避开窗口过强的光线。散热光和弱光有利于花蕾发育,保持叶片新鲜,延长切花瓶插寿命。

(五)湿度

在空气湿度较高时,切花保持新鲜状态时间会更长,如果室内空气干燥,应对花每天或每隔一天喷雾或喷水。在炎热的天气或温度较高的屋内,应经常对切花喷雾不要把花瓶置于室内风口或空气流动快的地方。

(六)乙烯

室内乙烯的主要来源为煤气炉,汽车废气,水果和吸烟。花瓶不要靠近苹果或其他成熟的水果，因为它们产生大量的乙烯。

二、盆栽植物

消费者购买一个盆栽植物时，应知道其正确的名字，要避免同物异名产生的混乱，知道其准确拉丁学名，就容易从园艺杂志中找到有关信息，以便有的放矢地进行养护管理。

盆栽植物在一个地方生长多年，这些植物需要适宜的环境与适当的照料，在一定程度上调节它们的生长，保持其装饰价值。

(一)温度

植物的温度取决于周围的环境的温度和太阳辐射的强度，植物温度在白天通常比夜间要高，昼夜温差保持约在5～8℃，温度波动大对它们不利，因此，盆栽植物不应放置在打开的窗子和门旁边。

(二)光照

室内光照强度是决定植物生长能力最重要的因子，当光照强度低时，植物生长过快，柔弱和畸形，并发生落叶，在自然界，仅有一部分植物暴露在充足阳光下，其他植物生长在背阴处和散射光环境下。如果室内光照强度不足，植物需要额外照明，最好采用冷白光或热白光日光灯管照明。对于大厅里的室内植物，建议用高强度发射灯管照明。

(三)浇水

浇水数量应调节到特定植物的需要，考虑它的生长阶段，环境条件和季节，一般而言，大片叶植物比小片叶植物需要更多的水分；过多浇水对具有厚叶片和粗茎的植物有害，这些植物通常对较长时间干旱有抗性。大多数植物要求中等程度湿度，植物在迅速生长和发育期间需要多得多的水分，相对有些植物在休眠期间完全不要供水而言，幼龄植物需要更多的水分。

在夏季高温和低湿度的条件下，大多数植物需要更多的水分，单独放置的植物比成群配制的植物消耗水分快。

当盆栽基质表现轻度干燥时，就应及时浇水，基质过分干旱对植物有害，加快枯萎，如果盆栽基质干燥，不容易吸收水分，可把花盆放在盛水槽中进行浸盆处理。

浇水时，水流应对准盆中基质而不要对向植物本身。水温与室温相当。

(四)施肥

用于盆栽植物的肥料通常是质量高的水溶性肥料，质量差的便宜肥料含有各种污染物，长期使用会引起植物伤害。施肥浓度和次数应基于栽培基质和肥料营养元素含量。施肥一般在迅速生长和发育期进行，在休眠期不必施肥。

(五)生长基质

盆栽植物生长基质应符合各种植物的要求，对大多数植物，生长基质易于透水，富含营养元素和呈微酸性为好。幼龄植物喜欢比较轻松基质。

(六)移栽

若盆栽植物的根系生长过盆的容量，可在一年中任何时候移栽或换盆，最好在春季或晚夏，除非根系生长特别快迫使一年移栽两次。盆内根系拥挤，根系长出基质表面，预示植物需更换盆。

(七)清洁与病虫害防治

盆栽植物应保持清洁和无灰尘,可喷布叶片光亮剂来阻止灰尘积累,还可以喷水洗去叶片上的灰尘,每周至少一次。及时剪去老的,已枯萎或变干的叶片,去除受感染的茎叶可控制病虫害,已受到感染的植物材料应烧掉。以防止病虫害传播到健康植物上,在操作时应注意勿让洗涤剂污染盆栽基质。

如果简单的清洁技术效果不明显,再喷布适合的农药。为防止室内环境被污染,喷施农药的盆栽植物应放在通风良好的地方,或移出室外几天后再移回室内。

工作任务二 设施花卉贮藏技术

【学习目标】

1. 熟悉影响设施花卉贮藏效果的影响因素,熟知不同设施花卉贮藏的最适条件;
2. 熟知设施花卉的贮藏方式及各种方式的特点;
3. 能根据不同设施花卉种类选择适宜的贮藏方式。

【任务分析】

本任务主要是明确影响设施花卉贮藏效果的因子,根据不同花卉种类特性、贮藏季节、贮藏目的采取最佳的贮藏技术,以减少设施花卉在贮藏环节中的损失,延长采后寿命,提高设施花卉栽培的经济效益。

【基础知识】

一、影响设施花卉贮藏效果的因素

贮藏技术是指在保存设施花卉产品的过程中所采用的各种保持其品质的技术措施,贮藏一方面为了让产品拥有者对销售时间和地点的灵活掌握;另一方面可以调节市场,延长供应时间,实现均衡供应和种类的多元化,从而获得更大的经济效益。不同切花种类的耐贮性有差异,影响切花适宜贮藏的因素主要有遗传特性和环境条件。实践中可根据切花的品种特性,调节贮藏期间的环境条件,以延长贮存时间,保持切花的优良品质。

(一)设施花卉产品质量

要获得良好的贮存效果,设施花卉必须具有最好的质量,应当是健康的、不能受病虫害感染和机械损伤,因为这样会加速贮藏是水分的丧失、乙烯的产生和微生物侵染而造成损失。切花应在花蕾发育期采切,此时采切后贮藏损失最小,因为蕾期花朵对机械损伤抗性强,对乙烯不太敏感,并且占据空间小,有利于降低贮运成本,消耗小。

另外,设施花卉产品质量整体要好,植株中要贮藏足够的碳水化合物(主要是糖类)以供应呼吸作用消耗,盆栽花卉要生长健壮、发育良好、无病虫感染。

(二)温度

温度是设施花卉产品贮藏的重要因子，低温可以降低产品的呼吸消耗，减少病虫害的发生和扩散，降低乙烯等有害气体的积累，从而延缓其衰老，保持产品质量，延长贮藏期。

贮藏温度要根据设施花卉低温忍耐特性、贮藏目的不同而不同，切花贮存在最适宜该种或品种的温度范围内，并与切花发育阶段相适应，亚热带和热带起源的切花要求7～15℃贮藏温度，温带起源的切花大多贮藏在接近0℃，但要避免温度低于0℃或者温度波动，其他切花可贮藏于4℃的环境中.

(三)湿度

设施花卉产品含有大量的水分，湿度的大小影响花卉产品水分的散失，湿度越低，水分散失的越快，湿度还与病虫害的发生有关。高湿环境易滋生微生物，引起花卉产品腐烂。设施花卉大多是鲜活产品，在所有贮藏条件下都应该考虑湿度对其花卉产品的影响程度，对大多数的设施花卉产品贮藏相对湿度应维持在85%～95%；极易失水萎蔫的设施花卉种类可采用98%的相对湿度；极易腐烂的产品采用60%的相对湿度；少数极易失水又耐腐烂的种类有时可采用100%的相对湿度。

(四)光照

对于大多数的设施花卉来说，光照对于贮藏品质或贮藏期均无明显的影响，在黑暗条件下可贮藏5～14 d。某些种类(如切花香石竹)在黑暗条件下可贮藏数月，并能保持较高的品质；但有一些设施花卉种类，如切花百合、菊花等，黑暗条件下贮藏时间过长，易引起叶片黄花而后降低观赏品质。实践中为防止这一现象的发生，可适当补光(500～1 000 lx)或用赤霉素(GA_3)、BA处理。盆栽植物，尤其是观叶植物，能忍耐很长的黑暗贮藏，有的长达1个月，而观花植物黑暗条件不宜过长，否则易落花落蕾。

(五)乙烯

贮藏期间乙烯主要来源于大气和设施花卉产品自身，尤其是感病产品释放的大量乙烯。大部分设施花卉产品在乙烯气体环境中均可加速衰老。如香石竹对乙烯特别敏感，贮藏时要防止乙烯的积累；盆栽植物对乙烯虽然没有切花敏感，但盆栽观花植物和观果植物，乙烯可导致花瓣、花蕾、果实脱落而降低观赏价值。因此，在设施花卉贮藏期间要注意通风，驱除贮藏环境的乙烯等有害气体，或者喷施乙烯吸收剂来防止乙烯的危害。

(六)空气流通

贮藏期间要有良好的通风换气，以维持均匀的环境湿度和空气成分。良好的贮藏条件，要保证每一个冷藏单元进、出口温差不超过1℃，制冷剂出风口与贮藏环境空气温度之间差异不超过5℃；墙壁预包装之间、包装与包装之间应留有适当的空间。切花贮藏时，各行包装间应留有5～10 cm距离，墙壁与包装之间距离10～20 cm；天花板与包装箱之间距离50 cm；地板和包装箱之间距离5～10 cm。冷风出口应置于贮藏材料之上，彼此之间距离200 cm。包装箱的排列行向应与气流方向一致。通风路线要适当，如留的空间太小影响通风，留的距离太大，会造成气流不均匀，对贮藏条件不利。因气流总会沿着阻力较小的通道走，间距宽的地方获得的冷气流量较多，易在植物材料中出现“热点”或“冷点”，对贮藏均为不利。

二、切花贮藏技术

(一)干藏

干藏为普通冷藏技术,是贮藏过程中不提供任何补水措施,但贮藏前要对切花进行包装。大多数切花种类均能良好地使用干藏条件,但有些种类更适宜湿藏,如天门冬、大丽花、非洲菊、小苍兰和丝石竹等,干藏有利于延长贮藏期,节省空间。干藏的鲜切花质量一定要好,最好是上午采切,采后应立即遇冷至所要求贮藏的温度,并进行预处理液处理。长期贮藏的切花应喷布杀菌剂,以防病菌感染而降低产品品质。干藏要防止切花水分损失,避免贮藏环境波动过大。

对重力很敏感的切花,如金鱼草、唐菖蒲等,在贮藏时应垂直放置,以避免产生向地性弯曲,影响切花质量。

(二)湿藏

湿藏也属于普通冷藏技术,指贮藏过程中将切花花材茎秆基部直接浸入水中,或者用湿棉球包裹茎基切口处等方法,以保持水分不断供给的贮藏方式,这是一种广泛用于1～4周的短期贮藏。湿藏不存在干藏的失水问题,切花组织可保持较高的膨胀度,但湿藏占据冷库空间比较大,比干藏贮藏温度略高一些,大多保持在3～4℃。与干藏相比,湿藏切花营养物质消耗、花蕾发育和衰老进程较快,贮藏期短于干藏,在湿藏期间,切花应保持干燥,不要喷水,以防叶片产生污斑和褪色或灰霉病的发生。水质对切花湿藏效果影响很大,最好使用去离子水或蒸馏水,不要用自来水,容器内水或保鲜液深度不能太浅,以将茎叶淹没10～15 cm为宜。此外,还要注意用清水清洁,以免用水变质污染而影响花茎吸水。不同切花的湿藏和贮藏时期长短差别很大,从3～8周不等(表5-9)。

表5-9 部分切花在保鲜液中湿藏最长贮存期

切花	贮藏温度/℃	最长贮藏期/周
香石竹	4	4
非洲菊	4	3～4
百合	1	4
金鱼草	1	8

引自 Nowak 和 Rudnicki,1990。

(三)低压贮藏

又称减压贮藏。把植物材料置于密闭的低温贮藏库内,不断排气减压,同时连续供应湿空气,一直保持库内低气压的贮存方法。该方法的基本原理是降低气压,贮藏切花器官所产生的二氧化碳和乙烯气体从气孔以及细胞间隙中逸出的速度大大加快,促进气体向外扩散,同时,贮藏室中的气体分压也相应降低。低压贮藏可以减少呼吸消耗,避免有害气体(如乙烯)积累所造成的伤害,从而延长切花寿命。由于气压下降,水分容易散失,所以低压贮藏时须使用加湿设备进行加湿,以免降低贮藏效果。切花低压贮藏可采用5 332～7 998 Pa压力,80%～100%相对湿度,贮藏效果普遍较气体贮藏效果好,但是低压贮藏方法不能有效的保护切花免于脱水伤害且贮藏系统价格高也是限制其广泛应用的重要因子。

(四)气体调节贮藏

又称气调贮藏或CA贮藏,是通过精确控制环境中二氧化碳的浓度,降低氧气的浓度,并结合低温处理,降低切花的呼吸强度,从而减缓组织中营养物质的消耗,抑制乙烯等有害气体的产生和伤害以及微生物的发生,降低切花产品代谢过程,延缓衰老(表5-10)。

表5-10 部分切花气调贮藏条件与贮藏效果

切花种类	气体成分		贮藏温度/℃	贮藏期/d
	CO_2	O_2		
香石竹	5	1～3	0～1	30
小苍兰	10	21	1～2	21
唐菖蒲	5	1～3	1～5	21
百合	10～20	21	1	21
含羞草	0	7～8	6～8	10
月季	5～10	1～3	0	20～30
郁金香	5	21	1	10

气体调节贮藏包括气调库和气调设备,气调库应具备良好的隔热性和气密性,气调库的保温材料和设施与一般的冷藏库基本相同,不同的是要加设与库外空气隔离的气层,常用的材料是发泡聚氨酯,气调设备是创造气调环境的主要手段,用于维持适宜切花贮藏的二氧化碳和氧气的浓度。

近年来,许多研究者做了大量的试验认为,切花适宜的二氧化碳和氧气浓度范围很小,当二氧化碳浓度高于4%时,花朵易受伤害,花瓣颜色变蓝,而氧气浓度低于0.4%时,易引起无氧呼吸和发酵,二氧化碳在低温下也比在高温下更易引起伤害,不同切花甚至不同品种对二氧化碳和氧气所需要的最适浓度均不同,因此在同一气调库中,不同切花有不同的处理方法,更易造成贮藏工作的不便,这些因素均限制气调贮藏技术在切花生产中的推广应用。

三、盆栽花卉贮藏技术

在生产实际中,盆栽花卉的贮藏比切花的贮藏要简单些。通常情况下,盆栽花卉不需要特殊的贮藏措施,但观花盆栽花卉常常根据市场的需要来控制开花时间,大多生长在人工控制的环境条件下的盆栽花卉,可以准确地预测其开花时间。对于为特定节假日上市而栽培的盆栽花卉,有时会提早开花,为延迟开花,可以贮藏至理想的发货时间。

【工作过程】

某设施花卉生产企业采收的切花月季需要进行贮藏,处理如下:

贮藏时间较长(2周以上)可采用干贮方法。贮藏在保湿的容器中,用0.04～0.06 mm的聚乙烯薄膜包装,温度保持-0.5～0℃,相对湿度为90%～95%,存放地点不需要光照。应注意干贮前一定要用保鲜剂处理,否则会缩短鲜切花瓶插寿命,还会增加其蓝花现象。

短期贮藏(4～5 d),常用的方法是采后立即剪切,置于去离子水或保鲜液中,也采用干藏的方式,温度保持在1～2℃,要求90%～95%的相对湿度。

工作任务三　设施花卉运输技术

【学习目标】

1. 熟悉设施花卉运输的影响因素，熟知不同设施花卉运输的最适条件；

2. 熟知设施花卉的运输方式及各种方式的特点；

3. 能各具不同设施花卉种类选择最佳的运输方式，以最佳的运输方式减少运输过程中的损失，并能够根据不同地区、不同季节使用最佳的运输方式。

【任务分析】

本任务主要是明确影响设施花卉贮运效果的影响，根据不同花卉种类特性、运输季节、运输目的地采取最佳的运输技术，减少设施花卉在运输环节中的损失，延长采后寿命，提高设施花卉栽培的经济效益。

【基础知识】

一、影响切花运输效果的因素

切花作为一种产品发展到一定规模时，通畅快捷的流通体系成为市场发展的必然。切花不耐储运，运输时间延长，会加速切花在运输后的发育和老化速度，促进切花萎蔫、病害发生和花朵褪色等；运输时间越长，价值也越低，因此建立完好的切花运输流通体系，防止切花在运输过程中的质量下将，是实现切花产品以最快的速度实现生产到消费转移的重要保证。

（一）切花的质量

切花运输与贮藏一样，必须保持质量完好，无机械损伤、无病虫害。长途运输的切花宜在成熟的较早阶段采切，采蕾发育阶段应在抵达目的地后能正常开放。运输前若能用适当的保鲜剂处理，并及时迅速预冷，有利于提高切花的运输质量。在栽培中，用于长途运输销售的切花，要特别注意切花的花、叶对机械损伤、灰霉病感染、缺水和低温伤害的抗性。

（二）温度

切花的运输温度是决定其质量和寿命的重要因素之一。大多数切花（除对低温敏感的种类）在采收后应尽快预冷，置于低温下运输，适宜稳定的低温有利于切花品质的保持。切花在运输途中的温度变化往往很大，会直接或间接地对其产生影响。因此，运输途中温度控制是非常重要的。

运输适温因切花种类、品种、栽培环境以及运输距离和时间的不同而不同。就种类来说，起源温带的切花运输适温通常较低，通长5℃以下；起源热带的切花则相对较高，14℃左右；起源亚热带的切花运输适温介于前二者之间，如唐菖蒲5～8℃。部分切花运输适温见表（5-11）。就栽培环境来说，同一切花品种在露地栽培比设施栽培的运输适温相对较低。从运输距离来看，远距离运输比近距离运输适温要相对低些。

表 5-11 部分切花运输适温 ℃

种类	适温	种类	适温
月季	2～5	唐菖蒲	5～8
菊花	4～7	补血草	4～7
非洲菊	2～5	郁金香	4～6
小苍兰	2～4	紫罗兰	5～8
满天星	3～5	亚洲百合	5～7
草原龙胆	5～10	卡特兰	13～15
香石竹	2～4	翠雀	8～12

对于大多数切花种类对温度变化比较敏感，因此，在运输过程中应避免温度的剧烈变化。

(三)湿度

运输环境温度的保持，可以防止切花水分丧失和萎蔫。切花对湿度要求较高，通用应保持在85%～95%。湿度过高过低对其恶化运输都是不利的，如相对湿度低于60%，切花蒸腾过旺，水分散失较多，外观上出现萎蔫症状，降低其观赏价值，湿度过大。达到饱和即100%时，切花易结露，会促进病菌的繁殖和蔓延。

(四)震动

震动是切花运输时应考虑的环境因素之一，震动易引起机械损伤和生理伤害，从而影响到切花质量，不同的震动强度和频率对切花所造成的影响是不一样的，不同的运输方式、运输工具、行驶速度都影响到震动强度和频率。同一运输工具速度越快，震动越大。处于同一运输工具所处位置不同震动也有差异，如货车，后部上端震动最大，前端下部震动最小。

在运输过程中，因震动会导致包装箱中的切花产品逐渐下沉，使上部产生空间，导致震动升级，产品更容易受到损伤，而且还往往造成产品挤压，因此，在运输中应尽量避免震动，从切花采收到运输，从包装材料的选择等各个方面都要力求减轻震动，同时，要设法减轻切花产品在运输前后搬运过程中对其产生的冲击和震动。

(五)气体环境

影响切花运输质量的气体主要有O_2、CO_2和C_2H_4等，低浓度的O_2和高浓度的CO_2对于降低切花生理活性、减少运输途中的损耗是有效的，但由于运输时间较短，国内外对切花运输环境CO_2和O_2浓度未采取控制措施。

关于C_2H_4，主要是防止对切花品质产生危害。在运输过程中保持较低的温度，在很大程度上可以抑制切花本身产生的C_2H_4所造成的损失。切记不要与水果、蔬菜一起运输；要及时清除运输工具中腐烂的植物材料，保持运输工具清洁。实际运输中可用乙烯抑制剂、乙烯吸收剂(如活性炭、高锰酸钾等)来防止乙烯的危害。

二、影响盆栽植物运输效果的因素

用于销售的盆栽植物大多采用卡车货轮船运输，其形态在销售前后没有多大变化，生理状态也没有大的变化，但在运输过程中光照强度、温湿度等与正常的生长环境有差异，常常引起叶片黄花脱落，新梢生长过长，花蕾和花朵脱落及花蕾不开放，灰霉病感染以及低温伤害等，从而降低盆栽植物的观赏价值。

(一)盆栽植物质量

运输的盆栽植物应具有良好的质量,且无病虫害感染。不同盆栽植物销售适期不同。盆栽观叶植物可根据消费者的要求,在不同发育阶段发育;而盆栽观花植物通常在1/3～1/2花蕾期开放前运输销售,花开放得越大,在运输中越易遭受机械损伤,对乙烯越敏感,衰老得越快。郁金香、风信子、百合等球根盆栽植物应在花蕾开始显色时启运。如果盆栽植物是为了远距离销售,那么在运输前应给予驯化处理,以提高对运输的适应性。

(二)温度

运输的最适温度因植物的种类不同而不同。对于大部分经过驯化处理的盆栽观叶植物16～18℃温度下运输,只有对温度不大敏感的种类可在13℃左右运输,如一叶兰、鹅掌柴、软叶刺葵等。盆栽球根植物,如百合、水仙、郁金香等可在4～5℃温度下运输。夏季强光高温条件下栽培的盆栽植物比冬季栽培的同一植物运输温度应稍高一些。

运输最适温度还取决于运输时间的长短,运输时间短,适宜的温度幅度大,而较长时间的运输,最适温度范围幅度变小。

(三)湿度

盆栽植物长途运输,不可能进行浇水,如果空气湿度小,盆栽基质干燥,会导致落叶。因此,盆栽植物应在运输前一天浇透水,运输环境要保持在80%～90%相对湿度;或者用塑料薄膜包装或装箱,则更利于水分的保持。

(四)光照

盆栽植物通常在黑暗条件下进行运输。长时间失去光照会使植物新叶黄花、老化和花朵脱落,新梢徒长。失去光照时间越长,对盆栽植物的观赏品质影响越大。不同盆栽植物对黑暗的忍耐时间不同,有的种类可忍耐长达1个月的黑暗时间,如广东万年青、鹅掌柴等;而另外一些植物仅缺光照几天,就会造成质量下降,如菊花、仙客来等。

(五)乙烯

盆栽植物对乙烯的敏感度因种类的不同而有所差异。健壮的植株、未被病虫感染或机械损伤,运输过程中盆栽植物不会产生足够引起危害的乙烯浓度。在低温运输条件下,植株对乙烯反应不敏感。盆栽观花植物比观叶植物对乙烯较敏感,观花植物本身产生的乙烯多于观叶植物。观花植物花蕾和幼花产生的乙烯比成熟的花要少,并且花蕾和幼花对外源乙烯也不太敏感,因此盆栽观花植物运输适于花发育早期。成熟的开花植株不适合长途运输。对乙烯敏感的植物不宜于水果、蔬菜和易产生乙烯的切花混装运输。

三、切花运输技术

切花运输,尤其是远距离运输产生的损耗是整个流通过程损耗的主要部分。因此,远距离运输应采用综合保鲜技术,降低切花的损耗尤为重要,切花运输要求快速,持续低温,避免乙烯伤害,尽可能保持切花质量,减少损失。

(一)汽车运输

汽车运输是陆路运输的重要方式,可以将切花由产地直接运输到消费地,搬运次数少,搬运损耗小，在短距离运输量小的情况下，运输成本相对较低，机动性强，但汽车远距离运输成本相对较高，时间长，运输量有限。

汽车运输根据车辆的性质和用途可分为常温车、保冷车，冷藏车以及特殊功能冷藏车。各类车辆特点和用途详见表 5-12。

表 5-12 用于切花汽车运输各种汽车类型、特点及应用

汽车类型	特点	应用
常温车	没有任何隔热和制冷设备，产品受外界气温影响大，在运输过程中产品逐渐升温	常温运输一般用于近距离和时间短的运输，秋季也用于远距离运输
保温车	有隔热设备，产品受外界气温影响小，产品因呼吸发热而逐渐升温	保冷运输，运输前需进行预冷，通常使用中小型车辆，特定场合采用大型车辆
冷藏车	有隔热和制冷设备	低温运输，将预冷过的产品维持在低温下进行运输，又称冷链运输
冷却车	有隔热和强度很大的制冷设备，产品预冷降温效果受制冷装置的制冷负荷及产品数量和摆放方式的影响	用于运输未经预冷的产品，即在运输的同时将其产品预冷降温
特殊功能冷藏车	有隔热、制冷和气调、辐射等特殊功能设备	低温特殊功能运输，在低温的基础上结合气调、辐射处理等，大大提高运输质量

汽车运输之前，各种冷藏设备要适当清洁，冷却系统应予检查，包装箱上的通气孔应使之开放，让冷气流入箱内，车内合理装载，包装箱码垛方式应有利于气的循环，以保持切花稳定的低温；包装箱排列应防止移动或倾斜。生产实际中可根据需求选择经济、有效的汽车类型和运输手段。

(二)航空运输

航空运输在国内、国际贸易中发挥着重要的作用，已成为远距离运输的一个基本手段，它可以最快的速度把切花提供给消费者。航空运输通常在 24 h 内完成，大多不需要冷藏设施设备，因此，要特别注意切花在上运输前的预冷处理，预冷后，应关闭包装箱上所有的通气孔，以免受机场内高浓度乙烯气体的伤害。航空运输的切花包装箱一般用托盘整体装卸，最好使用塑料条带环绕整体包装，再用托盘网固定，一些切花也使用空运集装箱。

四、盆栽植物运输技术

长途运输的植物应具有良好的质量，无病虫害，并已进行过适当的预处理。运输工具应当清洁，卫生。

(一)运输温度

盆栽花卉最适合运输温度因植物种类而异。一般而言，大部分经过驯化的盆栽观叶植物宜采用 16～18℃，只有对低温不太敏感的一些种类可在 13℃左右运输。

关于盆花最适宜运输温度资料很少。盆栽球根植物，如郁金香、百合和水仙等，可在 4～5℃温度下运输。在夏季高光照、高温条件下栽培植株的运输温度应再比冬季栽培的同一种植物稍高一些。

选择最适宜的温度还取决于运输时间的长短。一些对寒冷敏感的植物，运输时间为2～4周或更长时，适合于7 d运输的最适合温度可能导致植株的冷害。一般而言，运输时间短，适宜的温度幅度大，而较长的时间的运输将缩小最适合温度的范围。

(二)湿度

盆栽花卉在长时间运输过程中不可能浇水，如此时空气太干燥，会引起栽培基质干燥而导致植株落叶。应在运输前24 h浇透待运盆栽植物，这样有足够的时间使过多的水渗漏出花盆。集装箱内应保持80%～90%的相对湿度。

(三)光照

盆栽花卉常常在黑暗中长途运输。长时间失去光照易引起植株新叶黄化、老叶和花朵脱落、新梢过度生长的症状。失去光照时间越长，对植株的质量影响越大。一些植物如广东万年青和丝兰可忍耐长达30 d的黑暗;另一些植物如菊花和仙客来仅缺光照几天时间，就造成质量损失。

(四)乙烯

盆栽花卉对乙烯敏感性因种类而异。前人研究表明，观叶植物封存在与外界无气体交换的包装箱内，在13℃运输13 d，未发现乙烯引起的损伤，在箱内也测不出乙烯。这说明，观叶植物如未受病虫害感染时，不会产生足够引起危害的乙烯数量。

与盆栽观叶植物相比，盆花对乙烯更为敏感。与成熟的花相比，花蕾和幼花发育较早阶段的植株更适合于运输。花朵开放过度的观花植物在运输前应喷布STS。对乙烯敏感的植物不应该与能量产生大量乙烯的切花，水果和蔬菜混装运输。

【知识拓展】

部分切花综合保鲜贮运技术

一、金鱼草(*Antirrhinum majus*)

(一)采收标准

金鱼草切花通常以4轮花开放为采收标准，在春秋气温高时，可以在有一轮花开放时采收。采收时间应避开中午高温时间。

(二)采后生理特性

金鱼草花朵的开放和衰老与乙烯密切相关，在有乙烯的气体环境中轻则出现花朵萎蔫，重则出现落花落蕾。用STS预处液处理能够防止乙烯伤害。

金鱼草切花为穗状花序，同一花穗中不同花蕾发育阶段不同。未着色的花蕾插入水中也能开放，但是容易出现褪色现象。具有负向地性的特性，当切花长时间不能直立时容易出现负向地性弯曲。

(三)保鲜剂处理技术

金鱼草切花对乙烯极其敏感，在贮藏运输之前采用以STS为主要成分的预处液处理是保证流通质量的前提条件。STS预处理液浓度为0.1 mmol/L，处理时间为3～8 h。

(四)贮藏技术

金鱼草通常采用干藏,但要防止干藏中由于失水过度而导致的瓶插后花蕾脱落。4～5℃下湿藏,一般只能存放 3 d。贮藏中,要保持花茎直立,防止花穗顶部出现负向地性弯曲。

(五)运输技术

金鱼草切花运输前需进行预处液处理,每 10 枝一扎,装入纸箱内。为防止花瓣受损,需用软纸包扎花头。运输中要防止剧烈震动,轻拿轻放,以防小花花瓣受损,甚至落花落蕾。通常采用横置干运,有时为了防止负向地性弯曲,也采用纵置干运。

到达目的地销售前,以主要成分为杀菌剂和糖分的瓶插液处理切花,以保证花穗顶部小花充分着色。

二、香豌豆(*Lathyrus o doratus*)

(一)采收标准

香豌豆通常在所有的小花开放时采收。对于大花品种以 3～4 轮花开放时采收最好。采收时是否去蕾,根据市场和产地而定。采用 STS 保鲜剂处理可以促进花蕾开放,因此可以适当提前采收。

(二)采后生理特性

香豌豆切花在有乙烯的环境下,易造成落花落蕾。未经 STS 处理的切花,往往因花瓣脱落而失去观赏价值,瓶插寿命很短。

进入夏季高温季节,香豌豆切花茎秆变短,即使使用 STS 保鲜剂处理也难以保证较长的流通寿命,因此,采收时经常连同枝条一同采收(切枝)。春、秋两季也常采用切枝的方式来销售香豌豆切花。

(三)保鲜剂处理技术

香豌豆切花适合用 STS 预处液处理,用 STS 预处液处理后,最好让切花充分吸收清水。蕾期采收的香豌豆切花用 STS 和糖分同时处理,能够保证花蕾开放,花色鲜艳。同时为保证糖分吸收,应降低预处液中的 STS 浓度,延长处理时间。

(四)贮藏技术

香豌豆切花在采后高湿度条件下,易造成病菌侵染花瓣而造成斑点状的病斑,因此一般不进行贮藏。

(五)运输技术

香豌豆切花每 50 枝一束,成扇形装入纸箱内。为了防止切花受损,纸箱尺寸应当制作大一些,并在花枝中间用绳索捆扎,将切花和纸箱绑在一起。花束通常采用玻璃纸包扎,包装纸箱需开一定数量的孔,以减少热量积聚,防止运输途中因蒸腾失水而结露,造成病菌侵染导致花瓣发生病斑。

花束在夏季高温季节运输之前,要采用预冷措施。运输多采用干运。运输结束后用以糖分为主要成分的保鲜剂处理,以防切花褪色,并促进花朵充分开放。

三、紫罗兰(*Matthiola incana*)

(一)采收标准

紫罗兰切花采收标准因运输距离远近不同而有所差异，花序下部3～5朵小花初开、1/3小花花蕾显色时采收，适宜长距离运输；5朵以上小花初开、1/2小花花蕾显色时采收，适宜短距离运输或就近批发出售；如有2/3的小花初开应就近尽快出售。

(二)采后生理特性

紫罗兰切花正常开放时有1周的瓶插寿命，对乙烯极其敏感，需要用STS预处液处理来减少流通中的损耗，以提高流通质量。切花基部叶片容易黄化，插入水中的茎叶容易出现腐烂，整个花枝出现萎蔫。细弱的花枝在水中花序容易徒长，顶部发生弯曲。

(三)保鲜剂处理技术

严格来说，紫罗兰切花需进行以STS为主要成分的预处液处理。在没有低温的条件下，预处液处理时间不宜超过3 h以上，以避免因吸水时间过长而造成花序徒长。可在5℃以下的冷库中结合预冷进行12 h的预处液处理。

在运输或销售前，瓶插液的处理也很重要。主要成分是糖和生长调节剂，前者主要用来保证花序充分开放，而后主要用来防止茎叶黄化。

(四)贮藏技术

紫罗兰初花呼吸强度高，如果将花材直接装入包装容器内，花枝容易发热而使茎叶黄化，因此，采后应当及时进行预冷处理。预冷温度以5℃为宜，方法可采用压差预冷、真空预冷等；也可以在5℃或5℃以下的冷库内结合预处液吸收进行预冷。

紫罗兰切花贮藏时，通常用聚乙烯薄膜包装后装入纸箱内，在1～4℃低温下干藏1周。粉、红、蓝色切花品种在贮藏过程中容易褪色。贮藏7 d以上时，下部叶出现黄化，失去紫罗兰特有的香气。而－1℃贮藏时，花序容易受冻。

(五)运输技术

将充分复水的切花横置入纸箱内，在运输途中花序顶部容易因负向地性而出现弯曲。因此，通常将轻度萎蔫的花枝横置入纸箱内。理想的装箱方式应当是纵置。运输多采用干运，建议采用低温运输。

紫罗兰切花花序和叶片大，蒸腾强度高，在运输结束需进行复水处理。同时，横置运输往往会出现负向地性弯曲，也需要进行矫正。复水矫正的方法是：先将不必要的下部叶去掉，用报纸将花束缠紧，剪切茎秆基部后直立插入水中。如果萎蔫严重时，可在报纸上洒水或用60℃热水作短时间的浸泡，然后置入冷水中。也可将茎秆基部用煤气炉作短时间的烧烤，而后置入水中复水。

四、菊花(*Dendranthema* × *grandiflorum*)

(一)采收标准

切花生产的菊花品种分为大菊和小菊类。大菊常作单头栽培，小菊则常栽培成多头式。不同类型的切花菊采收标准也不同。

(1)小菊　主枝上的花盛开、侧枝上有3朵花色泽鲜艳时即可采收。如果提前采收，主枝上必须有3～4朵已显露出该品种的典型特征和色泽。

(2)大菊　采收时舌状花序紧抱，其中1～2个外层花瓣开始伸出的切花，适于远距离运输，近距离运输和就近批发出售，应在舌状花最外两层都已开展时采收；直接出售时，可以在舌状花大部开展时采收。

(二)采后生理特性

菊花花朵开放与衰老对乙烯不敏感；但是其叶片对乙烯敏感，容易形成离层脱落。舌状花瓣在采收过早时，往往因吸水能力较弱、糖分不足而不能正常开放。

流通中常见的问题是：采收太早，花瓣不能正常展开；运输过程中发热，叶片黄化；花瓣褐变；花瓣充分展开，但易脱落。

(三)保鲜剂处理技术

菊花对糖极其敏感，糖质量分数不能超过3%，否则容易引起伤害。由于菊花的舌状花瓣娇嫩，在贮运中极易受到损伤而不能正常展开，为此往往在花蕾期采收。但是，在蕾期采收的菊花，必须进行催花处理才能保证正常开放。

(四)贮藏技术

菊花属于耐贮藏的品种，但下列情况应避免作长期贮藏：

(1)桃色或红色系品种；

(2)花瓣上容易产生斑点的品种；

(3)叶肉薄或者是轻微的水分损失就容易带来明显的萎蔫症状的品种；

(4)从积水或因土壤病害而使根部受到损伤的植株上采收的切花；

(5)高温、高湿的设施环境下栽培的嫩弱切花。

菊花既可采用干藏也可采用湿藏。干藏要防止水分损失，当菊花失水超过10%时即出现萎蔫症状，因此，菊花应尽可能在充分复水的情况下进行贮藏。

菊花为典型的温带花卉，在−0.5～0℃、相对适度为85%～90%的条件下可以贮藏3～4周或更长的时间。冬季在2℃下可存放10～15 d；5℃下可以存放5 d。

(五)运输技术

菊花通常用纸箱包装，每50枝装一层，共两层。每层用薄纸包扎花朵，以防止机械损伤，切花置于标准的保温包装箱中，低温(1℃)下运输。运输中要防止切花发热而引起叶片黄花。对于运输后轻微萎蔫的切花置入80～90℃的热水中浸泡2～3 min，也可插入开水中浸泡30 s恢复，这保证花朵正常开放、延长瓶插寿命有很大作用。

五、香石竹(*Dianthus caryophyllus*)

(一)采收标准

香石竹切花采收时期因品种和采收后用途的不同而不同。

大花香石竹品系，长期贮藏或远距离运输时，采收期相对较早，一般为萼片呈十字开裂、花瓣略微露出时采收。用于短距离运输或就近销售时，采收期相对较晚，一般是花瓣露出花萼10 mm左右，花瓣刚刚开始松散时采收。

多头香石竹品系，长期贮藏或远距离运输时，采收期相对比较早，一般在1/3的花朵花瓣露出花萼并充分显色，其中的一个花朵轻度展开时采切。用于短距离运输或就近销售时，采收期相对较晚，一般在2/3的花朵花瓣露出花萼并充分显色，其中的3个花朵展开时采切。

(二)采后生理特性

几乎所有的香石竹品种(品系)对乙烯反应极其敏感，表现为用乙烯处理则促进开放和衰老，而去除乙烯则延缓开花和衰老程度。与其他切花相比较，香石竹叶片细长，有蜡层覆盖，加之茎秆木质化程度较高，水分不容易散失。香石竹切花复水容易，即使呈萎蔫状态，也能比较容易地复水。

(三)保鲜剂处理技术

由于香石竹切花对乙烯极其敏感，所以在贮运过程中，通常采用以乙烯抑制剂为主要成分的保鲜剂处理，主要成分是STS，保鲜剂处理可以获得很好的延缓衰老效果，使通常只能开1周左右的花材延长到2周或2周以上。

(四)贮藏技术

香石竹切花贮藏之前，一般用杀菌剂直接浸泡数秒钟后取出晾干，然后进行贮藏。长期贮藏时，最好采用干藏方法。干藏之前用保鲜液处理。温度维持在－0.5～0℃，相对湿度保持在90%～95%。为了保持高的湿度，可以采用聚乙烯薄膜包装。包装容器不宜密闭太严实，要防止无氧呼吸带来危害。同时，用纤维纸等将花与湿的聚乙烯膜隔开，以避免结露对花材造成危害。

(五)运输技术

不经贮藏而直接运输的花材，采收后结合预冷进行保鲜剂处理。采用干运方式，采用塑料薄膜包装，包装袋内放置乙烯吸收剂，吸收花朵不断释放的乙烯。温度要求8℃以下，相对湿度90%以上。在没有冷藏运输的条件，在包装箱内放置蓄冷剂。远距离运输通常采用空运，也可采用铁路运输。

六、唐菖蒲(*Gladiolus hybridus*)

(一)采收标准

唐菖蒲切花采收标准因运输距离的不同而有所差异。花序最下端1～2朵小花显色而花瓣仍然紧卷时，适于远距离运输和贮藏；花序最下端1～5朵小花均显色，基部小花略呈展开状态，适于近距离运输或就近批发出售；花序下端7朵小花都显色，其中基部小花已经开放，应就近出售。

(二)采后生理特性

一般认为，唐菖蒲对乙烯处理不敏感。主要表现为小花开得太快、开花不整齐、不能正常开放就萎蔫以及茎叶黄化等。此外，在贮运过程中花茎未能直立时，容易出现负向地性弯曲。

(三)保鲜剂处理技术

唐菖蒲通常用高浓度的糖处理，以促进小花的整齐开放，延长小花的盛开期。唐菖蒲切花对糖浓度要求很高，在40%的浓度下仍然能正常开花，流通中多采用20%的浓液进行处理。

(四)贮藏技术

采后应立即用保鲜剂处理，以防止花蕾干枯，并能在贮运销过程中增强抗逆性。贮藏期一般为1～2周。对于多数品种，贮运最适温度为7～10℃。少数品种在2℃时易受冷害，贮藏后小花不能正常开放。贮藏运输时要用保湿材料包裹，以防止蒸腾失水。无论是在贮藏还是运输中，唐菖蒲的花茎必须直立放置以避免负向地性弯曲。

(五)运输技术

为了避免负向地性弯曲，唐菖蒲以立式运输为理想。但是，流通中常采用横置、保湿材料包裹、纸箱包装。由于唐菖蒲枝条很重，远距离运输时运输成本较高，加之唐菖蒲价格偏低，远距离运输一般采用汽车运输。

七、满天星(*Gypsophila*)

满天星用于切花栽培的主要是一二年生的丝石竹(又名霞草、满天星)和多年生的锥花丝石竹。满天星呈疏松的圆锥状聚散花序，花朵繁密细致，分布均匀，犹如繁星优雅浪漫，是优良的填充式花材。

(一)采收标准

满天星的采收标准以小花的盛开率为依据。小花盛开率10%～15%，适合于贮藏或远距离运输；小花盛开率16%～25%，可以兼作远距离运输和近距离运输；小花盛开率26%～35%，适合于就近批发出售；小花盛开率36%～45%，需就近很快出售。

(二)采后生理特性

几乎所有的满天星品种(品系)对乙烯反应极其敏感。在小花盛开之前，及时用乙烯作用抑制剂为主要成分的预处液处理，是满天星采后保鲜的关键技术。

满天星茎秆中空，极易失水萎蔫，在运输前用含有特效表面活性剂的预处液处理是非常重要的措施。在流通中常采用在茎秆基部用蘸有水或保鲜剂的棉球包扎的方法，以防止在运输中的失水，这样的措施没有用预处液处理效果好。

满天星枝条细长，茎秆木质化程度高，通过茎秆水分蒸腾极其困难。满天星切花可以在0℃条件下存放一定时期。

(三)保鲜剂处理技术

基于满天星切花对乙烯极其敏感的特点，预处液的主要成分之一是乙烯抑制剂STS。同时，为了保证小花充分开放，预处液中糖的浓度要求达到10%～15%，通常满天星在采收后12 h之内用预处液处理，处理条件是在黑暗下，温度为20℃左右，处理时间12 h。STS的用量是1 μmol/50 g，待预处液充分吸收后，将花材置于光照条件下，促进小花充分开放。

(四)贮运技术

运输之前要求进行充分的预冷，预冷至5℃以下，预冷方式以压差预冷为好。目前多采用干运，但是理想的运输方式应当是湿运。运输中需要采用冷藏集装箱，温度保持在5℃以下。

八、非洲菊(*Gerbera jamesonii*)

(一)采收标准

非洲菊的采收因运输距离的远近而不同。舌状花瓣基本长成,但未充分展开,花心管状花雌蕊有两轮开放时,适合于远距离运输和贮藏;舌状花瓣充分展开,花心管状花雌蕊有3~4轮开放时,适合于近距离运输和就近批发出售;花心雌蕊大部分开放,管状花花粉大量散发时,需就近很快出售。

(二)采后生理特性

非洲菊切花乙烯生成量很低,但是管状花被霉菌侵染时乙烯生成量增加。花材对外源乙烯的敏感性降低,乙烯处理只有微弱的伤害,瓶插寿命缩短10%左右。

在高温季节花朵容易发生腐烂现象,管状花和舌状花容易被病菌侵染;在低温季节,灰霉病侵染舌状花引起褐变。从花圃带出的病菌往往在采后流通过程中蔓延,使切花失去商品价值。

非洲菊切花采收时不带叶片,流通中的水分损失比带叶的切花要少。

(三)保鲜剂处理技术

非洲菊在日本一般不采用保鲜剂处理,在荷兰采用保鲜剂处理,是其主要成分为杀菌剂。在我国预处液处理同时具有防止弯茎、促进花朵充分开放的效果。

(四)贮藏技术

非洲菊管状花开后,贮藏中花粉容易感染霉菌,促进花朵霉烂。同时,花瓣即使有轻微的斑点在贮藏中病菌也容易大量繁殖引起霉变。因此,非洲菊切花通常被认为是难于贮藏的切花种类。在流通中,为了不损伤花瓣通常用聚乙烯帽子套戴,但在高温、高湿季节往往因此而在套戴处结露,在贮藏中病菌繁衍,引其花朵腐烂。

干藏非洲菊时需要注意防止因横置而带来茎秆弯曲,同时,要防止贮藏中的水分损失。为了减少干藏中的水分损失,常采用提高贮藏环境湿度的方法,如贮藏库内安放加湿器,在通道中洒水,放置水桶等,也可用聚乙烯薄膜包装。

湿藏非洲菊,最大的问题是冷库利用率低,通常采用隔板来提高空间利用率。同时,栽培过程中带有病菌时,切花往往在湿度较高的环境中病菌蔓延。但是,为了降低环境湿度,采用通风装置时,必须防止通风量过大而带来的水分损失。

严格来说,非洲菊不宜长期贮藏,只适宜贮藏1周以内。

(五)运输技术

为了防止花朵受伤,通常采用圆锥形的聚乙烯包装纸,聚乙烯套袋要求开孔,防止结露。通常10枝一扎,用大的包装材料包装到一起。

非洲菊切花通常采用纵置运输,防止负向地性弯曲。高温季节运输在没有冷藏设施的情况下,包装容器必须开孔,防止花材发热,以及由此带来的病菌蔓延。非洲菊切花不适于湿运,通常采用低温运输。

九、小苍兰(*Fressia refracta*)

(一)采收标准

小苍兰切花花茎基部第一朵花苞膨大,但还比较紧实时采收,适合于远距离运输和贮藏;基部第一朵花苞开始松散,适合于近距离运输和就近批发出售;基部第一朵花苞完全松散,需就近很快出售。

(二)采后生理特性

小苍兰花茎通常附有10朵左右的小花,如果采收过早,往往不能保证所有花蕾开放。用糖处理可以改善小花开放状况。叶片切断不影响小花盛开数量,小花开放也不受碳水化合物供给的影响。

小苍兰对乙烯处理非常敏感,在有乙烯的环境中,小苍兰切花往往出现开花进程加快,甚至未能充分开放即衰败的现象。

(三)保鲜剂处理技术

小苍兰通常不采用保鲜剂处理。

(四)贮藏技术

贮藏前最好采用预处液处理。以湿藏为好,温度控制在2~5℃,相对湿度90%,贮藏期一般为1周。干藏要求温度在0~1℃。通常只能存放1~2 d。干藏中的最大难点是因为失水过度而使小花难以开放。

(五)运输技术

不经贮藏直接运输的小苍兰切花运输之前需要用预处液处理。每20枝捆成一扎,基部用橡皮筋绑扎,每扎用套带或纸张包扎保护。理想的运输温度是2℃。

十、百合(*Lilium* spp.)

(一)采收标准

百合类切花因种类不同采收标准差别很大。亚洲百合,基部第一朵花苞已经转色,但未充分显色,适合于远距离运输和贮藏;基部第一朵花苞充分显色和膨胀,但仍然紧抱时,适合于近距离运输和就近批发出售。基部第一朵花苞充分显色和膨胀,花苞顶部已经开绽,须就近很快出售。铁炮百合是在基部第一朵花苞膨大,露出白色时采收。

(二)采后生理特性

每一支花通常有多个花苞,从下部花开始逐渐开放。上部花比下部花花期短。在花苞多、采收早时,多数花苞不能充分开放,同时促进叶片黄化。对乙烯的敏感性因种类和品种的不同而异,亚洲百合对乙烯极其敏感。去掉亚洲百合的小花苞,能够延长整枝花的瓶插寿命。铁炮百合降低温度能够有效地减少养分消耗。

(三)保鲜剂处理技术

在荷兰,亚洲百合都用STS为主要成分的保鲜剂处理,防止流通中的乙烯伤害。保鲜剂中通常加入GA用以防止叶片黄化。在日本,很少采用保鲜剂处理。

(四)贮藏技术

百合在0～1.7℃的条件下可以贮藏2～3周。一般亚洲百合在2℃的条件下能存放35 d,但是贮藏前必须进行预处液处理结合快速预冷。用薄膜包装进行铁炮百合贮藏,0.05 mm的聚乙烯薄膜在2℃条件下可以贮藏4～6周。

(五)运输技术

百合切花适合在5℃的条件下运输,未经贮藏直接运输时,运输时要进行预初液处理。有低温运输条件时,运输前必须进行预冷,最好是将预处液处理与预冷结合起来。通常采用纸箱包装,每10枝捆成一扎,去掉花茎基部叶片,采用干运方式。

十一、郁金香(*Tulipa gesneriana*)

(一)采收标准

郁金香采收标准因品种不同差异较大。通常花苞发育到半透色,但未膨大时,适合于远距离运输和贮藏;花苞充分显色和膨胀,花苞顶部已经开绽,需就近尽早出售。

(二)采后生理特性

郁金香切花负向地性明显,横置时很容易使花朵出现负向地性弯曲。花朵朝开夜闭,花苞温度上升时,基部内侧的伸长比外侧快,使得花苞展开;温度下降时,花苞外侧的伸长快,花苞闭合。在温度变化小的环境条件下,花苞的开闭不明显。栽培中使用乙烯利能够抑制花枝的伸长和花苞的开放,减轻弯茎现象。

(三)保鲜剂处理技术

在国外,通常不用保鲜剂处理,这是因为以乙烯作为抑制剂、糖分、杀菌剂为主要成分的保鲜剂对于郁金香切花保鲜效果不太明显。不过,以糖分和杀菌剂为主要成分的保鲜剂对于促进花苞开放是有效的。

(四)贮藏技术

郁金香切花属于不耐贮藏的花卉。贮藏前,结合预处液处理进行预冷,预冷终温一般为5℃以下。在2℃条件下可以贮藏5 d左右。郁金香切花以湿藏为好,0～1℃下可以贮藏6～7 d,而干藏只能存放4 d;温度越高越不能采用干藏。带球根贮藏可以延长到2～3周。在贮藏过程中将花材直立,以防止花茎弯曲。

(五)运输技术

未经贮藏的切花在运输之前,要用预处液处理。最好采用5℃左右的低温运输。理想的运输方式是直立在容器内进行湿运,为了防止高浓度CO_2带来的危害,运输包装箱不宜装的太满。

十二、卡特兰(*Cattleya hybrida*)

(一)采收标准

花蕾没有完全盛开时采收,瓶插寿命较短。通常在侧花蕾完全开放时从花柄部位采切。花枝在植株上的观赏期比采切后要长,实践中多采用通过在调整植株上的采切期来代替贮藏环节。

在剪切时,一定要在水中进行,防止切口接触空气引起褐变。为防止切口干燥,在切口部位套上装水的塑料管。

(二)采后生理特征

卡特兰花单朵或数朵,大多着生于茎顶或假鳞茎顶端,花大而颜色艳丽,萼片与花瓣相似。瓶插寿命在20℃下约1周。花朵衰老症状从花色减退开始,逐渐萎蔫。对乙烯极其敏感,切口部位分泌多酚类物质堵塞导管,降低失水能力。

(三)保鲜剂处理技术

用装有苯甲基氨基磷酸溶液的塑料小瓶在茎基切口套戴,能够有效改善瓶插寿命。

(四)贮藏技术

卡特兰通常适宜贮藏,如果贮藏,贮前必须用预处液处理。贮藏适温为7～10℃。贮藏中注意不要将风扇直接对准花枝;避免与可能产生乙烯的蔬菜瓜果混合贮藏。

(五)运输技术

运输之前,要用预处液处理。用玻璃纸包扎花枝,装入纸箱运输,玻璃纸上打有通气的小孔。通常采用常温运输,运输中要防止剧烈振动,避免花朵之间的相互碰撞,特别要防止包装容器内乙烯的积累。

十三、石斛兰(*Dendrobium nobile*)

(一)采收标准

石斛兰花序上的花朵几乎全部开放为采收的理想阶段。采收过早花蕾不易开放。采收以后将茎基部在温水中浸30 s,可以延长开花时间。采收后应将花枝基部立即浸入水中,防止全部水分损失。

(二)采后生理特性

石斛兰对乙烯比较敏感。以花瓣萎蔫为初始衰老症状。乙烯加速花朵衰老,0℃以下发生冻害。

(三)保鲜剂处理技术

用STS预处理30 min或用8-羟基喹啉柠檬酸200 mg/L+蔗糖20 g/L处理可延长切花寿命;用30～50 mg/L萘乙酸浸花枝基部可减少花朵脱落。

(四)贮藏技术

石斛兰比较耐贮藏。通常采用湿藏,在5～7℃条件以下可存贮10～15 d,但要避免与蔬菜瓜果混合贮运,以防乙烯伤害。

(五)运输技术

一般采用航空运输。每12枝为1束装入聚乙烯薄膜塑料袋中,纸箱包装长距离运输通常需将花枝插在装有保鲜液的保鲜瓶中,周围放上碎蜡纸,以防止机械损伤。到达目的地,必须即刻取出切花,且在水中切去花梗底部0.5 cm,以促使花枝吸水。

十四、蝴蝶兰(*Phalaenopsis* spp.)

(一)采收标准

当花朵完全开放或花蕾开放 3～4 d 时采收。

(二)采后生理特性

蝴蝶兰自然花期长,整枝花的观赏期可达数月。蝴蝶兰对乙烯比较敏感,暴露于乙烯环境中会加速其衰老。易受机械损伤,对温度要求不太严格,但当温度低于 0℃时,易受冷害,引起褐化或花瓣产生枯斑。

(三)保鲜剂处理技术

预处液可用 8-羟基喹啉柠檬酸 200 mg/L+蔗糖 20 g/L。也可以用 1 000 mg/L 的 $AgNO_3$ 溶液浸 10 min,防止由于微生物滋繁而阻塞导管而引起茎的腐烂。

保鲜液由 5 mg/L BA+3 g/L 的蔗糖配制而成,贮藏期可达 10～20 d。

(四)贮藏技术

蝴蝶兰自然寿命比较长,可达到 15～45 d。湿藏温度 7～10℃下,可贮藏 2 周。温度过低,会引起冷害。贮藏前应进行预冷。通常于单枝基部套上塑料袋保鲜瓶,既有利于保鲜,又便于包装。

(五)运输技术

一般采用航空运输。蝴蝶兰即可整枝运输,也可单朵花运输,单朵花运输需要将花梗插入有水的塑料小瓶中,并格外保护不使花梗及花朵受到损伤,花朵之间填充碎纸以防止运输过程中造成机械损伤。

十五、月季(*Rosa chinensis*)

(一)采收标准

切花月季采收期因品种和采后用途不同而不同。大花月季品系,用于贮藏或远距离运输时,采收期相对较长,应在花萼略有松散时采收。用于近距离运输或就近批发出售时,在外层花瓣开始松散时采收。如果采收过早,花蕾会出现弯头或不能正常开放;而采收过晚如内层花瓣开始松散时,增加运输损耗。

多头月季品系,用于贮藏或远距离运输时,采收期相对较早,一般在 1/3 的花朵花萼松散、花瓣紧抱、开始显色时采收。用于近距离运输或就近销售时,采收期相对较晚,一般在 2/3 的花萼松散、1/3 的花朵花瓣松散时采收。

(二)采后生理特性

月季切花包括大花品系和多头小花品系。不同品种对乙烯处理敏感性不同。在敏感型品种中,因品种不同乙烯对花朵开放和衰老进程分别表现为促进或抑制。在大花品系中,因品种不同花朵在开花和衰老进程中的乙烯生成量分别呈现类似跃变型、非跃变型以及末期上升型特征,但是大多品种即呈现典型的呼吸跃变型。可见,月季切花的乙烯代谢还是比较复杂。月季切花为典型的温带型花卉,切花可以在 0℃条件下存放一定时期。

（三）保鲜剂处理技术

月季切花品种极多，品种不同对乙烯处理反应也不同，有的促进开花，有的抑制开花，有的不产生反应。STS处理，对乙烯反应敏感的品种，有显著延缓衰老进程的效果；而对于乙烯反应不敏感的品种几乎没有效果。不过，即使对于乙烯不敏感的品种，STS处理因有杀菌作用，对于防止月季切花茎秆堵塞也有一定的效果。通常，在贮藏或远距离运输之前要用预处液处理，或者在贮藏或运输结束后用瓶插液处理，都是减少流通损耗、提高流通质量的措施。

（四）贮藏技术

一般来说，月季切花属于不耐贮藏的花卉。贮藏2周以上时，最好干藏在保湿容器中，温度保持－0.5～0℃，相对湿度要求90%～95%。用0.04～0.06 mm的聚乙烯膜包装，可以得到很好的延缓衰老的效果。

短期贮藏，最常用的方法是采后立即再剪切，至于去离子水或保鲜液中，采用干藏的方式。温度要求保持在1～2℃，同时要求高的相对湿度。

（五）运输技术

月季切花可采用两种运输方式，用包装纸包装后横置于纸箱中干运，或纵置于水中湿运。从保持切花鲜度的角度出发，采用湿运较好。但是，如果运输途中温度高时，开花进程加快，反而降低切花的耐运性。因此，运输中保持低温是必要的，高温季节温度控制在10℃左右，其他季节，最好控制在5℃。一般说来，远距离运输采用干运；近距离运输以湿运为好。此外，运输途中要尽量减小由于震动而引起的断头等带来的损耗。

部分盆栽花卉贮运综合保鲜技术

一、一品红（*Euphorbia pulcherrima*）

（一）采收标准

理想的盆栽一品红植株生长紧密，茎粗壮，枝条自由开张，叶片无病虫害、药害或其他伤害，苞片颜色纯正，表现出本品种应有的大小和鲜艳的色彩、无机械伤，花序相对植株而言小且保留在植株上。优良的盆栽一品红，茎干健壮，枝条高度一致，植株高度不超过容器的2～2.5倍。

盆栽一品红适宜的上市阶段是花开始显色，苞片发育较充分。远距离运输的可适当早采。若采收过早的，移入室内后未展开的苞片将不会显现出亮丽的色泽。如果苞片已完全开展，色泽发暗，花芽已经完全盛开，将缩短货架期。

（二）采后特性

盆栽一品红的质量包括生长习性、色彩、大小、叶片的持久性、杯状聚伞花序的大小和持久性、耐贮运性和抗病虫性等，其整体形态或表面影响植株的质量。

许多一品红品种对叶片偏上性敏感。叶、苞片受到机械压力而折弯时会产生大量的乙烯，从而引起叶、苞片及花瓣脱落直至叶片变皱干枯。

一品红各品种间对乙烯的耐性不同，正常情况下，盆栽一品红观赏期约6周。

（三）贮运技术

一品红短距离运输时，将植株用纸包装或套上塑料筒，装入特制的纸板箱中。套筒包装可以更有效解决运输过程中因机械损伤而造成的偏向上性问题。叶片偏上性发展的原因是由于叶柄受到机械伤害，而乙烯会加速叶片黄化和老化。植株贮运时间过长或温度高于18℃，将会加重症状。大部分的植株在去除包装材料后，需置于18～24℃的环境中1～2 d才能恢复正常。若包装贮运时间过长，植株可能需要更长的恢复时间，或者永远不能恢复叶片的向上性。在叶片恢复向上伸展的期间，有必要在植株间留适当的空间，应避免植株因摆放过紧而发生摩擦。

一品红低温(10～12.8℃)贮藏需要充足的光照，黑暗条件会引发苞片扭曲、叶片黄化，时间越长，叶和苞片会脱落，降低植株质量。贮藏于10℃以下的环境中的植株移到温暖环境时叶片将大量脱落，导致产品无法销售。

由于一品红对于低温(13℃以下)非常敏感，所以在运输时维持适当的温度非常重要。如运输温度过低，红色的苞片容易转变成青色或蓝色，最后变为白色；若温度太高，则容易导致未成熟叶片、苞片及花芽脱落。

(四)养护技术

一品红在生产过程中要控制好生长条件，繁殖和摘心时间，这是减少采后损失的一个重要方面。人工控制的短日照条件有利于花期一致，阻止苞片叶绿素形成和花的脱落。为避免一品红未成熟叶片因肥料浓度过高而在生长后期应停止或减少肥料供给；为避免叶片黄化，停止供肥的时间不能早于运送前两周。

生产过程中应采取适当的措施来预防病虫害的侵染，为减少采后病害的发生，应保持生产区域清洁。在生长后期(即苞片显色时期)施用化学药剂时，须采取适当的措施严防任何失色和苞片伤害，造成植株整体质量的下降。

一品红运送至零售商前必须对植株进行适当处理。包装箱外面应印有“到达后请马上打开并除去所有的包装材质”的字样，并注明一品红植株的处理方式、展示和销售原则等，以供零售商参考。一品红植株运达后的处理原则：

(1)植株送达时，立刻打开包装，移出每一植株，并去除所有的包装材料；

(2)检查基质湿润的程度，若水分不足请立即浇水；

(3)将植株置于18～24℃有充足光照的室内环境中存放；

(4)检查植株是否受到机械伤害、病害或虫害；

(5)避免植株接触乙烯气体；

(6)每一植株挂置标签注明名称、栽培方法等。

家庭养护时应放置在充足的自然光照之外，并避免放在通风和热源旁；手摸基质显干时浇透水；为了延长苞片的鲜艳颜色，白天温度不应超过22℃，夜晚不超过16℃。

二、花烛属(*Anthurium*)

(一)采收标准

花烛的上市要求株形完整、端正、丰满、匀称；生长旺盛；叶色纯正、有光泽，叶面舒展、无灼伤；佛焰苞大而肥厚、蜡层光亮，色彩鲜艳；花有2～3朵已发育；无病虫害，无机械损伤。佛焰苞成熟的标志是单枝花中肉穗花序顶端1/4～1/3处变色，肉穗花序顶端1/2～3/5变黑则是花开始凋谢的标志。

(二)采后特性

花烛采后经历幼年期和成熟期两个明显的阶段。在成熟期叶腋中产生的花芽最初保持休眠,休眠解除后才发育成花,此时如遇到不良环境,往往会造成花芽败育。营养生长最理想的温度是18.3℃,低于此温度叶面会出现斑点。温度低于18.3℃时植株无法生长。低温也阻碍大多数植株萌芽。在生产中,一般给予花烛80%的遮阴。高强度的光线,尤其是在花发育阶段,会降低花茎高度,严重者会造成叶片失色。花发育阶段的理想光强是500~2 000 lx。

(三)贮运技术

合适的包装可以减轻机械损伤。花烛最佳贮运温度为10~15℃,相对湿度为90%,植株最多可忍耐3 d黑暗。

(四)养护技术

适宜的环境条件有利于花烛的生长发育。光照和温度是决定花烛发育和花质量的重要因子。高光强将减少花茎的伸长,严重时引起佛焰苞失色和叶片灼伤。温度低于18.3℃时,许多栽培品种植株的生长和花的质量会受到严重影响,温度过低时叶片产生斑点。栽培基质中钙供应不足会导致佛焰苞色泽暗淡,特别在基质pH低于4.0时,生理失调更为严重。在生长过程中要避免基质排水不畅或过分干燥而造成叶片发黄、萎蔫及根腐烂等症状,要注意病虫害的防治。

三、杜鹃花属(*Rhododendron*)

(一)采收标准

杜鹃花上市时应株形端正、丰满、匀称,叶色鲜亮,无病虫及机械伤害,部分花蕾初展。

(二)采后特性

杜鹃花属植物种类繁多,生长习性差异大,但多数种产于高海拔地区,喜凉爽、湿润气候,恶酷热干燥环境,要求疏松、湿润及富含腐殖质,pH 5.5~6.5之间的酸性土壤。在黏重或通透性差的土壤上生长不良。过度的荫蔽会使新叶变薄、色泽变淡,严重时叶片大量脱落。花期适温为8~16℃,超过21℃容易引起落花落蕾。

(三)贮运技术

杜鹃花贮运时应避免温度波动。运输前用乙烯抑制剂处理,可防止落花、落叶。杜鹃花适宜的贮运温度为5~10℃,相对湿度为90%,在黑暗条件下最多能放置7 d。

(四)养护技术

杜鹃花要求一定的光强,但不耐暴晒,特别在夏秋更应遮挡烈日,相反在过度荫蔽的条件下杜鹃花生长不良,难以形成花蕾。杜鹃花适宜的生长温度为15~25℃。气温超过30℃或低于5℃时生长趋于停滞。杜鹃花耐修剪,一般在5月前进行修剪,所发新梢当年均能形成花蕾,修剪过晚则影响开花。若形成新梢太晚,冬季易受冻害。

杜鹃花根系扩展缓慢,每隔3~5年换盆一次,同时修整根系。要根据天气情况、植株大小、盆土干湿及生长发育需要,灵活掌握浇水,忌用碱性水。要薄肥勤施,除高温季节及冬季生长缓慢期外,均可施肥。

杜鹃花花期可延续1个月;在室内通风差时,放置1~2周即应调换。杜鹃花容易受褐斑病、红蜘蛛，蚜虫等病虫害的侵染，应及时加以防治。

四、仙客来（*Cyclamen persicum*）

（一）采收标准

仙客来采收时花葶应均匀分布于圆整的叶丛中央，高低一致，每个叶腋均应保持完好；叶片应鲜亮，银纹清晰；无病虫害。

（二）采后特性

仙客来喜凉爽、湿润、阳光充足的气候。生长和花芽分化的适温为15～20℃，冬季室温低于10℃花易凋谢，花色黯淡；夏季气温30℃时植株处于休眠状态，35℃以上植株易腐烂死亡。仙客来为中日照植物，适宜的光照度为28 000 lx。生长期适宜的相对湿度为70%～75%。仙客来要求疏松肥沃、排水良好、富含腐殖质的微酸性沙质壤土。盆栽仙客来花期较长，单花花期可持续4周，盆花观花期达6周以上。

（三）贮运技术

仙客来适于贮藏在温度10～12℃，相对湿度90%～95%的条件下，贮运时间不应超过2周。运输前1～2 d应停止浇水。

（四）养护技术

仙客来室内养护时应保持基质适度湿润，过湿易引起根和球茎腐烂，易滋生病虫害；过于干燥易引起叶片发黄，水肥供应均匀时，叶片新鲜明亮。温度低于10℃时植株易发生冷害。冬季室内养护应远离门窗或热源处。及时防治软腐病、线虫病、炭疽病等病害及蚜虫、红蜘蛛等虫害。

五、榕树属（*Ficus*）

（一）采收标准

榕树为观叶植物，植株大小和发育阶段对其观赏价值并无实质性的影响，因此可以随时上市。一盆高质量的盆栽榕树应具有本品种的特征，根系发育充分；无病虫害，无机械损伤和生理失调，无化学残留物。

（二）采后特性

榕树性健壮，适应性强，在管理粗放条件下也能正常生长，适于室内长期陈设。榕树有一定抗寒性，在5℃的气温下可安全越冬。

（三）贮运技术

盆栽榕树适宜的贮运温度为13～18℃，相对湿度为80%～90%。

（四）养护技术

榕树浇水时要掌握宁湿勿干的原则。在干燥的气候条件下榕树生长不良，而在潮湿的空气中能发生大量气生根，大大提高观赏价值。施肥不宜过多，每年追施液肥3～5次即可。也不要栽于过大容器中，以防枝条徒长使树形无法控制。室内条件下很少出现病害。需防治的主要害虫有介壳虫、粉蚧、粉虱、蓟马等。

参 考 文 献

[1] 北京林业大学园林系花卉教研组.花卉学.北京:中国林业出版社,2009.
[2] 包满珠.花卉学.北京:中国农业出版社,2009.
[3] 张彦萍.设施园艺.2版.北京:中国农业出版社,2009.
[4] 郭维明,等.观赏园艺概论.北京:中国农业出版社,2001.
[5] 曹春英.花卉栽培.2版.北京:中国农业出版社,2010.
[6] 吴少华,等.花卉种苗学.北京:中国林业出版社,2009.
[7] 罗凤霞,等.切花设施生产技术. 北京:中国林业出版社,2001.
[8] 曹春英.花卉生产与应用.北京:中国农业大学出版社,2009.
[9] 韦三立.观赏植物花期控制.北京:中国农业出版社,1999.
[10] 孙世好.花卉设施栽培技术.北京:高等教育出版社,1998.
[11] 陈发棣,等.新优盆花栽培图说.北京:中国农业出版社,2003.
[12] 岳桦.园林花卉.北京:高等教育出版社,2006.
[13] 高俊平.观赏植物采后生理与技术.北京:中国农业大学出版社,2002.
[14] 胡绪岚.切花保鲜新技术.北京:中国农业出版社,1996.
[15] 义鸣放.球根花卉.北京:中国农业大学出版社,2000.
[16] 程广友.名优花卉组织培养技术.北京:科学技术文献出版社,2003.
[17] 吴殿星,等.植物组织培养.上海:上海交通大学出版社,2004.
[18] 陈俊愉,程绪珂.中国花经.上海:上海文化出版社,1990.
[19] 观赏园艺卷编辑委员会. 中国农业百科全书·观赏园艺卷. 北京:中国农业出版社,1996.
[20] 刘燕. 园林花卉学. 北京:中国林业出版社,2003.
[21] 魏岩. 园林植物栽培与养护. 北京:中国科学技术出版社,2003.
[22] 赵兰勇.花卉繁殖与栽培技术.北京:中国林业出版社,2000.
[23] 刘宏涛.园艺花木繁育技术.沈阳:辽宁科学技术出版社,2005.
[24] 葛红英,江胜德.穴盘种苗生产.北京:中国林业出版社,2004.
[25] R·C·斯太尔,等.穴盘苗生产原理与技术.北京:化学工业出版社,2007.
[26] 董晓华,等.花卉生产实用技术大全.北京:中国农业出版社,2010.
[27] 夏春森,等.名新花卉标准化栽培.北京:中国农业出版社,2005.
[28] 赵兰勇.商品花卉生产与经营.北京:中国林业出版社,2000.
[29] 李式军.设施园艺学.北京:中国农业出版社,2002.
[30] 苏金乐.园林苗圃学.北京:中国农业出版社,2003.
[31] 金波.室内观叶植物. 北京:中国农业出版社,1999.
[32] 胡一民.观叶植物栽培完全手册.合肥:安徽科学技术出版社,2004.
[33] 卢思聪.兰花栽培入门.北京:金盾出版社,2006.

[34] 殷华林.兰花栽培实用技法. 合肥:安徽科学技术出版社,2007.
[35] 王宇欣,等.设施园艺工程与栽培技术.北京:化学工业出版社,2008.
[36] 张颢,等.鲜切花实用保鲜技术.北京:化学工业出版社,2009.
[37] 王双喜.设施农业装备.北京:中国农业大学出版社,2010.
[38] 周军,等.切花栽培与保鲜技术. 南京:江苏科学技术出版社,2001.
[39] 尤雅宜,等.百合—球根花卉之王.北京:金盾出版社,2004.
[40] 穆鼎.鲜切花周年生产.北京:中国农业科技出版社,1997.
[42] 郭维明,等.中国切花采后生理与技术研究近览. 中国花卉科技进展,2001(9).
[43] 宋军阳,等.花卉保鲜技术研究进展.园艺学进展(第六辑),2004.
[44] 杨艳珊.花卉设施栽培研究进展.现代园艺,2011(7).
[45] 邱国金.园林植物.北京:中国农业出版社,2001.
[46] 鲁涤非.花卉学.北京:中国农业出版社,2004.
[47] 金波.中国名花.北京:中国农业大学出版社,2000.
[48] 秦魁杰.温室花卉.北京:中国林业出版社,1999.
[49] 章镇,王秀峰.园艺学总论.北京:中国农业出版社,2003.
[50] 王春梅.切花栽培与保鲜.吉林:延边大学出版社,2002.